绿色建筑工程建设与施工环境管理

杨翠红 张文杰 华明振 主编

黄河水利出版社
·郑州·

图书在版编目(CIP)数据

绿色建筑工程建设与施工环境管理/杨翠红,张文杰,华明振主编.—郑州:黄河水利出版社,2024.4
ISBN 978-7-5509-3874-8

Ⅰ.①绿… Ⅱ.①杨… ②张… ③华… Ⅲ.①生态建筑-建筑施工-环境管理 Ⅳ.①TU74

中国国家版本馆 CIP 数据核字(2024)第 080391 号

责任编辑 景泽龙　　责任校对 鲁　宁
封面设计 张心怡　　责任监制 常红昕
出版发行 黄河水利出版社
地址:河南省郑州市顺河路 49 号　邮政编码:450003
网址:www.yrcp.com　E-mail:hhslcbs@126.com
发行部电话:0371-66020550、66028024
承印单位 河南新华印刷集团有限公司
开　　本 787 mm×1092 mm　1/16
印　　张 14.25
字　　数 330 千字
版次印次 2024 年 4 月第 1 版　2024 年 4 月第 1 次印刷

定　　价 72.00 元

《绿色建筑工程建设与施工环境管理》编委会

主　编　杨翠红　张文杰　华明振

副主编　陈　健　张　展　王　辉
　　　　彭益红　蒲文峰　郭姝君

前　言

建筑是人类从事各种活动的主要场所。人口增加、资源匮乏、环境污染和生态破坏都与人类的建筑活动密切相关。绿色建筑作为建筑界应对环境问题的回应已经成为世界建筑研究和发展的主流与方向,并在不少发达国家实践推广。在我国,绿色建筑的概念开始为人们所熟悉,绿色建筑的理论研究和设计实践也已成为业界的热点。

在面临资源能源趋紧、环境污染严重、生态系统退化的严峻形势下,我国提出的“生态文明建设”给我国绿色建筑的发展指明了方向。建筑业作为国民经济的支柱产业,在推动我国经济和社会发展的同时,也带来了巨大的资源能源消耗、生态破坏和环境污染。

绿色建筑和绿色施工技术,是建筑业可持续发展的重要组成部分,也是建筑业本身必须做到节约资源能源和保护生态环境的基本要求。

绿色建筑已经引起我国政府的高度重视,也预示着我国建筑行业将迎来崭新的绿色建筑时代。绿色建筑产业量非常庞大,从绿色建材的研发与生产、绿色建筑技术的开发应用、绿色建筑项目实施到运营管理等一系列过程中衍生出大量的管理问题。这些管理问题对广大的工程建设者来说,不仅是全新的,也是迫切需要解决的。

本书围绕“绿色建筑工程建设与施工环境管理”这一主题,以绿色建筑环境的营造与服务建设为切入点,由浅入深地阐述绿色建筑外部环境的塑造与建设、绿色建筑内部环境的塑造与建设、绿色建筑交通设施与公共服务建设,并系统地分析了建筑工程施工技术、建筑工程项目进度管理和质量管理、环境保护管理体系与措施等内容,以期为读者理解与践行绿色建筑工程建设与施工环境管理提供有价值的参考和借鉴。本书内容翔实、条理清晰、逻辑合理,兼具理论性与实践性,适用于从事相关工作与研究的专业人员。

由于编写时间仓促,作者水平有限,本书内容难免存在不足之处,在本书出版之际,我们真诚地希望广大读者对本书提出宝贵的意见和建议。

编　者

2023 年 11 月

目　录

第一章　绿色建筑环境的营造与服务建设

第一节　绿色建筑外部环境的塑造与建设

随着对舒适、自然、环保观念认识的深入，人们越来越关注建筑与周围环境的关系，而不是孤立地考虑建筑本身。通过对建筑室外环境的分析，保护环境、利用环境、防御自然，合理调节与处理建筑室外物理（声、光、热）、化学（污染物）、生物（动物、植物、微生物）环境，使局部环境朝着有利于人体舒适健康的方向转化，从而提高建筑室内环境质量，以满足适居性要求，是实现绿色建筑的重要环节。这需要从建筑场地的选址、场地规划、景观设计、空间使用等方面系统考虑，尽可能利用并保护原有场地的自然生态条件，在规划、设计、施工、日常使用等全生命周期内最大限度地降低环境负荷，充分利用以低维护的乡土树种为主的绿色植物，合理配置，发挥良好的生态效益。

一、室外热环境

热环境是指影响人体冷热感觉的环境因素，主要包括空气温度和湿度。在日常工作中，随着四季的变换，身体对冷和热是非常敏感的，当人们长时间处于过冷或过热的环境中时，很容易产生疾病。热环境在建筑中分为室内热环境和室外热环境，在这里主要介绍室外热环境。

室外热环境的形成与太阳辐射、风、降水、人工排热等各种要素相关。日照通过直射辐射和散射辐射形式对地面进行加热，与温暖的地面直接接触的空气层，由于导热的作用而被加热，此热量又靠对流作用转移到上层空气。室外环境中的水面、潮湿表面以及植物，会以各种形式把水分以蒸汽的形式释放到环境中去，这部分蒸汽又会通过空气对流的作用而输送到整个大环境中。同样，人工排热以及污染物会因为对流作用得以在环境中不断循环，而降水和云团都会对太阳辐射有削弱的作用。

在我国古代，人们在城市选址时讲求“依山傍水”，除基本生活需求的便捷外，利用水面和山体的走势对城市热环境产生影响也是重要的因素。一般来讲，水体可以与周围环境中的空气发生热交换，在炎热的夏天，会吸收一部分空气中的热量，使水畔的区域温度低于城市其他地方。而山体的形态可以直接影响城市的主导风向和风速，加之山体绿树成荫的自然环境，对城市的热环境影响很大。如北京，在城市的西侧和北侧横亘着燕山山脉和太行山脉，在冬季可以抵挡西北寒风的侵袭，而在夏季又可使从渤海湾吹来的湿度较大的海风的速度减慢，从而保护着良好的城市热环境。当然也有反面的例子，在山东济南，城市的南面不远处就是黄河，可在城市与黄河之间却被千佛山阻挡，河水对气候条件的影响完全被山体阻隔，虽然城市中有千眼泉水、秀美的大明湖，也不能完全缓解夏季的炎热。

在建筑组团的规划中,除满足基本功能外,良好的建筑室外热环境的创造也必须予以考虑。通常,人们会利用绿化的营造来改善建筑室外热环境,但近年来,在建筑规划设计中,设计师们越来越注意到空气流通所产生的效果更好,他们发现可以利用建筑的巧妙布局创造出一条“风道”,让室外自然的风向和风速的调节有目的性,使规划区内的空气流通与建筑功能的要求相协调,同时也为建筑室内热环境的基本条件——自然通风创造条件,难怪人们戏称这是“流动的看不见的风景”。

所以说,建筑室外热环境是建造绿色建筑非常重要的条件。

二、室外热环境规划设计

(一)中国传统建筑规划设计

中国传统建筑特别是传统民居建筑,为适应当地气候,解决保温、隔热、通风、采光等问题,采用了许多简单有效的生态节能技术来改善局部微气候。下面以江南传统民居为例,阐述气候适应策略在建筑规划设计中的应用。

中国江南地区具有河道纵横的地貌特点,传统民居在设计时充分考虑了对水体生态效应的应用。

(1)由于江南地区特有的河道纵横的地貌特征,城镇布局依河傍水,临水建屋,因水成市。水是良好的蓄热体,可以自动调节聚落内的温度和湿度,其温差效应也能起到加强通风的效果。

(2)在建筑组群的组合方式上,建筑群体采用“间—院落(进)—院落组—地块—街坊—地区”的分层次组合方式,住区中的道路、街巷呈东南向,与夏季主导风向平行或与河道相垂直,这种组合方式能形成良好的自然通风效果。

(3)建筑组群横向排列,密集而规整,相邻建筑合用山墙,减少了外墙面积,这样的建筑布局能减少太阳辐射的热,建筑自遮阳,有较好的冷却效果。

(二)目前设计中存在的问题

由于科技的发展,大量室内环境控制设备的应用,以及对室外环境规划的研究重视不够,规划师们常过多地把注意力集中在建筑平面的功能布置、美观设计及空间利用上,专业的环境规划技术顾问的缺乏,使城市规划设计很少考虑热环境的影响。目前城市规划设计主要存在以下问题:

(1)高密度的建筑区。由于城市中心区单一,造成土地紧张、高楼林立。高密度建筑群使城市中心区风速降低,吸收辐射增加,气温升高。

(2)不透水铺装的大量采用。从热环境角度来讲,城市与乡村的最大区别在于城市下垫面大量采用不透水的地面铺装,从而使太阳辐射的热大量转化为显热热流传向近地面大气。据日本东京对市内与郊外的一项调查统计,城市内净辐射量中约50%作为显热热流传向大气,而在郊外大约只有33%。

(3)不合理的建筑布局。不合理的建筑布局会造成小区通风不畅。因此,在小区风环境规划时,建筑物间的间距、排列方式、朝向等都会直接影响到建筑群内的热环境,规划师在设计过程中需要考虑如何在夏季利用主导风降温,在冬季规避冷风防寒;同时,更需要考虑如何将室外风环境设计与室内通风设计结合起来。如何设计合理的建筑布局，需要与工程师紧密沟通，通过模拟预测优化设计方案。

(4)不合理的绿地规划。绿地是改善热环境的重要元素，合理的绿地规划可有效遮阳，形成良好风循环，同时潜热蒸发可带走多余的太阳辐射热，降低气温；相反，如果盲目设计，仅从美观角度布置树木、水景，可能不会取得最佳效果，甚至取得反效果。例如，水景布置在弱风区就可能因为没风带走水汽而使区域闷热；树木布置在风口处就会阻断气流通路，使区域通风不畅。科学有效的绿地规划应从建筑的当地气候环境、建筑物朝向等实际情况入手，选择恰当的植物类型、绿化率和配置方式，从而使绿地设计达到最佳优化效果。

(三)气候适应性策略及方法

生态小区规划与绿色建筑设计中的核心问题是气候适应性策略在规划与建筑设计中的实施。由于气候具有地域性，如何与地域性气候特点相适应，并且利用地域气候中的有利因素，是气候适应性策略的重点与难点。生态气候地方主义理论认为，建筑设计应该遵循“气候—舒适—技术—建筑”的过程。

(1)调研设计地段的各种气候地理数据，如温度、湿度、日照强度、风向、风力、周边建筑布局、周边绿地水体分布等构成对地块环境影响的气候地理要素，这一过程也就是明确问题的外围条件的过程。

(2)评价各种气候地理要素对区域环境的影响。

(3)采用技术手段解决气候地理要素与区域环境要求的矛盾，例如建筑日照及其阴影评价、气流组织和热岛效应评价。

(4)结合特定的地段，区分各种气候要素的重要程度，采取相应的技术手段进行建筑设计，寻求最佳设计方案。

三、室外热环境设计技术

(一)地面铺装

地面铺装的种类很多，按照其自身的透水性能分为透水铺装和不透水铺装。透水铺装中，这里主要讨论水泥、沥青和土壤、透水砖，草地将在绿化中介绍。

(1)水泥、沥青。水泥、沥青地面具有不透水性，因此没有潜热蒸发的降温效果。其吸收的太阳辐射一部分通过导热与地下进行热交换，另一部分以对流形式释放到空气中，其他部分与大气进行长波辐射交换。研究表明，其吸收的太阳辐射能需要通过一定的时间延迟才释放到空气中。同时，由于沥青路面的太阳辐射吸收系数更高，所以温度更高。

(2)土壤、透水砖。土壤与透水砖具有一定的透水效果，因此降雨过后能保存一定的水分，太阳暴晒时可以通过蒸发降低表面温度，减少对空气的散热。其对环境的降温效果在雨后表现尤为明显，特别是我国亚热带地区，夏季经常在午后降雨，如能将其充分利用，对于改善城市热环境益处很多。

(二)绿化

营造绿地和遮阳不仅是塑造室外环境的有效途径，同时对热环境影响也很大。绿化植被和水体具有降低气温、调节湿度、遮阳防晒、改善通风质量的作用,而绿化和水体还可以净化水质,减弱水面热反射,从而使热环境得到改善。

1.蒸发降温

通过水分蒸发潜热带走热量是室外环境降温的重要手段。对于绿地而言,被其吸收的太阳辐射主要分为蒸发潜热、光合作用和加热空气,其中光合作用所占比例较小,一般只考虑蒸发潜热与加热空气。

与透水砖不同,绿地(包括水体)的蒸发量普遍较大,同时受天气影响相对较小,不会因为持续晴天造成蒸发量大幅下降。同时,树林的树叶面积大约是树林种植面积的75倍、草地上的草叶面积的25~35倍,因此可以大量吸收太阳辐射热,起到降低空气温度的作用。

绿地对小区的降温增湿效果,依绿地面积大小、树形的高矮及树冠大小不同而异,其中最主要的是需要具有相当大面积的绿地。同时,环境绿化中适当设置水池、喷泉,对降低环境的热辐射、调节空气的温度和湿度、净化空气及冷却吹来的热风等都有很大的作用。例如,在空旷处气温34 ℃、相对湿度54%,通过绿化地带后气温可降低1.0~1.5 ℃,湿度会增加5%左右。所以,在现代化的小区里,很有必要规划占一定面积、树木集中的公园和植物园。

地面种草对降低路面温度的效果也很显著,如某地夏季水泥路面温度50 ℃,而植草地面只有42 ℃,对近地气候的改善影响很大。盖格在其经典著作《近地气候问题》一书中阐述了地面上1.5 m高度内空气层的温度随空间与时间所发生的巨大变化。这种温度受土壤反射率及其密度的影响,还受夜间辐射、气流以及土壤被建筑物或种植物遮挡情况的影响。

在大城市人口高度集中的情况下,不得不建造中高层建筑。中高层建筑的间距十分重要,如果在冬至日居室有2 h的日照时间,在此间距范围内栽种植物,有助于改善小范围的热环境。

水是气温稳定的首要因素。城市中的河流、水池、雨水、蒸汽、城市排水及土壤和植物中的水分都将影响城市的温度、湿度。这是因为水的比热容大,升温不容易,降温也较困难。水冻结时放出热量,融化时吸收热量。尤其在蒸发情况下,将吸收大量的热。

当城市的附近有大面积的湖泊和水库时,降温效果就更加明显。如芜湖市,位于长江东部,是拥有数十万人口的中等规模的工业城市。芜湖夏季高温酷热,日平均气温超过35 ℃的天数达35 d,而市中心的镜湖公园,虽然该湖的水面面积仅约25万 m^2,但是对城市气温却有较明显的影响。

水面对改善城市的温、湿度及形成局部的地方风都有明显的作用。调查资料说明,在杭州西湖岸边、南京玄武湖岸边和上海黄浦江边的夏季气温比城市内陆区域都低2~4 ℃。同时由于水陆的热效应不同,导致水陆地表面受热不匀,引起局部热压差而形成白天向陆地、夜间向江湖的日夜交替的水陆风。成片的绿树地带与附近的建筑地段之间,因两者升降温度速度不一,可出现差不多风速为1 m/s的局地风,即林源风。

2.遮阳降温

调查资料表明,茂盛的树木能挡住50%~90%的太阳辐射热。草地上的草可以遮挡

80%左右的太阳光线。据实地测定,正常生长的大叶榕、橡胶榕、白兰花、荔枝和白千层树下,在离地面 1.5 m 高处,透过的太阳辐射热只有 10%左右;柳树、桂木、刺桐和芒果等树下,透过的太阳辐射热为 40%~50%。由于绿化的遮荫,可使建筑物和地面的表面温度降低很多,已绿化的地面辐射热为一般没有绿化地面的 1/15~1/4。炎热的夏天,当太阳直射在大地时,树木浓密的树冠可把太阳辐射热的 20%~25%反射到天空中,把 35%吸收掉。同时树木的蒸腾作用还可以吸收大量的热。每公顷生长旺盛的森林,每天要向空中蒸腾 8 t 水。同一时间,消耗热量 16.72 亿 kJ。天气晴朗时,林荫下的气温明显比空旷地区低。

3.绿化品种与规划

建筑绿化品种主要分为乔木、灌木和草地。灌木和草地主要通过蒸发降温来改善室外热环境,而乔木还具备遮阳、降温的作用。因此,从改善热环境的作用而言,乔木>灌木>草地。

乔木的生长形态,有伞形、广卵形、圆头形、锥形、散形等。有的树形可以由人工修剪加以控制,特别是伞形的树木。

一般而言,南方地区适宜种植遮阳的树木,其树冠呈伞形或圆柱形,主要品种有凤凰树、大叶榕、细叶榕、石栗等。它们的特点是覆盖空间大,而且高耸,对风的阻挡作用小。此外,攀缘植物如紫藤、牵牛花、爆竹花、葡萄藤、爬墙虎、珊瑚藤等能构成水平或垂直遮阳,对热环境改善也有一定作用。

根据绿化的功能,城市的绿化形态可分为分散型绿化、绿化带型绿化、通过建筑的高层化而开放地面空间并绿化等类型。

分散型绿化可以起到使整个城市热岛效应强度减弱的效果;绿化带型绿化可起到将大城市所形成的巨大的热岛效应分割成小块的作用。

(1)分散型绿化。绿化与提高人们的生活环境质量和增强城市景观,改善城市过密而产生的热环境是密不可分的。在绿化稀少且城市人口、建筑过密的环境中,增加绿地是最现实的措施。分散型绿化,也可以认为是确保多数小范围的绿化空间的方法。随着建筑物的高层化,绿化的空间不仅是在平面(地表面)上的绿化,而且也应该考虑在垂直方向(立体的空间)的绿化。

在地表面的绿化设计中,宜采用复合绿化,绿化布置采用乔木、灌木与草地相结合的方式,以提高空间利用效率,同时采用分散型绿化,并且探讨如何使分散型绿化成为连续型和网络型绿化。

由于城市高密度化和高层化发展,城市绿地越来越少,现在实际中已经很难做到户户有庭院、家家设花园了。在这种情形下,为了尽量增加住宅区的绿化面积和满足城市居民对绿地的向往及对户外生活的渴望,建议在多层或高层住宅中利用阳台进行绿化,或者把阳台扩大组成小花园,同时主张发展屋顶花园。

屋顶花园在鳞次栉比的城市建筑中,可使高层居住和工作的人们避免来自太阳和低层部分屋面反射的眩光和辐射热;屋顶绿化可使屋面隔热,减少雨水的渗透;能增加住宅区的绿化面积,加强自然景观,改善居民户外生活的环境,保护生态平衡。

(2)绿化带型绿化。城市热岛效应的强度,一般来说,城市的面积或人口规模越大其强度越大,建筑物密度越高其强度也越大。对连续而宽广的城市,应该用绿地适当地进行分隔或划分成区段,这样可以分割城市的热岛效应。对热岛效应的分割需要 150~200 m 宽度的绿化带。这些绿地在夏季可作为具有凉爽效果的娱乐场所,同时对维持城市的环境质量也是不可或缺的。

由于气温低的海风可以沿着河流刮向市区,城市内的河流在夏季的白天起到了对城市热岛效应的分割作用。在日本,许多沿海分布的城市的城市规划中就充分利用了这种效果。

(三)遮阳构件

在夏季,遮阳是一种较好的室外降温措施。在城市户外公共空间设计中,如何利用各种遮阳设施,提供安全、舒适的公共活动空间是十分必要的。一般而言,室外遮阳形式主要有人工构件遮阳、绿化遮阳和建筑遮阳。下述主要介绍人工遮阳构件。

(1)遮阳伞(篷)、张拉膜、玻璃纤维织物等。遮阳伞是现代城市公共空间中最常见、最方便的遮阳措施。很多商家在举行室外活动时,往往利用巨大的遮阳伞来遮挡夏季强烈的阳光。随着经济发展,张拉膜等先进技术也逐渐运用到室外遮阳上来。利用张拉膜打造的构筑物既可以遮阳、避雨,又有很高的景观价值,所以经常被用来构筑场地的地标。

(2)百叶遮阳。与遮阳伞、张拉膜相比,百叶遮阳优点很多:首先,百叶遮阳通风效果较好,大大降低了其表面温度,改善环境舒适度;其次,通过对百叶角度的合理设计,根据冬、夏太阳高度角的区别,获得更加合理利用太阳能的效果;再次,百叶遮阳光影富有变化,有很强的韵律感,能创造丰富的光影效果。

(3)绿化遮阳构件。绿化与廊架结合是一种很好的遮阳构件,值得大量推广。一方面,其充分利用了绿色植物的蒸发降温和遮阳效果,大大降低了环境温度和辐射;另一方面,绿色遮阳构件具有很高的景观价值。

四、绿色建筑外环境技术

建筑外环境指的是建筑周围或建筑与建筑之间的环境,是以建筑构筑空间的方式从人的周围环境中进一步界定而形成的特定环境,与建筑室内环境同是人类最基本的生存活动的环境。建筑外环境主要局限于与人类生活关系最密切的聚落环境之中,包含了物理性、地理性、心理性、行为性各个层面,而且它又是一个以人为主体的有生物环境。其领域之中的自然环境、人工环境、社会环境是它的重要组成部分。同时,城市设计及建筑设计应根据所在地的热环境(通过太阳辐射、空气湿度、大气温度、风、降水等因素形成的一种环境统称)进行统一规划、布局及设计。

(一)风

风即空气流动速度,指由大气压力差所引起的大气水平方向的运动。建筑群和高大建筑物会显著改变城市近地面层风场结构,反之城市的风向、风速也会影响建筑群和高大建筑物的布局。近地风的状况与建筑物的外形、尺寸、建筑物之间的相对位置以及周围地形地貌有着很复杂的关系。所以,在一般的气候条件下,他们直接影响着城市环境的小气候和环境的舒适性;一旦遇到大风,这种影响往往会变成灾害,使建筑外墙局部的玻璃幕墙、窗扇、雨篷等受到破坏，威胁着室内外的安全。由此可见，在有较强来流时，建筑物周围某些地区会出现强风；在进行城市设计及建筑设计的时候，在建筑物入口、通道、露台等行人频繁活动的区域，必须通过技术手段进行分析，在设计方案中避开强风区出现，避免给使用者带来不舒适乃至人身伤害，给城市空间带来舒适的风环境。

（二）光

太阳光是人类生产生活必不可少的能源之一，同样也是影响城市规划及建筑群组合的一个必不可少的因素。建筑群和高大建筑物会对周边建筑物产生遮挡，主要表现方式就是通过建筑物对光的遮挡产生的阴影，影响建筑物室内人的生产生活。总的来说，光会给人带来一种心旷神怡的感觉。但一旦有炫光，就会给人造成不舒服的烦躁感，处理不好甚至可能造成交通事故。综上所述，光源的不合理利用会对城市及生态造成一定的负面影响，最为典型的例子就是现代城市快速发展带来的城市光污染，城市夜景照明就是光污染的一个重要表现。这个问题该如何应对？事实上，照明应根据实际需要而设计，不应该滥用，在设计灯具及选择光源时，应该严格按照规范设计，合理利用光源的同时又不对周围环境产生污染。城市建设的目标就是要为人类更好地服务。因此，正确处理好建筑群与光的关系，对城市发展是必要的。

（三）热

太阳辐射热是决定各个城市气候条件的重要因素，是建筑物外部最主要的气候条件之一。太阳辐射热也是一种人类可利用的环保型自然资源。太阳光可以转换为热能、电能。光热转换是直接收集太阳能量的一种方法。如昆明市是一个太阳辐射热充足的地区，大部分项目的可再生能源都是利用太阳能，太阳辐射热的转换可通过太阳能集热板或光伏发电板将光能转化，利用到生活中，并且不会对周围环境造成污染。在进行城市设计及建筑设计的时候，太阳辐射热的利用是设计的重点之一，设计师应该更深入地研究太阳能利用的可能性，在太阳能设备与建筑构造的一体化方面投射更多的关注，解决好功能与美观的问题。在设计中，可以结合不同立面的采光需求，做好统筹设计，争取让高层建筑的立面也能为太阳能利用作出贡献。让太阳能及其他可再生能源逐渐代替石油和煤炭，更好地服务人类，成为环保能源的主角。

（四）声

建筑的外部声环境也是绿色建筑营造的重要组成部分。对于外部噪声影响，在规划设计阶段即可通过软件模拟手段进行有效的优化及控制。根据科学的数据结果，对建筑的布局有目的地优化；同时结合景观绿化设计，布置噪声屏障也是有效的技术手段。大多数情况下，均可以营造优良的声环境。对于部分外部环境噪声影响较大的项目，尚可通过建筑开窗方向、外窗选型等技术手段加以解决。

（五）海绵城市

海绵城市是指城市能够像海绵一样，在适应环境变化和应对自然灾害等方面具有良好的“弹性”，下雨时吸水、蓄水、渗水、净水，需要时将蓄存的水“释放”并加以利用。海绵城市建设应遵循生态优先等原则，将自然途径与人工措施相结合，在确保城市排水防涝安全的前提下，最大限度地实现雨水在城市区域的积存、渗透和净化，促进雨水资源的利用和生态环境保护。在海绵城市建设过程中,应统筹自然降水、地表水和地下水的系统性,协调给水、排水等水循环利用各环节,并考虑其复杂性和长期性。简单地说,海绵城市就是将城市的江河、湖泊、地下水与城市建设结合起来,一旦下大雨,雨水就会被吸收,一旦干旱,吸收的水分就会吐出来被利用,防止城市内出现洪涝、干旱灾害。

现阶段海绵城市的发展中,有些城市前期政策和法律法规都比较全面,但为什么会出现"一下雨就看海"的现象呢?其实就是在营造阶段没能进行很好的控制,从规划到施工细节都还存在很多问题。例如地面透水砖工艺,为了施工方便,透水地砖的基层大多是在水泥上进行找平,然后铺透水砖,这个工艺已经违背了透水砖的本质意义。控制城市不透水面积的比例,促进雨水的吸收、渗透和净化,最大可能地利用和维持城市自然水的循环和利用,解决老城区排水防洪等突出问题。海绵城市并不是一个孤立存在的问题,它需要多个相关部门协同管理,才能取得好的效果。

海绵城市的建立,有利于自然、生态和人的可持续性发展。人类维持自身的发展,消耗大量资源,同时向自然环境中排放废弃物。自然资源的容量是有限的,人类要发展,就要与自然相扶相依,自然资源和自然环境都是生态系统的一部分,所以海绵城市的概念就是在生态环境承载力的基础上让城市可持续发展,让整个城市融入到自然生态系统中,取之于自然,用之于人类,同时归还给自然。

第二节　绿色建筑内部环境的塑造与建设

一、建筑室内噪声及控制

建筑室内的噪声主要来自生产噪声、街道噪声和生活噪声。生产噪声来自附近的工矿企业、建筑工地。街道噪声的来源主要有交通车辆的喇叭声、发动机声、制动声等。生活噪声主要是通过空气和建筑物实体传播。经空气传播的通常称为空气传声,经建筑物实体传播的通常称为结构传声。

(一)噪声的危害

工业革命以来,科技快速发展,使得噪声的发生范围越来越广,发生频率也越来越高,越来越多的地区暴露于严重的噪声污染之中,噪声正日益成为环境污染的一大公害。其危害主要表现在它对环境和人体健康方面的影响,诸如影响人们的睡眠质量,导致工作、学习受到影响,甚至会影响到人们的听觉器官,对人体健康造成危害。

(二)噪声的控制

绿色声环境的首要因素是对人耳听力无伤害,但在规模日益扩大的城市区域内,噪声源的数量和强度都在急剧增加,使市区内声环境恶化,不仅使人们失去了安静的户外活动空间,也给创造健康舒适的室内声环境带来了极大的困难。一般可以通过以下几种方法进行减噪。

1.噪声的传播控制

必须指出的是,噪声控制并不等于噪声降低。在多数情况下,噪声控制是要降低噪声的声压级,但有时是增加噪声。通常可以利用电子设备产生的背景噪声来掩蔽令人讨厌的噪声,解决噪声控制的问题。这种人工噪声通常被比喻为"声学香料"或"声学除臭剂",它可以有效地抑制突然干扰人们宁静气氛的声音。通风系统、均匀的交通流量或办公楼内正常活动所产生的噪声,都可以成为人工掩蔽噪声。

在有的办公室内,通风系统产生的相对较高而又使人易于接受的背景噪声,对掩蔽打字机、电话、办公用机器或响亮的谈话声等不希望听到的办公噪声是很有好处的,同时有助于创造一种适宜的环境。

在分组教学的教室里,几个学习小组发出的声音向各个方向扩散,因而在一定程度上彼此互相干扰抵消,也可以成为一种特别的掩蔽噪声。如果有条件,还可以适当地增加分布均匀的背景音乐,使其成为更有效的掩蔽噪声。

2.建筑隔声

许多情况下,可以把发声的物体或把需要安静的场所封闭在一个小的空间内,使其与周围环境隔离,这种方法称为隔声。例如,可以把鼓风机、空压机、球磨机和发电机等设备放置于隔声良好的控制室或操作室内,使其与其他房间分隔开来,以使操作人员免受噪声的危害。此外,还可以采用隔声性能良好的隔声墙、隔声楼板和隔声门窗等,使高噪声车间与周围的办公室及住宅区等隔开,以避免噪声对人们正常生活与休息的干扰。

建筑围护结构的隔声性能分成两类:一类是空气声隔声性能,用空气声计权隔声量来衡量,某一构件的空气声计权隔声量越大,该构件的空气声隔声性能就越好;另一类是抗撞击声性能,用计权标准化撞击声声压级来衡量,某一构件的计权标准化撞击声声压级值越小,该构件的抗撞击声性能就越好。

阻隔外界噪声传入室内,要依靠提高外墙和外窗的空气声隔声性能。由于我国建筑基本上都是混凝土之类的重质结构,重质外墙的空气声计权隔声量一般都比较大,所以外窗的空气声隔声性能是关注的焦点,尤其是沿街的外窗。以住宅为例,相关规范提出沿街的外窗的空气声计权隔声量不小于 30 dB,单层玻璃的窗户很难满足这样的要求。

在一栋建筑内上下左右单元邻居间的声音干扰,除空气声传播的噪声外,还有撞击引起的噪声,最典型的撞击声噪声就是上层邻居走动所引起的楼板撞击声。规范中,对建筑的分户墙、走廊和房间之间的隔墙等提出了最小的空气声计权隔声量要求,而且提出了最大计权标准化撞击声声压级的要求。一般情况下,在建筑中(尤其是在居住建筑中)谈及室内声环境,最受人诟病的常常是楼板的抗撞击声性能差。

在噪声控制设计中,针对车间内某些独立的强声源(如风机、空压机、柴油机、电动机和变压器等动力设备以及制钉机、抛光机和球磨机等机械加工设备),当其难以从声源本身降噪,而生产操作又允许将声源全部或局部封闭起来时,隔声罩便是经常采用的一种手段。

在建筑声学设计中,建筑师可以根据现有的或预计会出现的外界噪声声压级、建筑物内部噪声源的情况,以及室内允许噪声级,确定围护结构所需的隔声能力,并据以选择适合的建筑隔声构造,从而得到预期的隔声效果。

在实际中,通常把噪声对于语言通信的干扰作为判断建筑隔声效果的重要标准。

(1)简单层次组成的隔声结构。在车间办公室内相距 3.5 m 远的情况下可不费力地谈话，从与办公室相邻的车间传入的干扰噪声，不应超过噪声评价数45。选用两面抹灰的75 mm厚的加气混凝土墙，即可满足隔声要求。在通常情况下，基于技术、经济条件优先选择这种由简单层次组成的隔声结构。

(2)组合结构组成的隔声结构。在通常情况下，除上述结构形式外，还有带有门窗的墙或带有天窗的屋顶都是组合的围护结构，也可以通过声学计算的方法得出其声音透射的平均值。

(3)不连续构造的隔声结构。前面所介绍的几种构造的围护部件隔声量实际上受到限制，其平均隔声量在50~55 dB。有些噪声控制问题的解决，要求有更大的噪声降低值，以阻隔全部或大部分的空气噪声、固体噪声和振动，这就需要综合运用前面所介绍的各种措施，设计在建筑结构上与主体建筑完全脱开的隔间，以便将噪声和振动的那些设备与所听者周围的界面全部分开。

这类构造的关键是从声学上考虑的彻底的不连续。在断开的围护结构下不能有坚硬的材料作为声桥的连续。这种结构形式特别适合于发出强烈噪声的机械设备，例如地下室的柴油发电机等。

二、室内光环境

光环境是物理环境中的一个组成部分。对建筑物来说，光环境是由光照射于其内外空间所形成的环境。因此，光环境形成一个系统，包括室外光环境和室内光环境。前者是在室外空间由光照射而形成的环境，后者是在室内空间由光照射而形成的环境，主要包括天然光和人工照明。室内光环境是指合理设置建筑功能空间的窗户，充分利用自然采光，使主要功能空间照度、采光系数满足规范要求。

(一)天然采光

1.技术简介

天然光主要由太阳直射光、天空漫射光和地面反射光组成。其中，太阳直射光是太阳光穿过大气层时部分透过大气层到达地面的光线。它形成的光照度高，并具有一定的方向，在物体背后出现明显的阴影。天空漫射光是指太阳光中一部分碰到大气层中的空气分子、灰尘、水蒸气等微粒产生多次反射而形成的光线。这部分光形成的照度较低，没有一定的方向，不能形成阴影。地面反射光是太阳直射光和天空漫射光射到地球表面后产生的反射光。它可以增加亮度，一般可不考虑。

天然采光的主要形式有采光天窗、采光井和下沉式庭院。采光天窗是指在建筑的屋顶设置天窗进行天然采光，可分为矩形天窗、锯齿形天窗、平天窗、横向天窗和井式天窗。采光井技术最早是用在小别墅设计中，后来才逐渐应用到大型商业建筑、公共建筑中。采光井主要分成两种：一种是地下室外及半地下室两侧外墙采光口外设的井式结构物；另一种是大型公共建筑采用四面围合、中间呈井式的建筑内部的内天井。下沉式庭院是指运用在前后有高差的地方，通过人工方式处理高差和造景，使原本是地下室的部分拥有面向花园的敞开空间。下沉式庭院的经典设计就是将地下室的一面墙打开，与下沉式庭院连接。这一设计，不仅有效地将阳光和新鲜空气引入地下室，而且为地下室创造了一个良好的庭院景观，使庭院的舒适性和功能性都得到了全面提升。

(1)采光天窗。矩形天窗在单层工业厂房中应用很普遍。它是由装在屋架上的天窗架和天窗上的窗扇组成的,窗方向垂直于屋架。它实质上是安装在屋顶上的高侧窗。该类型天窗照度均匀,不易形成眩光,便于通风,但采光效率较低。采光系数最高值在跨中,最低值在柱子处。

天窗宽度一般取建筑跨度的一半左右,天窗位置高度最好在跨度的35%~70%,天窗间距以天窗位置高度的4倍以内为宜。

锯齿形天窗属于单面顶部采光。由于屋顶倾斜,可以充分利用顶棚的反射光,采光效率比矩形天窗高15%~20%,且光线分布更均匀,可保证7%的平均采光系数,能够满足精密工作车间的采光要求。

锯齿形天窗的窗口朝向北面天空时,可避免直射阳光射入房间,常用于一些需要调节温湿度的车间,如纺织厂的纺纱、织布、印染等车间。为了使车间内照度均匀,天窗轴线间距应不小于窗下沿至工作面高度的2倍。

平天窗采取在屋面直接开洞并铺上透光材料(如钢化玻璃、夹丝平板玻璃、玻璃钢、塑料等)方式。该类型天窗结构简单,施工方便,造价仅为矩形天窗的21%~31%,但其采光效果比矩形天窗高2~3倍,更容易获得均匀的照度。

平天窗的设计与应用应充分考虑当地气候特点、污染程度及地域性,采用不同类型样式。

横向天窗是指利用屋架上、下弦间的空间做成的采光口。该类型天窗的开口面积仅为矩形天窗的62%,但采光效果差不多。横向天窗宜使用屋架杆件断面较小的钢屋架,减少挡光影响。比如梯形屋架比三角形屋架更有利于开窗,并获得更大的开窗面积。跨度大的空间更宜用横向天窗。

井式天窗利用屋架上、下弦间的空间,将一些屋面板放在下弦杆件上形成井口。该类型的天窗主要用于热车间,可起到通风作用,但光线很少且难直接射入车间,都是经过井底板反射进入,因此采光系数一般在1%以下。

(2)采光井。在给建筑设置采光井时,必须要注意以下几点:①在地下室采光井中,为保证地下室的防水和安全,在地下室部分要使用玻璃盖好,这样就只能采光,放弃了通风功能;②如果是没有顶盖的采光井,一定要安排好排水,以免下大雨排水不畅造成阻塞,在各别墅现场可以看到一般是采光井两端各设一处排水;③在采光井尺寸上,各种建筑都不相同,但必须要满足建筑的采光要求;④要满足相应的防火规范。

在制造采光井的材料上,多数还是应用玻璃顶盖,因为玻璃具有较好的透明度且表面光滑平整,无缺陷,保证了建筑内部的采光要求,并具有美观性。这里介绍一种全新的建筑结构,那就是膜结构,它是一种全新的建筑结构形式,集建筑学、结构力学、精细化工与材料科学、计算机技术等为一体,具有很高的技术含量。其曲面可以随着建筑师的设计需要任意变化,结合整体环境,建造出标志性的形象工程,而且由于膜材料具有一定的透光率,白天可减少照明强度和时间,能很好地节约能源,因此膜结构在采光井乃至更多建筑结构方面都会在不久的将来有很好的应用。

(3)下沉式庭院。在园林建筑设计领域,下沉式庭院的魅力是通过庭院与底层绿地存在的坡度差产生的。中国传统园林设计讲究曲径通幽的意趣,下沉式庭院主要有以下特点,使这种意境油然而生:①空间质量完全改观。在面向景观(庭院)的部分采用大面积开窗、开门,达到内外通透,实现自然采光。②景观更好。窗外就是花园,可以轻松步出庭院。③功能性更强。这是一个真正既舒适又实用的空间,它不仅使传统地下室的设备间等辅助区域功能得到释放,而且为地下室增加了家庭娱乐、室外活动休闲等功能区。

在绿色建筑设计过程中,对于住宅建筑和公共建筑均可以根据建筑实际情况合理设计功能空间的窗户。对于有地下空间或大进深空间的建筑,可结合建筑形式采用采光天窗、采光井和下沉式庭院等技术。

2.适用范围

采光天窗一般适用于进深大的建筑,当采取侧窗采光的方式不能满足房间深处的采光要求时,宜在屋顶开设天窗采光。由于天窗安装位置和数量不受墙面限制,因此能在工作面上形成较高且均匀的照度,并且不易形成直接眩光。

采光井主要有两种:第一种主要是解决建筑内部个别房间采光不好的问题,同时采光井还兼具通风和景观作用;第二种主要是将采光不足的房间布置于内天井的四周,通过天井解决采光、通风不足的问题。采光井一般用于商场、酒店和政府办公楼等建筑的地下区域的采光。

下沉式庭院可以理解为采光井的更高级别,其特点是在正负零的基础上下跃一层,同时,附带了很大面积的室外庭院。这样一来,地下一层借助外庭院的采光,就相当于地上一层,可用于各类建筑的地下区域的采光。

3.设计要点

(1)面积比例要求。设置采光天窗、采光井和下沉式庭院等能有效地改善室内自然采光效果。绿色建筑设计过程中对改善的面积比例有要求,比如地下空间平均采光系数不小于0.5%的面积与首层地下室面积的比例不小于5%才能得1分。因此,在设计过程中,需要根据设计经验或借助模拟分析软件,确定采光设置的面积和个数是否满足要求。

(2)荷载要求。采光天窗和采光井一般采用玻璃设计,其荷载组合值应按《建筑结构荷载规范》(GB 50009—2012)和《建筑抗震设计标准》(GB/T 50011—2010)规定的方法计算确定,并应承受可能出现的积水荷载、雪荷载、冰荷载及其他特殊荷载。玻璃面板应采用安全玻璃,宜采用夹层玻璃或夹层中空玻璃,玻璃原片可根据设计要求选用,且单片玻璃厚度不宜小于6 mm,夹层玻璃原片不宜小于5 mm。所有玻璃应进行磨边倒角处理。

(3)排水要求。玻璃采光顶的坡度属于结构找坡,排水坡度不应小于3%,并满足设计要求,密封防水接缝应能适应一定的位移变化,确保防水的有效性。排水沟及排水孔应有防异物堵塞措施。

下沉式庭院在设计时尤其需要关注其排水能力,否则一旦到了雨季,从楼上排下的雨水很可能积在庭院中。因此,在对下沉式庭院进行装修前,应该先将楼上的排水管道放置于庭院之外,以便让雨水顺利排在庭院之外。另外,很多人都会为下沉式庭院加顶,以获得相对封闭的,同时具有一定采光能力的下沉式庭院。此时应该做好顶部防水工作,否则在雨水较大的时期,庭院顶面很可能会出现渗漏现象,降低庭院的实用性。

(二)导光筒

1.技术简介

导光筒,是绿色建筑咨询行业对光导照明系统的称呼。这种叫法较之光导照明系统或者管道式日光照明都更加贴近生活,更加平易近人,更加生动活泼,也更容易被人接受。

导光筒利用高反射的光导管将阳光从室外引进到室内,可以穿越吊顶,穿越覆土层,并且可以拐弯,可以延长,绕开障碍,将阳光送到任何地方,是一种绿色、健康、环保、无能耗的照明产品。其原理是将特殊材质的导光材料制成的管道安置于阳光充足的平台或房顶,使其可以充分接触阳光,再将太阳光通过导光筒内壁反射进室内。系统照明光源取自自然光线,光线柔和、均匀、全频谱,无闪烁、无眩光、无污染,并通过采光罩表面的防紫外线涂层,滤除有害辐射,能最大限度地保护人体健康。

在绿色建筑设计过程中,对于有地下空间或大进深空间走廊的建筑,当无法采用采光井等形式时,可采用导光筒技术改善室内的自然采光效果。

导光筒系统主要由集光器、导光筒和漫射器三部分组成。这种系统利用室外的自然光线透过集光器导入系统内进行重新分配,再经特殊制作的导光管传输和强化后由系统底部的漫射装置把自然光均匀、高效地照射到室内。

(1)集光器。根据工作原理不同,集光器可分为被动式集光器和主动式集光器。前者多为半球形透明结构,内部也可设置棱镜等以提高效率。后者主要有定日镜等,可自动跟踪太阳以提高采集光线的效率。

(2)导光筒。导光筒主要有四种类型:①金属反射型导光筒。在玻璃或塑料上镀一层高反射率的金属涂层,通过多次反射将光传送到需要的空间,适用于短距离的传输。这种导光筒虽然传输效率相对较低,但是由于其低廉的价格,在一些对于效率要求不是非常高的场所得到广泛使用。②非金属反射型导光筒。试验表明,仅仅依靠非金属材料的部分反射,其效率非常低,但是这一点可以通过使用一种薄膜来克服,从而使得非金属反射型导光筒具有比较高的效率。但是这种装置造价非常高,目前很难得到大量推广。③透镜组型导光筒。主要是利用光线的折射原理,它由一系列的光学透镜组成,这种导光筒需要很多价格昂贵的透镜,因此目前主要在一些光学仪器设备上使用。④棱镜型导光筒。主要是利用光线由密介质进入疏介质时出现的内部全反射的原理(与光导纤维同理)。由于导光筒为中空的管子,因此传统的管子不可能实现,但是当改变管壁形状后则克服了这个问题,制成了内部全反射式的导光筒。

(3)漫射器。对于照明而言,不是简单地将光线引入室内,而是需要将光线合理地在室内分布,因此漫射器就需要根据配光的要求不同,合理地选择相应的材料,并对其光通空间分布做相应的测试,从而保证照明的质量。

2.设计要点

采用导光筒可有效改善室内空间的自然采光效果,每个导光筒可以改善一定面积的采光,每个导光筒能改善的面积约46 m^2。在设计初期,宜根据需要改善的功能空间面积的大小,以及设计经验或软件模拟分析计算的方法确定大致需要设置几个导光筒,并合理布置导光筒的位置。地下空间采用导光筒时需满足以下要求:①导光筒布置位置不能占用消防通道和登高场地;②地下改善空间不能位于人防区域,并有效改善其他主要功能空间的采光效果;③构造设计满足防水、防尘和保温隔热等要求。

三、室内空气质量

随着我国经济的发展和人们消费观念的变化,室内装修盛行,且装修支出越来越高,但天然有机装修材料(如天然原木)的使用越来越少。大部分人造材料(如人造板材、地毯、壁纸、胶黏剂等)成为室内挥发性有机化合物(VOCs)的主要来源。尤其是空调的普遍使用,要求建筑围护结构及门、窗等有良好的密封性能,以达到节能的目的,而现行设计的空调系统多数新风量不足,在这种情况下容易造成室内空气质量的极度恶化。在这样的环境中,人们往往会出现头疼、头晕、过敏性疲劳和眼、鼻、喉刺痛等不适感,人体健康受到极大的影响。

(一)污染物的控制方法

污染物有如下几种控制方法:

"堵"——建筑设计与施工特别是围护结构表层材料的选用中,采用 VOCs 等有害气体释放量少的材料。

"节流"——切实保证空调或通风系统的正确设计、严格的运行管理和维护,使可能的污染源产污量降低到最低程度。

"稀释"——保证足够的新风量或通风换气量,稀释和排除室内气态污染物,这也是改善室内空气品质的基本方法。

"清除"——采用各种物理或化学方法,如过滤、吸附、吸收、氧化还原等将空气中的有害物清除或分解掉。

(二)空气净化方法和原理

1.空气过滤去除悬浮颗粒物

过滤器主要功能为处理空气中的颗粒污染。对空气过滤去除悬浮颗粒物最常见的误解是:过滤器像筛子一样,只有当悬浮在空气中的颗粒粒径比滤网的孔径大时才能被过滤掉。其实,过滤器和筛子的工作原理大相径庭。

空气过滤器原理和步骤如下:

(1)扩散:由于扩散作用,$d<0.2\ \mu m$ 的粒子明显偏离其流线,与滤材相遇,被捕获。

(2)中途拦截:$d>0.5\ \mu m$ 的粒子扩散效应不明显,但可能因为尺寸较大而与过滤器纤维碰上。

(3)惯性碰撞:具有比较大惯性的、比较重($d>0.5\ \mu m$)的粒子通常难以绕过过滤器纤维而与纤维直接接触,从而被捕获。

(4)静电捕获:粒子或者过滤器纤维被有意带上电荷,这样静电力就可在捕获粒子中起重要作用。

(5)筛子过滤:直径大的粒子一般采用筛子过滤器,过滤器的效果和粒子直径大小有一定的关系,应该明确。

2.吸附

吸附是由于吸附质和吸附剂之间的吸附力而使吸附质聚集到吸附剂表面的一种现

象，分为以下几种：

（1）物理吸附（常见）。吸附质和吸附剂之间不发生化学反应；对所吸附的气体选择性不强；吸附过程快，参与吸附的各相之间瞬间达到平衡；吸附过程为低放热反应过程，放热量比相应气体的液化潜热稍大；吸附剂与吸附质间吸附力不强，在条件改变时可脱附；对分子量小的化合物作用不明显。物理吸附中，目前比较常用的吸附剂是活性炭。

（2）化学吸附。空气中的污染物在吸附剂表面发生化学反应；对分子量小的化合物作用显著；对于室内 VOCs 和其他污染物的吸附是一种比较有效而又简单的消除技术；固体材料吸附能力的大小取决于固体的比表面积（1 g 固体的表面积），比表面积越大，吸附能力越强。

（三）紫外灯杀菌

紫外辐照杀菌是常用的空气杀菌方法，在医院中已被广泛使用。紫外光谱分为 UVA（320～400 nm）、UVB（280～320 nm）和 UVC（100～280 nm），波长短的 UVC 杀菌能力较强，185 nm 以下的辐射会产生臭氧。

一般紫外灯安置在房间上部，不直接照射，空气受热源加热向上运动，缓慢进入紫外辐照区，受辐照后的空气再下降到房间的人员活动区，在这一过程中，细菌和病毒会不断被降低活性，直至灭杀。

第三节　绿色建筑交通设施与公共服务建设

交通设施与公共服务建设关注场地内的交通组织、集约型停车方式及公共设施配套，目的是确保场地内居民出行安全、生活便捷。首先，场地开发过程中须合理进行场地外与场地内部的交通组织规划，方便居民进出；其次，规划布局自行车停车场、机械式停车库和立体停车楼以满足停车需求，并集约利用土地资源；最后，根据周边的公共服务设施配置情况，进行针对性的设施补充与完善，以提供充足的配套服务。

一、技术简介

交通组织是为解决交通问题所采取的各种软措施的总和，此处所指交通组织是城市道路、公交站点、轨道站点等到建筑物或场地出入口之间涉及的交通类型及组织，具体包括四点内容：一是城市道路系统、公交站点和轨道站点等的布局位置及服务覆盖范围；二是道路系统、公交站点及轨道站点等到场地入口之间的衔接方式，包括步行道路、人行天桥、地下通道等；三是场地出入口的位置、样式、方向等；四是场地出入口与建筑入口之间的交通形式布设及安排等。

二、设计要点

（一）公交、轨道站点布局

根据《国务院关于城市优先发展公共交通的指导意见》，为推动城市交通绿色发展，要求“大城市要基本实现中心城区公共交通站点 500 m 全覆盖，公共交通占机动车出行比例达到60%左右”。

城市控制性详细规划和交通专项规划对交通站点进行规划布局时，应按照指导意见及相关规范要求，合理布设公交站点位置，确保相应的服务半径。

公交站点规划时宜根据《城市综合交通体系规划标准》（GB/T 51328—2018）、《城市道路公共交通站、场、厂工程设计规范》（CJJ/T 15—2011）等标准合理设置公交站点形式及服务设施，最大化地服务居民。

（二）场地对外交通设计

《民用建筑设计统一标准》（GB 50352—2019）要求场地出入口位置符合下列要求：与大中城市主干道交叉口的距离，自道路红线交叉点量起不应小于 70 m；与人行横道线、人行过街天桥、人行地道（包括引道、引桥）的最边缘线不应小于 5 m；距地铁出入口、公共交通站台边缘不应小于 15 m；距公园、学校、儿童及残疾人使用建筑的出入口不应小于 20 m。

根据《城市居住区规划设计标准》（GB 50180—2018）要求，对住宅建筑的规划布置主要从五个方面做了原则性规定。其中面街布置的住宅，主要考虑居民，特别是儿童的出入安全和不干扰城市交通，规定其出入口不得直接开向城市道路或居住区级道路，即住宅出入口与城市道路之间要求有一定的缓冲或分隔，当临街住宅有若干出入口时，可通过宅前小路集中开设出入口。

场地出入口在满足各标准、规范指标要求的同时，出入口设计应不影响城市道路系统，保障居民人身安全。场地应有两个及两个以上不同方向通向城市道路的出口，且至少有一面直接连接城市道路，以减少人员疏散时对城市正常交通的影响。

（三）人车分流设计

《民用建筑设计统一标准》（GB 50352—2019）要求：单车道路宽度不应小于4 m，双车道路宽度不应小于 7 m；人行道路宽度不应小于 1.50 m；利用道路边设停车位时，不应影响有效通行宽度；车行道路改变方向时，应满足车辆最小转弯半径要求；消防车道路应按消防车最小转弯半径要求设置。

进入场地后人行道路与车行道路在空间上分离，设置步行路与车行路两个独立的路网系统；车行路应分级明确，可采取围绕场地外围的布置方式，并以枝状尽端路或环状尽端路的形式伸入到各住户院落、住宅单元或办公楼等的背面入口。

在车行路附近或尽端处应设置适当数量的机动车停车位，在尽端型车行路的尽端应设回车场地；步行路应该贯穿于场地内部各主要功能区，将绿地、公共服务设施串联起来，并伸入到各住宅院落、住宅单元或办公楼等的正面入口，起到连接住宅院落、办公楼等的作用。

人车分流设计需考虑场地用地面积的大小，合理设计车行道和人行道的用地比；场地内车行道和人行道设计需优先考虑安全需求，其次为居民出入的便利性。

（四）无障碍设施设计

新建民用建筑场地内及相关的设计应按照《无障碍设计规范》（GB 50763—2012），落实其控制性条文，包括 3.7.3（3，5）、4.4.5、6.2.4（5）、6.2.7（4）、8.1.4 等条文。

（1）缘石坡道。人行道的各种路口必须设缘石坡道，缘石坡道下口高出车行道的地面不得大于 20 mm，且缘石坡道设计时应在人行道范围内进行，并与人行横道相对应，设置的坡面应平整且不光滑。

扇形单面坡缘石坡道不应小于 1.5 m，设在道路转角处单面坡缘石坡道上口宽度不宜小于 2 m。

（2）盲道。应连续、便利，在具体设计时，人行道外侧应有围墙、花台或绿化带，距人行道 0.25～0.5 m，行进盲道的宽度宜为 0.3～0.6 m，且根据道路宽度选择低限和高限。

行进盲道的起点和终点处设提示盲道，其长度应大于行进盲道的宽度；人行道中有台阶、坡道和障碍物等，距人行横道入口、地下铁道入口等 0.25～0.5 m 处应设提示盲道，提示盲道长度与各入口的宽度应相对应。

（3）建筑入口。建筑入口为无障碍入口时，入口室外的地面坡度不应大于 1∶50。

第二章　绿色施工主要措施

第一节　环境保护

绿色施工的实现主要是依靠满足目标要求,采取一系列措施,并在施工过程中得以贯彻执行。这些措施包括管理措施和技术措施。本章主要介绍现阶段实施绿色施工主要采取的措施。

一、扬尘控制

据调查,建筑施工是产生空气扬尘的主要原因。施工中出现的扬尘主要来源于:渣土的挖掘和清运,回填土、裸露的料堆,拆迁施工中由上而下抛撒的垃圾、堆存的建筑垃圾,现场搅拌砂浆以及拆除爆破工程产生的扬尘等。扬尘的控制应该进行分类,根据其产生的原因采取适当的控制措施。

(一)扬尘控制管理措施

(1)确定合理的施工方案。施工前,充分了解场地四周环境,对风向、风力、水源、周围居民点等充分调查分析后,制定相应的扬尘控制措施,纳入绿色施工专项施工方案。

(2)尽量选择工业化加工的材料、部品、构件。工业化生产减少了现场作业量,大大降低了现场扬尘。

(3)合理调整施工工序。将容易产生扬尘的施工工序安排在风力小的天气进行,如拆除、爆破作业等。

(4)合理布置施工现场。将容易产生扬尘的材料堆场和加工区远离居民住宅区布置。

(5)制定相关管理制度。针对每一项扬尘控制措施制定相关管理制度,并宣传贯彻到位。

(6)配备相应奖惩、公示制度。奖惩、公示不是目的而是手段。奖惩、公示制度配合宣传教育进行,才能将具体措施落实到位。

(二)场地处理

(1)硬化措施。施工道路和材料加工区进行硬化处理,并定期洒水,确保表面无浮土。

(2)裸土覆盖。短期内闲置的施工用地采用密目丝网临时覆盖,较长时期内闲置的施工用地采用种植易存活的花草进行覆盖。

(3)设置围挡。①施工现场周边设置一定高度的围挡,且保证封闭严密,保持整洁完整。②现场易飞扬的材料堆场周围设置不低于堆放物高度的封闭性围挡,或使用密目丝网覆盖。③有条件的现场可设置挡风抑尘墙。

(三)降尘措施

(1)定期洒水。不管是施工现场还是作业面,保持定期洒水,确保无浮土。

(2)密目安全网。工程脚手架外侧采用合格的密目安全网进行全封闭,封闭高度要高出作业面,并定期对立网进行清洗和检查,发现破损立即更换。

(3)施工车辆控制。①运送土方、垃圾、易飞扬材料的车辆必须封闭严密,且不应装载过满。定期检查,确保运输过程不抛不撒不漏。②施工现场设置洗车槽。驶出工地的车辆必须进行轮胎冲洗,避免污损场外道路。③土方施工阶段,大门外设置吸湿垫,避免污损场外道路。

(4)垃圾运输。①浇筑混凝土前清理灰尘和垃圾时尽量使用吸尘器,避免使用吹风器等易产生扬尘的设备。②高层或多层建筑清理垃圾应搭设封闭性临时专用道路或采用容器吊运,禁止直接抛撒。

(5)特殊作业。①岩石层开挖尽量采用凿裂法,并采用湿作业减少扬尘。②机械剔凿作业时,作业面局部遮挡,并采取水淋等措施,减少扬尘。③清拆建(构)筑物时,提前做好扬尘控制计划。对清拆建(构)筑物进行喷淋除尘并设置立体式遮挡尘土的防护设施,宜采用安静拆除技术降低噪声和粉尘。④爆破拆除建(构)筑物时,提前做好扬尘控制计划,可采用清理积尘、淋湿地面、预湿墙体、屋面覆水袋、楼面蓄水、建筑外设高压喷雾状水系统、搭设防尘排栅和直升机投水弹等措施综合降尘。

(6)其他措施。易飞扬和细颗粒建筑材料封闭存放。余料应有及时回收制度。

二、噪声与振动控制

建筑施工噪声是指在建筑施工过程中产生的干扰周围生活环境的声音,国家标准《建筑施工场界环境噪声排放标准》(GB 12523—2011)规定建筑施工场界环境噪声排放昼间不大于 70 dB,夜间不大于 55 dB。

(一)噪声与振动控制管理措施

(1)确定合理的施工方案。施工前,充分了解现场及拟建建筑基本情况,针对拟采用的机械设备,制定相应的噪声、振动控制措施,纳入绿色施工专项施工方案。

(2)合理安排施工工序。严格控制夜间作业时间,大噪声工序严禁夜间作业。

(3)合理布置施工现场。将噪声大的设备远离居民区布置。

(4)尽量选择工业化加工的材料、部品、构件。工业化生产减少了现场作业量,大大降低了现场噪声。

(5)建立噪声控制制度,降低人为噪声。①塔式起重机指挥使用对讲机,禁止使用大喇叭或直接高声叫喊。②材料的运输轻拿轻放,严禁抛弃。③机械、车辆定期保养,并在闲置期间及时关机减少噪声。④施工车辆进出现场禁止鸣笛。

(二)控制源头

(1)选用低噪声、低振动环保设备。在施工中,选用低噪声搅拌机、钢筋夹断机、风机、电动空压机、电锯等设备,振动棒选用环保型,低噪声、低振动。

（2）优化施工工艺。用低噪声施工工艺代替高噪声施工工艺。如桩施工中将垂直振打施工工艺改变为螺旋、静压、喷注式打桩工艺。

（3）安装消声器。在大噪声施工设备的声源附近安装消声器，通常将消声器设置在通风机、鼓风机、压缩机、燃气轮机、内燃机等各类排气放空装置的进出风管适当位置。

（三）控制传播途径

（1）在现场大噪声设备和材料加工场地四周设置吸声降噪屏。

（2）在施工作业面强噪声设备（如打桩机、振动棒等）周围设置临时隔声屏障。

（四）加强监管

在施工现场根据噪声源和噪声敏感区的分布情况，设置多个噪声监控点，定期对噪声进行动态检测，发现超过建筑施工场界环境噪声排放限制的，及时采取措施，降低噪声排放至满足要求。

三、光污染控制

光污染是通过过量的或不适当的光辐射对人类生活和生产环境造成不良影响。在施工过程中，夜间施工的照明灯及施工中电弧焊、闪光对接焊工作时发出的弧光等形成光污染。

（1）灯具选择以日光型为主，尽量减少射灯及石英灯的使用。

（2）夜间室外照明灯加设灯罩，使透光方向集中在施工范围。

（3）钢筋加工棚远离居民区和生活办公区，必要时设置遮挡措施。

（4）电焊作业尽量安排在白天阳光下，如夜间施工，需设置遮挡措施，避免电焊弧光外泄。

（5）优化施工方法，钢筋尽量采用机械连接。

四、水污染控制

水污染是指水体因某种物质的介入，而导致其化学、物理、生物或者放射性等方面特性的改变，从而影响水的有效利用，危害人体健康或者破坏生态环境，造成水质恶化的现象。

施工现场产生的污水主要包括雨水、污水（生活污水和生产污水）两类。

（一）保护地下水

（1）基坑降水尽可能少地抽取地下水。①基坑降水优先采用基坑封闭降水措施。②采用井点降水施工时，优先采用疏干井利用自渗效果将上层滞水引渗到下层潜水层，使大部分水资源重新回灌至地下。③不得已必须抽取基坑水时，应根据施工进度进行水位检测，发现基坑抽水对周围环境可能造成不良影响，或者基坑抽水量大于 50 万 m^3 时，应进行地下水回灌，回灌时注意采取措施防止地下水被污染。

（2）现场所有污水有组织排放。现场道路、材料堆场、生产场地四周修建排水沟、集水井，做到现场所有污水不随意排放。

（3）化学品等有毒材料、油料的储存地，有严格的隔水层设计，并做好渗漏液收集和处理工作。

(4)施工机械设备使用和检修时,应控制油料污染;清洗机具的废水和废油不得直接排放。

(5)易挥发、易污染的液态材料,应使用密闭容器单独存放。

(二)污水处理

(1)现场优先采用移动式厕所,并委托环卫单位定期清理。固定厕所配置化粪池,化粪池应定期清理并有防满溢措施。

(2)现场厨房设置隔油池,隔油池定期清理并有防满溢措施。

(3)现场其他生产、生活污水经有组织排放后,配置沉淀池,经沉淀池沉淀处理后的污水,有条件的可以进行二次使用,不能二次使用的污水,经检测合格后排入市政污水管道。

(4)施工现场雨水、污水分开收集、排放。

(三)水质检测

(1)不能二次使用的污水,委托有资质的单位进行废水水质检测,满足国家相关排放要求后才能排入市政污水管道。

(2)有条件的单位可以采用微生物污水处理、沉淀剂、酸碱中和等技术处理工程污水,实现达标排放。

五、废气排放控制

施工现场的废气主要包括汽车尾气、机械设备废气、电焊烟气以及生活燃料排气等。

(1)严格机械设备和车辆的选型,禁止使用国家、地方限制或禁止使用的机械设备。优先使用国家、地方推荐使用的新设备。

(2)加强现场内机械设备和车辆的管理,建立管理台账,跟踪机械设备和车辆的年检和修理情况,确保合格使用。

(3)现场生活燃料选用清洁燃料。

(4)电焊烟气的排放符合国家相关标准的规定。

(5)严禁在现场熔化沥青或焚烧油毡、油漆以及其他产生有毒、有害烟尘和恶臭气体的物质。

六、建筑垃圾控制

工程施工过程中要产生大量废物,如泥沙、旧木板、钢筋废料和废弃包装物等,基本用于回填。大量未处理的垃圾露天堆放或简易填埋占用了大量的宝贵土地并污染环境。

(一)建筑垃圾减量

(1)开工前制定建筑垃圾减量目标。

(2)通过加强材料领用和回收的监管、提高施工管理,减少垃圾产生以及重视绿色施工图纸会审,避免返工、返料等措施减少建筑垃圾产量。

(二)建筑垃圾回收再利用

1.回收准备

(1)制定工程建筑垃圾分类回收再利用目标,并公示。

(2)建筑垃圾分类要求分几类、怎么分类、各类垃圾回收的具体要求是什么都要明确规定,并在现场合适位置修建满足分类要求的建筑垃圾回收池。

(3)制定建筑垃圾现场再利用方案,建筑垃圾应尽可能在现场直接再利用,减少运出场地的能耗和对环境的污染。

(4)以就近的原则联系相关建筑垃圾回收企业,如再生骨料混凝土、建筑垃圾砖、再生骨料砂浆生产厂家、金属材料再生企业等,并根据相关企业对建筑垃圾的要求,提出现场建筑垃圾回收分类的具体要求。

2.实施与监管

(1)制定尽可能详细的建筑垃圾管理制度,并落实到位。

(2)制定配套表格,确保所有建筑垃圾受到监控。

(3)对职工进行教育,强调建筑垃圾尽可能全数按要求进行回收;尽可能在现场直接再利用。

(4)及时分析建筑垃圾回收及再利用情况,并将结果公示。发现与目标值偏差较大时,应及时采取纠正措施。

七、地下设施、文物和资源保护

地下设施主要包括人防地下空间、民用建筑地下空间、地下通道和其他交通设施、地下市政管网等设施,这类设施处于隐蔽状态,在施工中应采取必要措施避免其受到损害。

文物作为我国古代文明的象征,采取积极措施保护地下文物是每一个人的责任。世界矿产资源短缺,施工中做好矿产资源的保护工作也是绿色施工的重要环节。

(一)前期工作

(1)施工前对施工现场地下土层、岩层进行勘察,探明施工部位是否存在地下设施、文物或矿产资源,并向有关单位和部门进行咨询和查询,最终认定施工场地存在地下设施、文物或矿产资源具体情况和位置。

(2)对已探明的地下设施、文物或矿物资源,制定适当的保护措施,编制相关保护方案。方案需经相关部门同意并得到监理工程师认可后方可实施。

(3)对施工场区及周边的古树名木优先采取避让方法进行保护,不得已需进行移栽的,应经相关部门同意并委托有资质的单位进行。

(二)施工中的保护

(1)开工前和实施过程中,项目部应认真向每一位操作工人进行管线、文物及资源方面的技术交底,明确各自责任。应设置专人负责地下相关设施、文物及资源的保护工作,并需要经常检查保护措施的可靠性。当发现场地条件变化、保护措施失效时,应立即采取补救措施。

(2)督促检查操作人员遵守操作规程,禁止违章作业、违章指挥和违章施工。

(3)开挖沟槽和基坑时,无论人工开挖还是机械开挖,均需分层施工。每层挖掘深度宜控制在20~30 cm。一旦遇到异常情况,必须仔细而缓慢挖掘,把情况弄清楚或采取措施后方可按照正常方式继续开挖。

(4)施工过程中如遇到露出的管线,必须采取相应的有效措施,如进行吊托、拉攀、砌筑等固定措施,并与有关单位取得联系,配合施工,以求施工安全可靠。施工过程中一旦发现文物,应立即停止施工,保护现场并尽快通报文物部门并协助文物部门做好相应的工作。

(5)施工过程中发现现状与交底或图纸内容、勘探资料不相符,或出现直接危及地下设施、文物或资源安全的异常情况时,应及时通知相关单位到场研究,商议制定补救措施,在未做出统一结论前,施工人员不得擅自处理。

(6)施工过程中一旦发生地下设施、文物或资源损坏事故,必须在 24 h 内报告主管部门和业主,不得隐瞒。

八、人员安全与健康管理

绿色施工讲究以人为本。在国内安全管理中,已引入职业健康安全管理体系,各建筑施工企业也都积极地进行职业健康安全管理体系的建立并取得体系认证,在施工生产中将原有的安全管理模式规范化、文件化、系统化地结合到职业健康安全管理体系中,使安全管理工作成为循序渐进、有章可循、自觉执行的管理行为。

(一)制度体系

(1)绿色施工实施项目应按照国家法律法规的有关要求,做好职工的劳动保护工作,制定施工现场环境保护和人员安全等突发事件的应急预案。

(2)制定施工防尘、防毒、防辐射等职业危害的措施,保障施工人员的长期职业健康。

(3)施工现场建立卫生急救、保健防疫制度,在安全事故和疾病疫情出现时提供及时救助。

(4)现场食堂应有卫生许可证,炊事员应持有效健康证明。

(二)场地布置

(1)合理布置施工场地,保证生活及办公区不受施工活动的有害影响。

(2)高层建筑施工宜分楼层配备移动环保厕所,定期清运、消毒。

(3)现场设置医务室。

(三)管理规定

(1)提供卫生、健康的工作与生活环境,加强对施工人员的住宿、膳食、饮用水等生活与环境卫生等管理,明显改善施工人员的生活条件。

(2)生活区有专人负责,提供消暑或保暖措施。

(3)现场工人劳动强度和工作时间符合国家标准的有关规定。

(4)从事有毒、有害、有刺激性气味和在强光、强噪声施工的人员佩戴与其相应的防护器具。

(5)深井、密闭环境、防水和室内装修施工有自然通风或临时通风设施。

(6)现场危险设备、地段、有毒物品存放地配置醒目安全标志,施工应采取有效防毒、防污、防尘、防潮、通风等措施,加强人员健康管理。

(7)厕所、卫生设施、排水沟及阴暗潮湿地带定期消毒。

(8)食堂各类器具清洁,个人卫生、操作行为规范。

（四）其他

（1）提供卫生清洁的生活饮用水。施工期间，派人送到施工作业面。茶水桶应安全、清洁。

（2）提供生活热水。

第二节　节材与材料资源利用

节材与材料资源利用是住房城乡建设部重点推广的九个领域之一，是指材料生产、施工、使用以及材料资源利用各环节的节材技术，包括绿色建材与新型建材、混凝土工程节材技术、钢筋工程节材技术、化学建材技术、建筑垃圾与工业废料回收应用技术等。

一、建材选用

（一）使用绿色建材

选用对人体危害小的绿色、环保建材，满足相关标准要求。绿色建材是指采用清洁生产技术，少用天然资源和能源，大量使用工业或城市固态废物生产的无毒害、无污染、无放射性、有利于环境保护和人体健康的建筑材料。它具有消磁、消声、调光、调温、隔热、防火、抗静电的性能，并具有调节人体机能的特种新型功能建筑材料。

（二）使用可再生建材

可再生建材是指在加工、制造、使用和再生过程中具有最低环境负荷的，不会明显地损害生物的多样性，不会引起水土流失和影响空气质量，并且能得到持续管理的建筑材料。主要是在当地形成良性循环的木材和竹材以及不需要较大程度开采、加工的石材和在土壤资源丰富地区，使用不会造成水土流失的土材料等。

（三）使用再生建材

再生建材是指材料本身是回收的工业或城市固态废物，经过加工再生产而形成的建筑材料，如建筑垃圾砖、再生骨料混凝土、再生骨料砂浆等。

（四）使用新型环保建材

新型环保建材是指在材料的生产、使用、废弃和再生循环过程中，以与生态环境相协调，满足最少资源和能源消耗、最小或无环境污染、最佳使用性能、最高循环再利用率要求设计生产的建筑材料。现阶段主要的新型环保建材主要有以下几种：

（1）以最低资源和能源消耗、最小环境污染代价生产的传统建筑材料。这是对传统建筑材料从生产工艺上的改良，减少资源和能源消耗，降低环境污染，如用新型干法工艺技术生产高质量水泥材料。

（2）发展大幅度减少建筑能耗的建材制品。采用具有保温、隔热等功效的新型建材，满足建筑节能率要求。如具有轻质、高强、防水、保温、隔热、隔声等优异功能的新型复合墙体。

(3)开发具有高性能、长寿命的建筑材料。研究能延长构件使用寿命的建筑材料，延长建筑服务寿命是最大的节约，如高性能混凝土等。

(4)发展具有改善居室生态环境和保健功能的建筑材料。人们居住的环境或多或少都会有噪声、粉尘、细菌、放射性等环境危害，发展此类新型建材，能有效改善人们的居住环境，如抗菌、除臭、调温、调湿、屏蔽有害射线的多功能玻璃、陶瓷、涂料等。

(5)发展能替代生产能耗高，对环境污染大，对人体有毒、有害的建筑材料。水泥因在其生产过程中能耗高、环境污染大，一直是材料研究人员迫切想找到合适替代品替代的建材，现阶段主要依靠在水泥制品生产过程中添加外加剂，减少水泥用量来实现。如利用粉煤灰、矿渣、外加剂等新材料降低混凝土和砂浆中的水泥用量等。

(五)图纸会审时，应审核节材与材料资源利用的相关内容

(1)根据已有的“绿色建材数据库”，结合现场调查，审核主要材料生产厂家距施工现场的距离，尽量减少材料运距，降低运输能耗和材料运输损耗，绿色施工要求距施工现场500 km以内生产的建筑材料用量占建筑材料总重量的70%以上。

(2)在保证质量、安全的前提下，尽量选用绿色、环保的复合新型建材。

(3)在满足设计要求的前提下，通过优化结构体系，采用高强钢筋、高性能混凝土等措施，减少钢筋、混凝土用量。

(4)结合工程和施工现场周边情况，合理采用工厂化加工的部品和构件，减少现场材料生产，降低材料损耗，提高施工质量，加快施工进度。

(六)编制材料进场计划

根据进度编制详细的材料进场计划，明确材料进场的时间、批次，减少库存，降低材料存放损耗并减少仓储用地，同时防止到料过多造成退料的转运损失。

(七)制定节材目标

绿色施工要求主要材料损耗率比定额损耗率降低30%。开工前应结合工程实际情况、项目自身施工水平等制定主要材料的目标损耗率，并予以公示。

(八)限额领料

根据制定的主要材料目标损耗率和经审定的设计施工图，计算出主要材料的领用限额，根据领用限额控制每次的领用数量，最终实现节材目标。

(九)动态布置材料堆场

根据不同施工阶段特点，动态布置现场材料堆场，以就近卸载、方便使用为原则，避免和减少二次搬运，降低材料搬运损耗和能耗。

(十)场内运输和保管

(1)材料场内运输工具适宜，装卸方法得当，有效避免损坏和遗洒造成的浪费。

(2)现场材料堆放有序，储存环境适宜，措施得当。保管制度健全，责任落实。

(十一)新技术节材

(1)施工中采取技术和管理措施提高模板、脚手架等周转次数。

(2)优化安装工程中预留、预埋、管线路径等方案，避免后凿后补、重复施工。

(3)现场建立废弃材料回收再利用系统,对建筑垃圾分类回收,尽可能在现场再利用。

二、结构材料

(一)混凝土

(1)推广使用预拌混凝土和商品砂浆。预拌混凝土和商品砂浆大幅度降低了施工现场的混凝土、砂浆生产,在减少材料损耗、降低环境污染、提高施工质量方面有绝对优势。

(2)优化混凝土配合比。利用粉煤灰、矿渣、外加剂等新材料降低混凝土和砂浆中的水泥用量。

(3)减少普通混凝土的用量,推广轻骨料混凝土。与普通混凝土相比,轻骨料混凝土具有自重轻,保温隔热性、抗火性、隔声性好等特点。

(4)注重高强度混凝土的推广与应用。高强度混凝土不仅可以提高构件承载力,还可以减小混凝土构件的截面尺寸,减轻构件自重,延长使用寿命,减少装修。

(5)推广预制混凝土构件的使用。预制混凝土构件包括新型装配式楼盖、叠合楼盖、预制轻混凝土内外墙板和复合外墙板等,使用预制混凝土构件,可以减少现场生产作业量,节约材料,减低污染。

(6)推广清水混凝土技术。清水混凝土属于一次性浇筑成型的材料,不需要其他外装饰,既节约材料又降低污染。

(7)采用预应力混凝土结构技术。据统计,工程采用无黏结预应力混凝土结构技术,可节约钢材约25%、混凝土约1/3,同时减轻了结构自重。

(二)钢材

(1)推广使用高强钢筋。使用高强钢筋,减少资源消耗。

(2)推广和应用新型连接技术。推广和应用新型钢筋连接方法,采用机械连接、钢筋焊接网等新技术。

(3)优化钢筋配料和钢构件下料方案。利用计算机技术在钢筋及钢构件制作前对其下料单及样品进行复核,无误后方可批量下料,减少下料不当造成的浪费。

(4)采用钢筋专业化加工配送。钢筋专业化加工配送,减少钢筋余料的产生。

(5)优化钢结构制作和安装方法。大型钢结构宜采用工厂制作,现场拼装;宜采用分段吊装、整体提升、滑移、顶升等安装方法,减少方案的措施用材量。

(三)围护材料

(1)门窗、屋面、外墙等围护结构选用耐候性、耐久性较好的材料。一般来讲,屋面材料、外墙材料要具有良好的防水性能和保温隔热性能,而门窗多采用密封性、保温隔热性、隔声性良好的型材和玻璃等材料。

(2)屋面或墙体等部位的保温隔热系统采用配套专用的材料,确保系统的安全性和耐久性。

(3)施工中采取措施确保密封性、防水性和保温隔热性。特别是保温隔热系统与围护结构的节点处理,尽量降低热桥效应。

三、装饰装修材料

(1)装饰装修材料购买前,应充分了解建筑模数。尽量购买符合模数尺寸的装饰装修材料,减少现场裁切量。

(2)贴面类材料在施工前应进行总体排版,尽量减少非整块材料的数量。

(3)尽量采用非木质的新材料或人造板材代替木质板材。

(4)防水卷材、壁纸、油漆及各类涂料基层必须符合国家标准要求,避免起皮、脱落。各类油漆及黏结剂应随用随开启,不用时应及时封闭。

(5)幕墙及各类预留预埋件应与结构施工同步。

(6)对于木制品及木装饰用料、玻璃等各类板材等宜在工厂采购或定制。

(7)尽可能采用自黏结片材,减少现场液态黏结剂的使用量。

(8)推广土建装修一体化设计与施工,减少后凿后补。

四、周转材料

周转材料,是指企业能够多次使用、逐渐转移其价值但仍保持原有形态且不确认为固定资产的材料,在建筑工程施工中可多次利用使用的材料,如钢架杆、扣件、模板、支架等。

施工中的周转材料一般分为以下四类:

(1)模板类材料:浇筑混凝土用的木模、钢模等,包括配合模板使用的支撑材料、滑模材料和扣件等。按固定资产管理的固定钢模和现场使用固定大模板则不包括在内。

(2)挡板类材料:土方工程用的挡板等,包括用于挡板的支撑材料。

(3)架料类材料:搭脚手架用的竹竿、木杆、竹木跳板、钢管及其扣件等。

(4)其他:除以上各类外,作为流动资产管理的其他周转材料,如塔式起重机使用的轻轨、枕木(不包括附属于塔式起重机的钢轨)以及施工过程中使用的安全网等。

(一)管理措施

(1)周转材料企业集中规模管理。周转材料归企业集中管理,在企业内灵活调度,减少材料闲置率,提高材料使用功效。

(2)加强材料管理。周转材料采购时,尽量选用耐用、维护与拆卸方便的周转材料和机具。同时,加强周转材料的维修和保养,金属材料使用后及时除锈、上油并妥善存放;木质材料使用后按大小、长短码放整齐,并确保存放条件,同时积极调度,避免周转材料存放过久。

(3)严格使用要求。项目部应该制定详细的周转材料使用要求,包括建立完善的领用制度,严格周转材料使用制度(现场禁止私自裁切钢管、木枋、模板等)、周转材料报废制度等。

(4)优先选用制作、安装、拆除一体化的专业队伍进行模板施工。

(二)技术措施

(1)优化施工方案,合理安排工期,在满足使用要求的前提下,尽可能减少周转材料租赁时间,做到"进场即用,用完即还"。

(2)推广使用定型钢模、钢框胶合板、铝合金模板、塑料模板等新型模板。

(3)推广使用管件合一的脚手架体系。

(4)在多层、高层建筑建设过程中,推广使用可重复利用的模板体系和工具式模板支撑。

(5)高层建筑的外脚手架,采用整体提升、分段悬挑等方案。

(6)采用外墙保温板替代混凝土模板、叠合楼盖等新的施工技术,减少模板用量。

(三)临时设施

(1)临时设施采用可拆迁、可回收材料。

(2)临时设施应充分利用既有建筑物、市政设施和周边道路。

(3)最大限度地利用已有围墙做现场围挡,或采用装配式可重复使用围挡封闭的方法。

(4)现场办公和生活用房采用周转式活动房。

(5)现场钢筋棚、茶水室、安全防护设施等应定型化、工具化、标准化。

(6)力争工地临时用房、临时围挡材料的可重复使用率达到70%。

第三节 节水与水资源利用

我国的水资源存在两个问题:其一是水资源缺乏,我国是全球人均水资源最贫乏国家之一;其二是水污染严重,多数城市的地下水资源受到一定程度的污染,而且日趋严重。

一、提高用水效率

(1)施工过程中采用先进的节水施工工艺。如现场水平结构混凝土采取覆盖薄膜的养护措施,竖向结构采取刷养护液养护,杜绝无措施浇水养护;对已安装完毕的管道进行打压调试,采取从高到低、分段打压,利用管道内已有水循环调试等。

(2)施工现场供、排水系统合理适用。

①施工现场给水管网的布置本着"管路就近、供水畅通、安全可靠"的原则。在管路上设置多个供水点,并尽量使这些供水点构成环路,同时应考虑不同施工阶段管网具有移动的可能性。

②应制定相关措施和监督机制,确保管网和用水器具不渗漏。

(3)制定用水定额。

①根据工程特点,开工前制定用水定额,定额应按生产用水、生活办公用水分开制定,并分别建立计量管理机制。

②大型工程应该分不同单项工程、不同标段、不同施工阶段、不同分包生活区制定用水定额,并采取不同的计量管理机制。

③签订标段分包或劳务合同时,应将用水定额指标纳入相关合同条款,并在施工过程中计量考核。

④专项重点用水考核。对混凝土养护、砂浆搅拌等用水集中区域和工艺点单独安装水表,进行计量考核,并有相关制度配合执行。

(4)使用节水器具。施工现场办公室、生活区的生活用水100%采用节水器具,并派专人定期维护。

(5)施工现场建立雨水、废水收集利用系统。施工场地较大的项目,可建立雨水收集系统,回收的雨水用于绿化灌溉、机具车辆清洗等;也可修建透水混凝土地面,直接将雨水渗透到地下滞水层,补充地下水资源。

①现场机具、设备、车辆冲洗用水应建立循环用水装置。

②现场混凝土养护、冲洗搅拌机等施工过程中应建立水的回收系统,回收水可用于现场洒水降尘等。

二、非传统水源利用

非传统水源不同于传统地表水供水和地下水供水的水源,包括再生水、雨水、海水等。

(1)基坑降水利用。基坑优先采取封闭降水措施,尽可能少地抽取地下水。不得已需要基坑降水时,应该建立基坑降水储存装置,将基坑水储存并加以利用。基坑水可用于绿化浇灌、道路清洁洒水、机具设备清洗等,也可作为混凝土养护用水和部分生活用水。

(2)雨水收集利用。施工面积较大,地区年降雨量充沛的施工现场,可以考虑雨水回收利用。收集的雨水可用于洗衣、洗车、冲洗厕所、绿化浇灌、道路冲洗等,也可采取透水地面等直接将雨水渗透至地下,补充地下水。

雨水收集可以与废水回收结合进行,共用一套回收系统。

雨水收集应注意蒸发量,收集系统尽量建于室内或地下,建于室外时,应加以覆盖减少蒸发。

(3)施工过程水回收。

①现场机具、设备、车辆冲洗用水应建立循环用水装置。

②现场混凝土养护、冲洗搅拌机等施工过程水应建立回收系统,回收水可用于现场洒水降尘等。

三、安全用水

(1)基坑降水再利用、雨水收集、施工过程水回收等非传统水源再利用时,应注意用水工艺对水质的要求,必要时进行有效的水质检测,确保满足使用要求。一般回收水不用于生活饮用水。

(2)利用雨水补充地下水资源时,应注意渗透地面地表的卫生状况,避免雨水渗透污染地下水资源。

(3)不能二次利用的现场污水,应经过必要处理,经检验满足排放标准后方可排入市政管网。

第四节　节能与能源利用

施工节能是指建筑工程施工企业采取技术上可行、经济上合理、有利于环境、社会可接受的措施,提高施工所耗费能源的利用率。施工节能主要是从施工组织设计、施工机械设备及机具、施工临时设施等方面，在保证安全的前提下，最大限度地降低施工过程中的能量损耗，提高能源利用率。

一、节能措施

(1)制定合理的施工能耗指标，提高施工能源利用率。施工能耗非常复杂，目前尚无一套比较权威的能耗指标体系供人参考。因此，制定合理的施工能耗指标必须依靠施工企业自身的管理经验，结合工程实际情况，按照“科学、务实、前瞻、动态、可操作”的原则进行，并在实施过程中全面细致地收集相关数据，及时调整相关指标，最终形成比较准确的单个工程能耗指标供类似工程参考。

①根据工程特点，开工前制定能耗定额，定额应按生产能耗、生活办公能耗分开制定，并分别建立计量管理机制。一般能耗为电能，油耗较大的土木工程、市政工程等还包括油耗。

②大型工程应该分不同单项工程、不同标段、不同施工阶段、不同分包生活区制定能耗定额，并采取不同的计量管理机制。

③进行进场教育和技术交底时，应将能耗定额指标一并交底，并在施工过程中计量考核。

④专项重点能耗考核。对大型施工机械，如塔式起重机、施工电梯等，单独安装电表，进行计量考核，并有相关制度配合执行。

(2)优先使用国家、行业推荐的节能、高效、环保的施工设备和机具。国家、行业和地方会定期发布推荐、限制和禁止使用的设备、机具、产品名录，绿色施工禁止使用国家、行业、地方政府明令淘汰的施工设备、机具和产品，推荐使用节能、高效、环保的施工设备和机具。

(3)施工现场分别设定生产、生活、办公和施工设备的用电控制指标，定期进行计量、核算、对比分析，并有预防和纠正措施。按生产、生活、办公三区分别安装电表进行用电统计，同时，大型耗电设备做到一机一表单独用电计量。定期对电表进行读数，并及时将数据进行横向、纵向对比，分析结果，发现与目标值偏差较大或单块电表发生数据突变时，应进行专题分析，采取必要措施。

(4)施工组织设计。在施工组织设计中，合理安排施工顺序、工作面，以减少作业区域的机具数量，相邻作业区充分利用共有的机具资源。在编制绿色施工专项施工方案时，应进行施工机具的优化设计。优化设计应包括：

①安排施工工艺时，优先考虑能耗较少的施工工艺。例如在进行钢筋连接施工时，尽量采用机械连接，减少采用焊接连接。

②设备选型应在充分了解使用功率的前提下进行，避免设备额定功率远大于使用功率或超负荷使用设备的现象。

③合理安排施工顺序和工作面，科学安排施工机具的使用频次、进场时间、安装位置、使用时间等，减少施工现场机械的使用数量和占用时间。

④相邻作业区应充分利用共有的机具资源。

(5)气候和自然资源。根据当地气候和自然资源条件，充分利用太阳能、地热等可再生能源，太阳能、地热等作为可再生的清洁能源，在节能措施中应该利用一切条件加以利用。在施工工序和时间的安排上，应尽量避免夜间施工，充分利用太阳光照。另外，在办公室、宿舍的朝向、开窗位置和面积等的设计上也应充分考虑自然光照射，节约电能。太阳能热水器作为可多次使用的节能设备，有条件的项目也可以配备，作为生活热水的部分来源。

二、机械设备与机具

(一)建立施工机械设备管理制度

(1)进入施工现场的机械设备都应建立档案，详细记录机械设备名称、型号、进场时间、年检要求、进场检查情况等。

(2)大型机械设备定人、定机、定岗，实行机长负责制。

(3)机械设备操作人员应持有相应上岗证，并进行了绿色施工专项培训，有较强的责任心和绿色施工意识，在日常操作中有意识节能。

(4)建立机械设备维护保养管理制度，建立机械设备年检台账、保养记录台账等，做到机械设备日常维护管理与定期维护管理双到位，确保设备低耗、高效运行。

(5)大型设备单独进行用电、用油计量，并做好数据收集，及时进行分析比对，发现异常及时采取纠正措施。

(二)机械设备的选择和使用

(1)选择功率与负载相匹配的施工机械设备，避免大功率施工机械设备低负载长时间运行。

(2)机电安装可采用节电型机械设备，如逆变式电焊机和能耗低、效率高的手持电动工具等，以利节电。

(3)机械设备宜使用节能型油料添加剂，在可能的情况下，考虑回收利用，节约油量。

(三)合理安排工序

工程应结合当地情况、公司技术装备能力、设备配置情况等确定科学的施工工序。工序的确定以满足基本生产要求、提高各种机械的使用率和满载率、降低各种设备的单位能耗为目的。施工中，可编制机械设备专项施工组织设计。编制过程中，应结合科学的施工工序，用科学的方法进行设备优化，确定各设备功率和进出场时间，并在实施过程中，严格执行。

三、生产、生活及办公临时设施

(1)利用场地自然条件，合理设计生产、生活及办公临时设施的体形、朝向、间距和窗墙面积比，使其获得良好的日照、通风和采光，可根据需要在其外墙窗设遮阳设施。

建筑物的体形用体形系数来表示，是指建筑物解除室外大气的外表面积与其所包围的体积的比值。体积小、体形复杂的建筑，体形系数较大，对节能不利。因此，应选择体积大、体形简单的建筑，体形系数较小，对节能较为有利。

我国地处北半球，太阳光一般都偏南，因此建筑物南北朝向比东西朝向节能。

窗墙面积比为窗户洞口面积与房间立面单元面积(房间层高与开间定位线围成的面积)的比值。加大窗墙面积比,对节能不利,因此外窗面积不应过大。

(2)临时设施宜采用节能材料,墙体、屋面使用隔热性能好的材料,减少夏季空调设备的使用时间及能耗。

临时设施用房宜使用热工性能达标的复合墙体和屋面板,顶棚宜进行吊顶。

(3)合理配置采暖、空调、风扇数量,并有相关制度确保合理使用,节约用电。

应有相关制度保证合理使用,如规定空调使用温度限制、分段分时使用以及按户计量、定额使用等。

四、施工用电及照明

(1)临时用电优先选用节能电线和节能灯具。采用声控、光控等节能照明灯具。电线节能要求合理选用电线、电缆的截面。绿色施工要求办公、生活和施工现场,采用节能照明灯具的数量宜大于80%,并且照明灯具的控制可采用声控、光控等节能控制措施。

(2)临时用电线路合理设计、布置,临时用电设备宜采用自动控制装置。在工程开工前,对建筑施工现场进行系统的、有针对性的分析,针对施工各用电位置,进行临时用电线路设计,在保证工程用电就近的前提下,避免重复铺设和不必要的浪费铺设,减少用电设备与电源间的路程,降低电能传输过程的损耗。制定齐全的管理制度,对临时用电各条线路制定管理、维护、用电控制等措施,并落实到位。

(3)照明设计应符合国家现行标准的规定。照明设计以满足最低照度为原则,照度不应超过最低照度的20%。

(4)根据施工总进度计划,在施工进度允许的前提下,尽可能少地进行夜间施工。夜间施工完成后,关闭现场施工区域内大部分照明,仅留必要的和小功率的照明设施。

(5)生活照明用电采用节能灯,生活区夜间规定时间内关灯并切断供电。办公室白天尽可能使用自然光源照明,办公室所有管理人员养成随手关灯的习惯,下班时关闭办公室内所有用电设备。

第五节　节地与施工用地保护

临时用地是指在工程建设施工和地质勘察中,建设用地单位或个人在短期内需要临时使用,不宜办理征地和农用地转用手续的,或者在施工、勘察完毕后不再需要使用的国有或者农民集体所有的土地(不包括因临时使用建筑或者其他设施而使用的土地)。

临时用地就是临时使用而非长久使用的土地,在法规表述上可称为“临时使用的土地”,与一般建设用地不同的是:临时用地不改变土地用途和土地权属,只涉及经济补偿和地貌恢复等问题。

一、临时用地指标

(1)临时设施要求平面布置合理、组织科学、占地面积小,在满足环境、职业健康与安全及文明施工要求的前提下,尽可能减少废弃地和死角,临时设施占地面积有效利用率大于 90%。

（2）根据施工规模及现场条件等因素合理确定临时设施，如临时加工厂、现场作业棚及材料堆场、办公生活设施等的占地指标。临时设施的占地面积应按用地指标所需的最低面积设计。

（3）建设工程施工现场用地范围，以规划行政主管部门批准的建设工程用地和临时用地范围为准，必须在批准的范围内组织施工。如因工程需要，临时用地超出审批范围，必须提前到相关部门办理批准手续后方可占用。

（4）场内交通道路布置应满足各种车辆机具设备进出场、消防安全疏散要求，方便场内运输。场内交通道路双车道宽度不宜大于 6 m，单车道不宜大于 3.5 m，转弯半径不宜大于 15 m，且尽量形成环形通道。

二、临时用地保护

（一）合理减少临时用地

（1）在环境和技术条件可能的情况下，积极应用新技术、新工艺、新材料，避开传统的、落后的施工方法，例如在地下工程施工中尽量采用顶管、盾构、非开挖水平定向钻孔等先进施工方法，避免传统的大开挖，减少施工对环境的影响。

（2）深基坑施工，应考虑设置挡墙、护坡、护脚等防护设施，以缩短边坡长度。在技术经济比较的基础上，对深基坑的边坡坡度、排水沟形式与尺寸、基坑填料、取弃土设计等方案进行比选，避免高填深挖，尽量减少土方开挖和回填量，最大限度地减少对土地的扰动，保护周边自然生态环境。

（3）合理确定施工场地取土和弃土场地地点，尽量利用山地、荒地作为取、弃土场用地；有条件的地方，尽量采用符合技术标准的工业废料、建筑废渣填筑，减少取土用地。

（4）尽量使用工厂化加工的材料和构件，减少现场加工占地量。

（二）红线外临时占地应环保

红线外临时占地应尽量使用荒地、废地，少占用农耕地。工程完工后，及时对红线外占地恢复原地形、地貌，使施工活动对周边环境的影响降至最低。

（三）利用和保护施工用地范围内原有绿色植被

施工用地范围内原有绿色植被，尽可能原地保护，不得已需移栽时，请有资质的相关单位组织实施；施工完后，尽快恢复原有地貌。

对于施工周期较长的现场，可按建筑永久绿化的要求，安排场地新建绿化。

三、施工总平面布置

（1）不同施工阶段有不同的施工重点，因此施工总平面布置应随着工程进展动态布置。

（2）施工总平面布置应做到科学、合理，充分利用原有建筑物、构筑物、道路、管线为施工服务。

（3）施工现场搅拌站、仓库、加工厂、作业棚、材料堆场等布置应尽量靠近已有交通线路或即将修建的正式或临时交通道路,缩短运输距离。

(4)临时办公和生活用房应采用经济、美观、占地面积小、对周边地貌环境影响较小,且适合于施工平面布置动态调整的多层轻钢活动板房、钢骨架多层水泥活动板房等可重复使用的装配式结构。

(5)生活区和生产区应分开布置,生活区远离有毒有害物质,并宜设置标准的分隔设施避免受生产影响。

(6)施工现场围墙可采用连续封闭的轻钢结构预制装配式活动围挡,减少建筑垃圾,保护土地。

(7)施工现场道路布置按永久道路和临时道路相结合的原则布置,施工现场内形成环形通路,减少道路占用土地。

(8)临时设施布置注意远近结合(本期工程与下期工程),努力减少和避免大量临时建筑拆迁和场地搬迁。

(9)现场内裸露土方应有防治水土流失措施。

第三章　建筑工程施工技术

第一节　施工测量与基础工程施工技术

一、常用测量仪器的性能与应用

在建筑工程施工中，常用的测量仪器有钢尺、水准仪、经纬仪、激光铅直仪和全站仪等（见表 3-1）。

表 3-1　几种常用测量仪器的性能与应用

测量仪器	性能与应用
钢尺	主要作用是距离测量，钢尺量距是目前楼层测量放线最常用的距离测量方法
水准仪	是进行水准测量的主要仪器，主要由望远镜、水准器和基座三部分组成，使用时通常架设在脚架上进行测量。其主要功能是测量两点间的高差，不能直接测量待定点的高程，但可由控制点的已知高程来推算测点的高程。另外，利用视距测量原理还可以测量两点间的大致水平距离
经纬仪	是一种能进行水平角和竖直角测量的仪器，主要由照准部、水平度盘和基座三部分组成。经纬仪还可以借助水准尺，利用视距测量原理，测出两点间的大致水平距离和高差，也可以进行点位的竖向传递测量
激光铅直仪	主要用来进行点位的竖向传递（如高层建筑施工中轴线点的竖向投测等）。除激光铅直仪外，有的工程也采用激光经纬仪来进行点位的竖向传递测量
全站仪	是一种可以同时进行角度测量和距离测量的仪器，由电子测距仪、电子经纬仪和电子记录装置三部分组成，具有操作方便、快捷、测量功能全等特点。使用全站仪测量时，在测站上安置仪器后，除照准需人工操作外，其余操作都可以自动完成，而且几乎是在同一时间测得平距、高差、点的坐标和高程

二、施工测量的内容与方法

（一）施工测量的工作内容

施工测量现场主要工作包括对已知长度的测设、已知角度的测设、建筑物细部点平面位置的测设、建筑物细部点高程位置及倾斜线的测设等。一般建筑工程，通常先布设施工控制网，再以施工控制网为基础，开展建筑物轴线测量和细部放样等施工测量工作。

（二）施工控制网测量

（1）建筑物施工平面控制网。应根据建筑物的设计形式和特点布设，一般布设成十字轴线或矩形控制网;也可根据建筑红线定位。平面控制网的主要测量方法有直角坐标法、极坐标法、角度交会法、距离交会法等。目前,一般采用极坐标法建立平面控制网。

(2)建筑物施工高程控制网。应采用水准测量。附合路线闭合差不应低于四等水准的要求。水准点可设置在平面控制网的标桩或外围的固定地物上,也可单独埋设。水准点的个数不得少于两个。当采用主要建筑物附近的高程控制点时,也不得少于两个点。±0.000 高程测设是施工测量中常见的工作内容,一般用水准仪进行。

(三)结构施工测量

结构施工测量的主要内容包括主轴线内控基准点的设置、施工层的放线与抄平、建筑物主轴线的竖向投测、施工层标高的竖向传递等。建筑物主轴线的竖向投测,主要有外控法和内控法两类。多层建筑可采用外控法或内控法,高层建筑一般采用内控法。

三、土方工程施工技术

(一)土方开挖

(1)无支护土方工程采用放坡挖土,有支护土方工程可采用中心岛式(也称墩式)挖土、盆式挖土和逆作法挖土等方法。当基坑开挖深度不大、周围环境允许、经验算能确保土坡的稳定性时,可采用放坡开挖。

中心岛式挖土,宜用于支护结构的支撑形式为角撑、环梁式或边桁(框)架式,中间具有较大空间情况下的大型基坑土方开挖。

盆式挖土是先开挖基坑中间部分的土,周围四边留土坡,土坡最后挖除。采用盆式挖土方法可使周边的土坡对围护墙起支撑作用,有利于减小围护墙的变形。其缺点是大量的土方不能直接外运,需集中提升后装车外运。

(2)在基坑边缘堆置土方和建筑材料,或沿挖方边缘移动运输工具和机械时,一般应距基坑上部边缘不少于 2 m,堆置高度不应超过 1.5 m。在垂直的坑壁边,此安全距离还应适当加大。软土地区不宜在基坑边堆置弃土。

(3)开挖时应对平面控制桩、水准点、基坑平面位置、水平标高、边坡坡度等经常进行检查。

(二)土方回填

1.土料要求与含水量控制

填方土料应符合设计要求,保证填方的强度和稳定性。一般不能选用泥、淤泥质土、膨胀土、有机质大于 8%的土、含水溶性硫酸盐大于 5%的土、含水量不符合压实要求的黏性土。填方土应尽量采用同类土。土料含水量一般以手握成团、落地开花为宜。

2.基底处理

(1)清除基底上的垃圾、草皮、树根、杂物,排除坑穴中的积水、淤泥和种植土,将基底充分夯实和碾压密实。

(2)应采取措施防止地表滞水流入填方区,浸泡地基,造成基土下陷。

(3)当填土场地地面陡于 1:5时,应先将斜坡挖成阶梯形,阶高不大于 1 m,台阶高宽比为 1:2,然后分层填土,以利于接合和防止滑动。

3.土方填筑与压实

(1)填方的边坡坡度应根据填方高度、土的种类及其重要性确定。对使用时间较长的临时性填方边坡坡度,当填方高度小于 10 m 时,可采用 1∶1.5;超过 10 m 时,可做成折线形,上部采用 1∶1.5,下部采用 1∶1.75。

(2)填土应从场地最低处开始,由下而上整个宽度分层铺填。每层虚铺厚度应根据夯实机具确定,一般情况下每层虚铺厚度见表 3-2。

表 3-2　填土施工分层厚度及压实遍数

压实机具	分层厚度/mm	每层压实遍数/遍
平碾	250~300	6~8
振动压实机	250~350	3~4
柴油打夯机	200~250	3~4
人工打夯	<200	3~4

(3)填方应在相对两侧或周围同时进行回填和夯实。

(4)填土应尽量采用同类土填筑,填方的密实度要求和质量指标通常以压实系数来表示。压实系数为土的控制(实际)干土密度与最大干土密度的比值。

四、基坑验槽与局部不良地基的处理方法

(一)验槽时必须具备的资料

验槽时必须具备的资料包括详勘阶段的岩土工程勘察报告、附有基础平面和结构总说明的施工图阶段的结构图、其他必须提供的文件或记录。

(二)验槽前的准备工作

(1)查看结构说明和地质勘察报告,对比结构设计所用的地基承载力、持力层与报告所提供的是否相同。

(2)询问、查看建筑位置是否与勘察范围相符。

(3)查看场地内是否有软弱下卧层。

(4)场地是否为特别的不均匀场地,是否存在勘察方要求进行特别处理的情况而设计方没有进行处理。

(5)要求建设方提供场地内是否有地下管线和相应的地下设施。

(三)验槽程序

在施工单位自检合格的基础上进行,施工单位确认自检合格后提出验收申请。由总监理工程师或建设单位项目负责人组织建设、监理、勘察、设计及施工单位的项目负责人、技术质量负责人,共同按设计要求和有关规定进行。

(四)验槽的主要内容

(1)根据设计图纸检查基槽的开挖平面位置、尺寸、槽底深度,检查是否与设计图纸

相符,开挖深度是否符合设计要求。

(2)仔细观察槽壁、槽底土质类型、均匀程度和有关异常土质是否存在,核对基坑土质及地下水情况是否与勘察报告相符。

(3)检查基槽之中是否有旧建筑物基础、井、古墓、洞穴、地下掩埋物及地下人防工程等。

(4)检查基槽边坡外缘与附近建筑物的距离,基坑开挖对建筑物稳定是否有影响。

(5)天然地基验槽应检查、核实、分析钎探资料,对存在的异常点位进行复合检查。对于桩基应检测桩的质量是否合格。

(五)验槽方法

1.观察法

(1)槽壁、槽底的土质情况,验证基槽开挖深度及土质是否与勘察报告相符,观察槽底土质结构是否被人为破坏;验槽时应重点观察柱基、墙角、承重墙下或其他受力较大的部位,如有异常部位,要会同勘察、设计等有关单位进行处理。

(2)基槽边坡是否稳定,是否有影响边坡稳定的因素存在,如地下渗水、坑边堆载或近距离扰动等。

(3)基槽内有无旧的房基、洞穴、古井、掩埋的管道和人防设施等,如存在上述问题,应沿其走向进行追踪,查明其在基槽内的范围、延伸方向、长度、深度及宽度。

(4)在进行直接观察时,可用袖珍式贯入仪作为辅助手段。

2.钎探法

(1)钎探是用锤将钢钎打入坑底以下一定深度的土层内,根据锤击次数和入土难易程度来判断土的软硬情况及有无古井、古墓、洞穴、地下掩埋物等。

(2)钢钎的打入分人工和机械两种。

(3)根据基坑平面图,依次编号绘制钎探点平面布置图。

(4)按照钎探点顺序号进行钎探施工。

(5)打钎时,同一工程应钎径一致、锤重一致、用力(落距)一致。每贯入30 cm(通常称为一步),记录一次锤击数,每打完一个孔,填入针探记录表内,最后进行统一整理。

(6)分析钎探资料。检查其测试深度、部位以及测试钎探器具是否标准,记录是否规范,对钎探记录各点的测试击数要认真分析,分析钎探击数是否均匀,对偏差大于50%的点位,分析原因,确定范围,重新补测,对异常点采用洛阳铲进一步核查。

(7)钎探后的孔要用砂灌实。

3.轻型动力触探

遇到下列情况之一时,应在基底进行轻型动力触探:①持力层明显不均匀;②浅部有软弱下卧层;③有浅埋的坑穴、古墓、古井等,直接观察难以发现时;④勘察报告或设计文件规定应进行轻型动力触探时。

(六)局部不良地基的处理

局部不良地基的处理主要包括局部硬土的处理和局部软土的处理(见表3-3)。

表 3-3　局部不良地基的处理

类别	施工技术
局部硬土的处理	挖掉硬土部分，以免造成不均匀沉降。处理时要根据周边土的土质情况确定回填材料，如果全部开挖较困难，在其上部做软垫层处理，使地基均匀沉降
局部软土的处理	在地基土中由于外界因素的影响（如管道渗水）、地层的差异或含水量的变化，会造成地基局部土质软硬差异较大。如软土厚度不大，通常采取清除软土的换土垫层法处理，一般采用级配砂石垫层，压实系数不小于 0.94；当厚度较大时，一般采用现场钻孔灌注桩混凝土或砌块石支撑墙（或支墩）至基岩进行局部地基处理

五、砖、石基础施工技术

砖、石基础属于刚性基础范畴。这种基础的特点是抗压性能好，整体性和抗拉、抗弯、抗剪性能较差，材料易得，施工操作简便，造价较低。适用于地基坚实、均匀，上部荷载较小，7 层和 7 层以下的一般民用建筑和墙承重的轻型厂房基础工程。

（一）施工准备工作要点

（1）砖应提前 1～2 d 浇水湿润。

（2）在砖砌体转角处、交接处应设置皮数杆，皮数杆间距不应大于 15 m，在相对两皮数杆上砖上边线处拉准线。

（3）根据皮数杆最下面一层砖或毛石的标高，拉线检查基础垫层表面标高是否合适，如第一层砖的水平灰缝大于 20 mm，毛石大于 30 mm，应用细石混凝土找平，不得用砂浆或在砂浆中掺细砖或碎石处理。

（二）砖基础施工技术要求

（1）砖基础的下部为大放脚，上部为基础墙。

（2）大放脚有等高式和间隔式。等高式大放脚是每砌两皮砖，两边各收进 1/4 砖长；间隔式大放脚是每砌两皮砖及一皮砖，轮流两边各收进 1/4 砖长，最下面应为两皮砖。

（3）砖基础大放脚一般采用一顺一丁砌筑形式，即一皮顺砖与一皮丁砖相间，上下皮垂直灰缝相互错开 60 mm。

（4）砖基础的转角处、交接处，为错缝需要应加砌配砖（3/4 砖、半砖或 1/4 砖）。

（5）砖基础的水平灰缝厚度和垂直灰缝宽度宜为 10 mm。水平灰缝的砂浆饱满度不得小于 80%，竖向灰缝饱满度不得低于 60%。

（6）砖基础底标高不同时，应从低处砌起，并应由高处向低处搭砌。当设计无要求时，搭砌长度不应小于砖基础大放脚的高度。

（7）砖基础的转角处和交接处应同时砌筑，当不能同时砌筑时，应留置斜槎。

（8）基础墙的防潮层，当设计无具体要求时，宜用 1:2水泥砂浆加适量防水剂铺设，其厚度宜为 20 mm。防潮层位置宜在室内地面标高以下一皮砖处。

（三）石基础施工技术要求

根据石材加工后的外形规则程度，石基础分为毛石基础、料石（毛料石、粗料石、细料石）基础。

（1）毛石基础截面形状有矩形、阶梯形、梯形等。基础上部宽一般比墙厚大 20 cm 以上。

（2）砌筑时应双挂线，分层砌筑，每层高度为 30～40 cm，大体砌平。

（3）灰缝要饱满密实，厚度一般控制在 30～40 mm，石块上下皮竖缝必须错开（不少于 10 cm，角石不少于 15 cm），做到丁顺交错排列。

（4）墙基需留槎时，不得留在外墙转角或纵墙与横墙的交接处，至少应离开 1.0～1.5 m的距离。接槎应做成阶梯式，不得留直槎或斜槎。沉降缝应分成两段砌筑，不得搭接。

六、混凝土基础与桩基础施工技术

（一）混凝土基础施工技术

混凝土基础的主要形式有条形基础、单独基础、筏形基础和箱形基础等。混凝土基础工程中，分项工程主要有钢筋、模板、混凝土、后浇带混凝土和混凝土结构缝处理。

（1）单独基础浇筑。台阶式基础施工，可按台阶分层一次浇筑完毕，不允许留设施工缝。每层混凝土要一次灌足，顺序是先边角后中间，务必使混凝土充满模板。

（2）条形基础浇筑。根据基础深度宜分段分层连续浇筑混凝土，一般不留施工缝。各段层间应相互衔接，每段间浇筑长度控制在 2 000～3 000 mm，做到逐段逐层呈阶梯形向前推进。

（3）设备基础浇筑。一般应分层浇筑，并保证上下层之间不留施工缝，每层混凝土的厚度为 200～300 mm。

每层浇筑顺序应从低处开始，沿长边方向自一端向另一端浇筑，也可采取中间向两端或两端向中间浇筑的顺序。

（4）基础底板大体积混凝土工程。基础底板大体积混凝土工程主要包括大体积混凝土的浇筑、振捣、养护和裂缝的控制，其施工技术见表 3-4。

表 3-4　基础底板大体积混凝土工程的施工技术

环节	施工技术
浇筑	大体积混凝土浇筑时，应保证结构的整体性和施工的连续性，采用分层浇筑时，应保证在下层混凝土初凝前将上层混凝土浇筑完毕。浇筑方案根据整体性要求、结构大小、钢筋疏密及混凝土供应等情况，可以选择全面分层、分段分层、斜面分层等方式之一
振捣	①混凝土应采取振捣棒振捣；②在振动初凝以前对混凝土进行二次振捣，排除混凝土因泌水在粗骨料、水平钢筋下部生成的水分和空隙，提高混凝土与钢筋的握裹力，防止因混凝土沉落出现裂缝，增加混凝土密实度，使混凝土抗压强度提高，从而提高抗裂性
养护	①养护方法分为保温法和保湿法两种。②大体积混凝土浇筑完毕后，应在 12 h 内加以覆盖和浇水。采用普通硅酸盐水泥拌制的混凝土养护时间不得少于 14 d；采用矿渣水泥、火山灰水泥等拌制的混凝土养护时间由其相关水泥性能确定，同时应满足施工方案要求

续表 3-4

环节	施工技术
裂缝的控制	①优先选用低水化热的矿渣水泥拌制混凝土，并适当使用缓凝减水剂；②在保证混凝土设计强度等级前提下，适当降低水胶比，减少水泥用量；③降低混凝土的入模温度，控制混凝土内外的温差（当设计无要求时，控制在 25 ℃以内），如降低拌和水温度（在拌和水中加冰屑或用地下水）；骨料用水冲洗降温，避免暴晒；④及时对混凝土覆盖保温、保湿材料；⑤可在基础内预埋冷却水管，通入循环水，强制降低混凝土水化热产生的温度；⑥在拌和混凝土时，还可掺入适量的微膨胀剂或膨胀水泥，使混凝土得到补偿收缩，减小混凝土的收缩变形；⑦设置后浇缝，当大体积混凝土平面尺寸过大时，可以适当设置后浇缝，以减小外应力和温度应力，同时，也有利于散热，降低混凝土的内部温度；⑧大体积混凝土可采用二次抹面工艺，减少表面收缩裂缝

（二）混凝土预制桩、灌注桩的技术

（1）钢筋混凝土预制桩施工技术。钢筋混凝土预制桩打（沉）桩施工方法通常有锤击沉桩法、静力压桩法及振动法等，以锤击沉桩法和静力压桩法应用最为普遍。

（2）钢筋混凝土灌注桩施工技术。钢筋混凝土灌注桩按其成孔方法不同，可分为钻孔灌注桩、沉管灌注桩和人工挖孔灌注桩等。

七、人工降排地下水施工技术

基坑开挖深度浅，基坑涌水量不大时，可边开挖边用排水沟和集水井进行集水明排。在软土地区基坑开挖深度超过 3 m，一般采用井点降水。

（一）明沟、集水井排水

（1）明沟、集水井排水指在基坑的两侧或四周设置排水明沟，在基坑四角或每隔 30～40 m 设置集水井，使基坑渗出的地下水通过排水明沟汇集于集水井内，然后用水泵将其排出基坑外。

（2）排水明沟宜布置在拟建建筑基础边 0.4 m 以外，沟边缘离开边坡坡脚应不小于 0.3 m。排水明沟的底面应比挖土面低 0.3～0.4 m。集水井底面应比沟底面低 0.5 m 以上，并随基坑的挖深而加深，以保持水流畅通。

（二）降水

降水即在基坑土方开挖之前，用真空（轻型）井点、喷射井点或管井深入含水层内，用不断抽水的方式使地下水位下降至坑底以下，同时使土体产生固结以方便土方开挖。

（1）基坑降水应编制降水施工方案，其主要内容有：井点降水方法；井点管长度、构造和数量；降水设备的型号和数量，井点系统布置图，井孔施工方法及设备；质量和安全技术措施；降水对周围环境影响的估计及预防措施等。

（2）降水设备的管道、部件和附件等，在组装前必须经过检查和清洗。滤管在运输、装卸和堆放时，应防止损坏滤网。

（3）井孔应垂直，孔径上下一致。井点管应居于井孔中心，滤管不得紧靠井孔壁或插

入淤泥中。

(4)井点管安装完毕应进行试运转,全面检查管路接头、出水状况和机械运转情况。一般开始出水混浊,经一定时间后出水应逐渐变清,对长期出水混浊的井点应予以停闭或更换。

(5)降水系统运转过程中应随时检查观测孔中的水位。

(6)基坑内明排水应设置排水沟及集水井,排水沟纵坡宜控制在1‰~2‰。

(7)降水施工完毕,根据结构施工情况和土方回填进度,陆续关闭和逐根拔出井点管。土中所留孔洞应立即用砂土填实。

(8)如基坑坑底进行压密注浆加固,要待注浆初凝后再进行降水施工。

(三)防止或减少降水影响周围环境的技术措施

(1)采用回灌技术。采用回灌井点时,回灌井点与降水井点的距离不宜小于6 m。

(2)采用砂沟、砂井回灌。回灌砂井的灌砂量,应取井孔体积的95%,填料宜采用含泥量不大于3%、不均匀系数在3~5的纯净中粗砂。

(3)减缓降水速度。

八、岩土工程与基坑监测技术

(一)岩土工程

(1)建筑地基的岩土可分为岩石、碎石土、砂土、粉土、黏性土和人工填土。人工填土根据其组成和成因又可分为素填土、压实填土、杂填土、冲填土。

(2)《建筑基坑支护技术规程》(JGJ 120—2012)规定,基坑支护结构可划分为三个安全等级,不同等级采用相对应的重要性系数。对于同一基坑的不同部位,可采用不同的安全等级。

(二)基坑监测

(1)安全等级为一、二级的支护结构,在基坑开挖过程与支护结构使用期内,必须进行支护结构的水平位移监测和基坑开挖影响范围内建(构)筑物及地面的沉降监测。

(2)基坑工程施工前,应由建设方委托具备相应资质的第三方对基坑工程实施现场检测。监测单位应编制监测方案,经建设方、设计方、监理方等认可后方可实施。

(3)基坑围护墙或基坑边坡顶部的水平和竖向位移监测点应沿基坑周边布置,周边中部、阳角处应布置监测点。监测点水平间距不宜大于15~20 m,每边监测点数不宜少于3个。监测点宜设置在围护墙或基坑坡顶上。

(4)监测项目初始值应在相关施工工序之前测定,并取至少连续观测3次的稳定值的平均值。

(5)基坑工程监测报警值应由监测项目的累计变化量和变化速率值共同控制。当监测数据达到监测报警值时,必须立即通报建设方及相关单位。

(6)基坑内采用深井降水时,水位监测点宜布置在基坑中央和两相邻降水井的中间部位;采用轻型井点、喷射井点降水时,水位监测点宜布置在基坑中央和周边拐角处。监测点间距宜为20~50 m。

(7)地下水位量测精度不宜低于 10 mm。

(8)基坑监测项目的监测频率应由基坑类别、基坑及地下工程的不同施工阶段,以及周边环境、自然条件的变化和当地经验确定。当出现以下情况之一时,应提高监测频率:①监测数据达到报警值;②监测数据变化较大或者速率加快;③存在勘察未发现的不良地质;④超深、超长开挖或未及时加撑等违反设计工况施工;⑤基坑附近地面荷载突然增大或超过设计限值;⑥周边地面突发较大沉降、不均匀沉降或出现严重开裂;⑦支护结构出现开裂;⑧邻近建筑突发较大沉降、不均匀沉降或出现严重开裂;⑨基坑及周边大量积水、长时间连续降雨、市政管道出现泄漏;⑩基坑底部、侧壁出现管涌、渗漏或流砂等现象。

第二节　主体结构工程施工技术

一、钢筋混凝土结构施工技术

(一)模板工程

模板工程主要包括模板和支架两部分。

1.常见模板体系及其特性

常见模板体系主要有木模板体系、组合钢模板体系、钢框木(竹)胶合板模板体系、大模板体系、散支散拆胶合板模板体系和早拆模板体系(见表 3-5)。

表 3-5　常见模板体系及其特点

模板体系	特点
木模板体系	优点是制作、拼装灵活,较适用于外形复杂或异形混凝土构件,以及冬期施工的混凝土工程;缺点是制作量大、木材资源浪费大等
组合钢模板体系	优点是轻便灵活、拆装方便、通用性强、周转率高等;缺点是接缝多且严密性差,导致混凝土成型后外观质量差
钢框木(竹)胶合板模板体系	与组合钢模板相比,其特点为自重轻、面积大、模板拼缝少、维修方便等
大模板体系	由板面结构、支撑系统、操作平台和附件等组成。其特点是以建筑物的开间、进深和层高为大模板尺寸。其优点是模板整体性好、抗震性强、无拼缝等;缺点是模板重量大、移动安装需起重机械吊运
散支散拆胶合板模板体系	优点是自重轻、板幅大、板面平整、施工安装简单方便等
早拆模板体系	优点是部分模板可早拆、加快周转、节约成本

除上述模板体系外,还有滑升模板、爬升模板、飞模、模壳模板、胎模及永久性压型钢板模板和各种配筋的混凝土薄板模板等。

2.模板工程设计的主要原则

模板工程设计的主要原则是实用性、安全性和经济性。

3.模板及支架设计的主要内容

模板及支架设计的主要内容包括:①模板及支架的选型及构造设计;②模板及支架上的荷载及其效应计算;③模板及支架的承载力、刚度和稳定性验算;④绘制模板及支架施工图。

4.模板工程安装要点

(1)对跨度不小于4 m的现浇钢筋混凝土梁、板,其模板应按设计要求起拱;当设计无具体要求时,起拱高度应为跨度的1/1 000~3/1 000。

(2)采用扣件式钢管作高大模板支架的立杆时,支架搭设应完整。立杆上应每步设置双向水平杆,水平杆应与立杆扣接;立杆底部应设置垫板。

(3)安装现浇结构的上层模板及其支架时,下层楼板应具有承受上层荷载的承载能力或加设支架;上、下层支架的立柱应对准,并铺设垫板;模板及支架杆件等应分散堆放。

(4)模板的接缝不应漏浆;在浇筑混凝土前,木模板应浇水润湿,但模板内不应有积水。

(5)模板与混凝土的接触面应清理干净并涂刷隔离剂,不得采用影响结构性能或妨碍装饰工程的隔离剂;脱模剂不得污染钢筋和混凝土接槎处。

(6)模板安装应与钢筋安装配合进行,梁柱节点的模板宜在钢筋安装后安装。

(7)后浇带的模板及支架应独立设置。

5.模板的拆除

(1)模板拆除时,拆模的顺序和方法应按模板的设计规定进行。当设计无规定时,可采取先支的后拆、后支的先拆,先拆非承重模板、后拆承重模板的顺序,并应从上而下进行拆除。

(2)当混凝土强度达到设计要求时,方可拆除底模及支架;当设计无具体要求时,同条件养护试件的混凝土抗压强度应符合表3-6的规定。

表3-6　底模拆除时的混凝土强度要求

构件类型	构件跨度/m	达到设计的混凝土立方体抗压强度标准值的百分率/%
板	≤2	≥50
	>2,≤8	≥75
	>8	≥100
梁、拱、壳	≤8	≥75
	>8	≥100
悬臂结构		≥100

(3)当混凝土强度能保证其表面及棱角不受损伤时,方可拆除侧模。

(4)快拆支架体系的支架立杆间距不应大于2 m。拆模时应保留立杆并顶托支撑楼板,拆模时的混凝土强度取构件跨度2 m,并按表3-6的规定确定。

(二)钢筋工程

1.原材料进场检验

钢筋进场时,应按规范要求检查产品合格证、出厂检验报告,并按现行国家标准的相关规定抽取试件做力学性能检验,合格后方准使用。

2.钢筋配料

为使钢筋满足设计要求的形状和尺寸,需要对钢筋进行弯折,而弯折后钢筋各段的长度总和并不等于其在直线状态下的长度,所以要对钢筋剪切下料长度加以计算。各种钢筋下料长度计算方法如下:①直钢筋下料长度=构件长度-保护层厚度+弯钩增加长度;②弯起钢筋下料长度=直段长度+斜段长度-弯曲调整值+弯钩增加长度;③箍筋下料长度=箍筋周长+箍筋调整值。

上述钢筋如需要搭接,还要增加钢筋搭接长度。

3.钢筋代换

钢筋代换时,应征得设计单位的同意并办理相应设计变更文件。代换后钢筋的间距锚固长度、最小钢筋直径、数量等构造要求和受力、变形情况,均应符合相应规范要求。

4.钢筋连接

钢筋连接常用的方法有焊接、机械连接和绑扎连接 3 种(见表 3-7)。钢筋接头位置宜设置在受力较小处。同一纵向受力钢筋不宜设置两个或两个以上接头。接头末端至钢筋弯起点的距离不应小于钢筋直径的 10 倍。

表 3-7　钢筋连接的方法

连接方法	相关要求
焊接	常用的焊接方法有电阻点焊、闪光对焊、电弧焊、电渣压力焊、气压焊、埋弧压力焊等。直接承受动力荷载的结构构件中,纵向钢筋不宜采用焊接接头
机械连接	有钢筋套筒挤压连接、钢筋直螺纹套筒连接等方法。目前最常见、采用最多的方式是钢筋剥肋滚压直螺纹套筒连接,通常适用的钢筋级别为 HRB335、HRB400 等,适用的钢筋直径范围通常为 16~50 mm
绑扎连接(或搭接)	钢筋搭接长度应符合规范要求。当受拉钢筋直径大于 25 mm、受压钢筋直径大于 28 mm 时,不宜采用绑扎搭接接头。轴心受拉及小偏心受拉杆件(如桁架和拱架的拉杆)的纵向受力钢筋不得采用绑扎搭接接头

5.钢筋加工

(1)钢筋加工包括调直、除锈、下料切断、接长、弯曲成型等。

(2)钢筋宜采用无延伸功能的机械设备进行调直,也可采用冷拉调直。当采用冷拉调直时,HPB300 光圆钢筋的冷拉率不宜大于 4%,HRB335、HRB400、HRB500、HRBF33、HRBF400 及 RB400 带肋钢筋的冷拉率不宜大于 1%。

(3)钢筋除锈:一是在钢筋冷拉或调直过程中除锈,二是可采用机械除锈机除锈、喷砂除锈、酸洗除锈和手工除锈等。

(4)钢筋下料切断可采用钢筋切断机或手动液压切断器进行。钢筋的切断口不得有马蹄形或起弯等现象。

6.钢筋安装

(1)柱钢筋绑扎:①柱钢筋的绑扎应在柱模板安装前进行。②纵向受力钢筋有接头时，设置在同一构件内的接头宜相互错开。③每层柱第一个钢筋接头位置距楼地面高度不宜小于500 mm、柱高的1/6及柱截面长边（或直径）的较大值。④框架梁、牛腿及柱帽等钢筋，应放在柱子纵向钢筋的内侧。如设计无特殊要求，当柱中纵向受力钢筋直径大于25 mm时，应在搭接接头两个端面外100 mm范围内各设两个箍筋，其间距宜为50 mm。

（2）墙钢筋绑扎：①墙钢筋绑扎应在墙模板安装前进行。②墙的垂直钢筋每段长度不宜超过4 m（钢筋直径不大于12 mm）或6 m（钢筋直径大于12 mm）或层高加搭接长度，水平钢筋每段长度不宜超过8 m，以利于绑扎。钢筋的弯钩应朝向混凝土内。③采用双层钢筋网时，在两层钢筋间应设置撑铁或绑扎架，以固定钢筋间距。

（3）梁、板钢筋绑扎：①连续梁、板的上部钢筋接头位置宜设置在跨中1/3跨度范围内，下部钢筋接头位置宜设置在梁端1/3跨度范围内。②板上部的负筋要防止被踩下，特别是雨篷、挑檐、阳台等悬臂板，要严格控制负筋位置，以免拆模后断裂。③板、次梁与主梁交叉处，板的钢筋在上，次梁的钢筋居中，主梁的钢筋在下；当有圈梁或垫梁时，主梁的钢筋在上。④框架节点处钢筋穿插十分稠密时，应特别注意梁顶面主筋间的净距要有30 mm，以利于浇筑混凝土。

（4）细部构造处理：①梁、柱的箍筋弯钩及焊接封闭箍筋的对焊点应沿纵向受力钢筋方向错开设置。构件同一表面，焊接封闭箍筋的对焊接头面积百分率不宜超过50%。②填充墙构造柱纵向钢筋宜与框架梁钢筋共同绑扎。③当设计无要求时，应优先保证主要受力构件和构件中主要受力方向的钢筋位置。框架节点处梁纵向受力钢筋宜置于柱纵向钢筋内侧；次梁钢筋宜放在主梁钢筋内侧；剪力墙中水平分布钢筋宜放在外部，并在墙边弯折锚固。④采用复合箍筋时，箍筋外围应封闭。

（三）混凝土工程

1.混凝土用原材料

（1）水泥品种与强度等级应根据设计、施工要求及工程所处环境条件确定；普通混凝土结构宜选用通用硅酸盐水泥；有特殊需要时，也可选用其他品种水泥，如对于有抗渗抗冻融要求的混凝土，宜选用硅酸盐水泥或普通硅酸盐水泥；处于潮湿环境的混凝土结构，当使用碱活性骨料时，宜采用低碱水泥。

（2）粗骨料宜选用粒形良好、质地坚硬的洁净碎石或卵石。粗骨料最大粒径不应超过构件截面最小尺寸的1/4，且不应超过钢筋最小净间距的3/4；对实心混凝土板，粗骨料的最大粒径不宜超过板厚的1/3，且不应超过40 mm。

（3）细骨料宜选用级配良好、质地坚硬、颗粒洁净的天然砂或机制砂，宜选用Ⅱ区中砂。

（4）对于有抗渗、抗冻融或其他特殊要求的混凝土，宜选用连续级配的粗骨料，最大粒径不宜大于40 mm。

（5）未经处理的海水严禁用于钢筋混凝土和预应力混凝土的拌制和养护。

（6）应检验混凝土外加剂与水泥的适应性，符合要求方可使用。不同品种外加剂复合使用时，应注意其相容性及对混凝土性能的影响，使用前应进行试验，满足要求方可使用。严禁使用对人体产生危害、对环境产生污染的外加剂。含有尿素、氨类等有刺激性气味成分的外加剂，不得用于房屋建筑工程中。

2.混凝土配合比

(1)混凝土配合比应根据原材料性能及对混凝土的技术要求(强度等级、耐久性和工作性等),由具有资质的实验室进行计算,并经试配、调整后确定。

(2)混凝土配合比应采用重量比,且每盘混凝土试配量不应小于 20 L。

(3)对采用搅拌运输车运输的混凝土,当运输时间可能较长时,试配时应控制混凝土坍落度经时损失值。

(4)试配掺外加剂的混凝土时,应采用工程使用的原材料,检测项目应根据设计及施工要求确定,检测条件应与施工条件相同。当工程所用原材料或混凝土性能要求发生变化时,应再进行试配试验。

3.混凝土的搅拌与运输

(1)混凝土搅拌应严格掌握混凝土配合比,当掺有外加剂时,搅拌时间应适当延长。

(2)混凝土在运输中不应发生分层、离析现象,否则应在浇筑前进行二次搅拌。

(3)尽量减少混凝土的运输时间和转运次数,确保混凝土在初凝前运至现场并浇筑完毕。

(4)采用搅拌运输车运送混凝土,运输途中及等候卸料时,不得停转;卸料前,宜快速旋转搅拌 20 s 以上再卸料。当坍落度损失较大不能满足施工要求时,可在车罐内加入适量的与原配合比相同成分的减水剂。减水剂加入量应事先由试验确定,并应做出记录。

4.泵送混凝土

(1)泵送混凝土具有输送能力大、效率高、连续作业、节省人力等优点。

(2)泵送混凝土配合比设计:①泵送混凝土的入泵坍落度不宜低于 100 mm;②用水量与胶凝材料总量之比不宜大于 0.6;③泵送混凝土的胶凝材料总量不宜小于 300 kg/m^3;④泵送混凝土宜掺用适量粉煤灰或其他活性矿物掺合料,掺粉煤灰的泵送混凝土配合比设计,必须经过试配确定,并应符合相关规范要求;⑤泵送混凝土掺加的外加剂品种和掺量宜由试验确定,不得随意使用,当掺用引气型外加剂时,其含气量不宜大于 4%。

(3)泵送混凝土搅拌时,应按规定顺序进行投料,并且粉煤灰宜与水泥同步,外加剂的添加宜滞后于水和水泥。

(4)混凝土泵或泵车应尽可能地靠近浇筑地点,浇筑时由远及近进行。混凝土供应要保证泵能连续工作。

5.混凝土浇筑

(1)浇筑混凝土前,应清除模板内或垫层上的杂物。表面干燥的地基、垫层、模板上应洒水湿润;现场环境温度高于 35 ℃时,宜对金属模板进行洒水降温;洒水后不得留有积水。

(2)混凝土输送宜采用泵送方式。混凝土粗骨料最大粒径不大于 25 mm 时,可采用内径不小于 125 mm 的输送泵管;混凝土粗骨料最大粒径不大于 40 mm 时,可采用内径不小于 150 mm 的输送泵管。

(3)在浇筑竖向结构混凝土前,应先在底部填以不大于 30 mm 厚与混凝土中水泥、砂配比成分相同的水泥砂浆;在浇筑过程中,混凝土不得发生离析现象。

(4)柱、墙模板内的混凝土浇筑时,当无可靠措施保证混凝土不产生离析时,其自由倾落高度应符合如下规定：①粗骨料粒径大于 25 mm 时，不宜超过 3 m；②粗骨料粒径不大于 25 mm 时，不宜超过 6 m。当不能满足时，应加设串筒、溜管、溜槽等装置。

(5)浇筑混凝土应连续进行。当必须间歇时，其间歇时间宜尽量缩短，并应在前层混凝土初凝之前，将次层混凝土浇筑完毕，否则应留置施工缝。

(6)混凝土宜分层浇筑，分层振捣。当采用插入式振捣器振捣普通混凝土时，应快插慢拔，振捣器插入下层混凝土内的深度应不小于 50 mm。

(7)梁和板宜同时浇筑混凝土，有主次梁的楼板宜顺着次梁方向浇筑，单向板宜沿着板的长边方向浇筑；拱和高度大于 1 m 的梁等结构，可单独浇筑混凝土。

6.施工缝

(1)施工缝的位置应在混凝土浇筑之前确定，并宜留置在结构受剪力较小且便于施工的部位。施工缝的留置位置应符合下列规定：①柱、墙水平施工缝可留设在基础、楼层结构顶面，柱施工缝与结构上表面的距离宜为 0~100 mm，墙施工缝与结构上表面的距离宜为 0~300 mm；②柱、墙水平施工缝也可留设在楼层结构底面，施工缝与结构下表面的距离宜为 0~50 mm，当板下有梁托时，可留设在梁托下 0~20 mm；③高度较大的柱、墙梁及厚度较大的基础可根据施工需要在其中部留设水平施工缝，必要时，可对配筋进行调整，并应征得设计单位的认可；④有主次梁的楼板垂直施工缝应留设在次梁跨度中间的 1/3 范围内；⑤单向板施工缝应留设在平行于板短边的任何位置；⑥楼梯梯段施工缝宜设置在梯段板跨度端部的 1/3 范围内；⑦墙的垂直施工缝宜设置在门洞口过梁跨中 1/3 范围内，也可留设在纵横交接处；⑧在特殊结构部位留设水平或垂直施工缝应征得设计单位同意。

(2)在施工缝处继续浇筑混凝土时，应符合下列规定：①已浇筑的混凝土，其抗压强度不应小于 1.2 N/mm^2；②在已硬化的混凝土表面上，应清除水泥薄膜和松动石子及软弱混凝土层，并加以充分湿润，冲洗干净，且不得积水；③在浇筑混凝土前，宜先在施工缝处铺一层水泥浆(可掺适量界面剂)或与混凝土成分相同的水泥砂浆；④混凝土应细致捣实，使新旧混凝土紧密接合。

7.后浇带的设置和处理

(1)后浇带通常根据设计要求留设，并保留一段时间(若设计无要求，则至少保留 14 d并经设计确认)后再浇筑，将结构连成整体。

(2)后浇带应采取钢筋防锈或阻锈等保护措施。

(3)填充后浇带，可采用微膨胀混凝土，强度等级比原结构强度提高二级，并保持至少 14 d 的湿润养护，后浇带接缝处按施工缝的要求处理。

8.混凝土的养护

(1)混凝土浇筑后应及时进行保湿养护，保湿养护可采用洒水、覆盖、喷涂养护剂等方式。选择养护方式应考虑现场条件、环境温湿度、构件特点、技术要求、施工操作等因素。

(2)对已浇筑完毕的混凝土，应在混凝土终凝前(通常为混凝土浇筑完毕后 8~12 h 内)开始进行自然养护。

(3)混凝土的养护时间，应符合下列规定：①采用硅酸盐水泥、普通硅酸盐水泥或矿渣硅酸盐水泥配制的混凝土,不应少于 7 d,采用其他品种水泥时,养护时间应根据水泥性能确定;②采用缓凝型外加剂、大掺量矿物掺合料配制的混凝土,不应少于 14 d;③抗渗混凝土、强度等级 C60 及以上的混凝土,不应少于 14 d;④后浇带混凝土的养护时间不应少于 14 d;⑤地下室底层墙、柱和上部结构首层墙、柱宜适当增加养护时间。

9.大体积混凝土施工

(1)大体积混凝土施工应编制施工组织设计或施工技术方案。大体积混凝土工程施工前,宜对施工阶段大体积混凝土浇筑体的温度、温度应力及收缩应力进行试算,并确定升温峰值、里表温差及降温速率的控制指标,制定相应的温控技术措施。

(2)温控指标宜符合下列规定:①混凝土浇筑体在入模温度基础上的温升值不宜大于 50 ℃;②混凝土浇筑块体的里表温差(不含混凝土收缩的当量温度)不宜大于 25 ℃;③混凝土浇筑体的降温速率不宜大于 2 ℃/d;④混凝土浇筑体表面与大气温差不宜大于 20 ℃。

(3)配制大体积混凝土所用水泥应选用中、低热硅酸盐水泥或低热矿渣硅酸盐水泥。大体积混凝土施工所用水泥其 3 d 的水化热不宜大于 240 kJ/kg,7 d 的水化热不宜大于 270 kJ/kg。细骨料宜采用中砂,粗骨料宜选用粒径 5~31.5 mm,并连续级配;当采用非泵送施工时,粗骨料的粒径可适当增大。

(4)大体积混凝土采用混凝土 60 d 或 90 d 强度作为指标时,应将其作为混凝土配合比的设计依据。所配制的混凝土拌和物,到浇筑工作面的坍落度不宜低于 160 mm。拌和水用量不宜大于 175 kg/m^3;水胶比不宜大于 0.50,砂率宜为 35%~42%;拌和物泌水量宜小于 10 L/m^3。

(5)当运输过程中出现离析或使用外加剂进行调整时,搅拌运输车应进行快速搅拌,搅拌时间应不小于 120 s;运输过程中严禁向拌和物中加水。在运输过程中,坍落度损失或离析严重,经补充外加剂或快速搅拌已无法恢复混凝土拌和物的工艺性能时,不得浇筑入模。

(6)大体积混凝土工程的施工宜采用整体分层连续浇筑施工或推移式连续浇筑施工,层间最长的间歇时间不应大于混凝土的初凝时间。混凝土浇筑宜从低处开始,沿长边方向自一端向另一端进行。当混凝土供应量有保证时,亦可多点同时浇筑。混凝土宜采用二次振捣工艺。整体连续浇筑时每层浇筑厚度宜为 300~500 mm。

(7)超长大体积混凝土施工,应选用下列方法控制结构不出现有害裂缝:①留置变形缝;②后浇带施工;③跳仓法施工(跳仓间隔施工的时间不宜小于 7 d)。

(8)大体积混凝土浇筑面应及时进行二次抹压处理。

(9)大体积混凝土应进行保温保湿养护,在每次混凝土浇筑完毕后,除按普通混凝土进行常规养护外,尚应及时按温控技术措施的要求进行保温养护。保湿养护的持续时间不得少于 14 d,保持混凝土表面湿润。保温覆盖层的拆除应分层逐步进行,当混凝土的表面温度与环境最大温差小于 20 ℃时,可全部拆除。在混凝土浇筑完毕初凝前,宜立即进行喷雾养护工作。

(10)大体积混凝土浇筑体里表温差、降温速率、环境温度及温度应变的测试,在混凝土浇筑后 1~4 d,每 4 h 不得少于 1 次;混凝土浇筑后 5~7 d,每 8 h 不得少于 1 次;混凝土浇筑 7 d 后,每 12 h 不得少于 1 次,直至测温结束。

二、砌体结构工程施工技术

(一)砌体结构的特点

砌体结构是以块材和砂浆砌筑而成的墙、柱作为建筑物主要受力构件的结构,是砖砌体、砌块砌体和石砌体结构的统称。砌体结构具有如下特点:①容易就地取材,比使用水泥、钢筋和木材造价低;②具有较好的耐久性、良好的耐火性;③保温隔热性能好,节能效果好;④施工方便,工艺简单;⑤具有承重与围护双重功能;⑥自重大,抗拉、抗剪、抗弯能力低;⑦抗震性能差;⑧砌筑工程量繁重,生产效率低。

(二)砌筑砂浆

1.砂浆原材料要求

(1)水泥:水泥进场时应对其品种、等级、包装或散装仓号、出厂日期等进行检查,并应对其强度、安定性进行复验。水泥强度等级应根据砂浆品种及强度等级的要求进行选择:M15 及以下强度等级的砌筑砂浆宜选用 32.5 级通用硅酸盐水泥或砌筑水泥;M15 以上强度等级的砌筑砂浆宜选用 42.5 级普通硅酸盐水泥。

(2)砂:宜用过筛中砂,砂中不得含有有害杂物。

(3)拌制水泥混合砂浆的建筑生石灰、建筑生石灰粉熟化为石灰膏,其熟化时间分别不得少于 7 d 和 2 d。

2.砂浆配合比

(1)砌筑砂浆配合比应通过有资质的实验室,根据现场实际情况试配确定,并同时满足稠度、分层度和抗压强度的要求。

(2)当砂浆的组成材料有变更时,应重新确定配合比。

(3)砌筑砂浆的稠度通常为 30~90 mm;在砌筑材料为粗糙、多孔且吸水较大的块料或在干热条件下砌筑时,应选用较大稠度值的砂浆,反之应选用稠度值较小的砂浆。

(4)砌筑砂浆的分层度不得大于 30 mm,确保砂浆具有良好的保水性。

(5)施工中不应采用强度等级小于 M5 的水泥砂浆替代同强度等级水泥混合砂浆,如需替代,应将水泥砂浆提高一个强度等级。

3.砂浆的拌制及使用

(1)砂浆现场拌制时,各组分材料应采用重量计量。

(2)砂浆应采用机械搅拌,搅拌时间自投料完算起:水泥砂浆和水泥混合砂浆不得少于 120 s;水泥粉煤灰砂浆和掺用外加剂的砂浆不得少于 180 s;掺液体增塑剂的砂浆应先将水泥、砂干拌混合均匀后,将混有增塑剂的拌和水倒入干混砂浆中继续搅拌;掺固体增塑剂的砂浆,应先将水泥、砂和增塑剂干拌混合均匀后,将拌和水倒入其中继续搅拌,从加水开始,搅拌时间不应少于 210 s。

(3)现场拌制的砂浆应随拌随用,拌制的砂浆应在 3 h 内使用完毕;当施工期间最高气温超过 30 ℃时,应在 2 h 内使用完毕。预拌砂浆及蒸压加气混凝土砌块专用砂浆的使用时间应按照厂家提供的说明书确定。

4.砂浆强度

(1)由边长为70.7 cm的正方体试件,经过28 d标准养护,测得一组3块试件的抗压强度值来评定。

(2)砂浆试块应在搅拌机出料口随机取样、制作,同盘砂浆应制作一组试块。

(3)每检验一批不超过250 m^3 砌体的各种类型及强度等级的砌筑砂浆,每台搅拌机应至少抽验1次。

(三)砖砌体工程

(1)砌筑烧结普通砖、烧结多孔砖、蒸压灰砂砖、蒸压粉煤灰砖砌体时,砖应提前1~2 d适度湿润,严禁采用干砖或处于吸水饱和状态的砖砌筑,块体湿润程序宜符合下列规定:①烧结类块体的相对含水量为60%~70%;②混凝土多孔砖及混凝土实心砖不需浇水湿润,但在气候干燥、炎热的情况下,宜在砌筑前对其喷水湿润。其他非烧结类块体的相对含水量宜为40%~50%。

(2)砌筑方法有"三一"砌筑法、挤浆法(铺浆法)、刮浆法和满口灰法四种。通常宜采用"三一"砌筑法,即一铲灰、一块砖、一揉压的砌筑方法。当采用铺浆法砌筑时,铺浆长度不得超过750 mm,施工期间气温超过30 ℃时,铺浆长度不得超过500 mm。

(3)设置皮数杆:在砖砌体转角处、交接处应设置皮数杆,皮数杆上标明砖皮数、灰缝厚度及竖向构造的变化部位,皮数杆间距不应大于15 m。在相对两皮数杆上砖上边线处拉水准线。

(4)砖墙砌筑形式:根据砖墙厚度不同,可采用全顺、两平一侧、全丁、一顺一丁、梅花丁或三顺一丁等砌筑形式。

(5)240 mm厚承重墙的每层墙的最上一皮砖,砖砌体的阶台水平面上及挑出层的外皮砖,应整砖丁砌。

(6)弧拱式及平拱式过梁的灰缝应砌成楔形缝,拱底灰缝宽度不宜小于5 mm,拱顶灰缝宽度不应大于15 mm,拱体的纵向及横向灰缝应填实砂浆;平拱式过梁拱脚下面应伸入墙内不小于20 mm;砖砌平拱过梁底应有1%的起拱。

(7)砖过梁底部的模板及其支架拆除时,灰缝砂浆强度不应低于设计强度的75%。

(8)砖墙灰缝宽度宜为10 mm,且不应小于8 mm,也不应大于12 mm。砖墙的水平灰缝砂浆饱满度不得小于80%;垂直灰缝宜采用挤浆或加浆方法,不得出现透明缝、瞎缝和假缝。

(9)在砖墙上留置临时施工洞口,其侧边离交接处墙面不应小于500 mm,洞口净宽不应超过1 m。抗震设防烈度为9度地区建筑物的施工洞口位置,应会同设计单位确定。临时施工洞口应做好补砌。

(10)不得在下列墙体或部位设置脚手眼:①120 mm厚墙、清水墙、料石墙、独立柱和附墙柱;②过梁上与过梁成60°角的三角形范围及过梁净跨度1/2的高度范围内;③宽度小于1 m的窗间墙;④门窗洞口两侧石砌体300 mm、其他砌体200 mm范围内,转角处石砌体600 mm、其他砌体450 mm范围内;⑤梁或梁垫下及其左右500 mm范围内;⑥设计不允许设置脚手眼的部位;⑦轻质墙体;⑧夹心复合墙外叶墙。

(11)脚手眼补砌时,应清除脚手眼内掉落的砂浆、灰尖;脚手眼处砖及填塞用砖应湿润,并应填实砂浆,不得用干砖填塞。

(12)设计要求的洞口、沟槽、管道应于砌筑时正确留出或预埋,未经设计同意,不得打凿墙体和在墙体上开凿水平沟槽。宽度超过 300 mm 的洞口上部,应有钢筋混凝土过梁。不应在截面长边小于 500 mm 的承重墙体、独立柱内埋设管线。

(13)砖砌体的转角处和交接处应同时砌筑,严禁无可靠措施的内外墙分砌施工。在抗震设防烈度为 8 度及以上地区,对不能同时砌筑而又必须留置的临时间断处应砌成斜槎,普通砖砌体斜槎水平投影长度不应小于高度的 2/3,多孔砖砌体的斜槎长高比不应小于 1/2。斜槎高度不得超过一步脚手架的高度。

(14)非抗震设防及抗震设防烈度为 6 度、7 度地区的临时间断处,当不能留斜槎时,除转角处外,可留直槎,但直槎必须做成凸槎,且应加设拉结钢筋,拉结钢筋应符合下列规定:①每 120 mm 厚墙放置 1Φ6 拉结钢筋(240 mm 厚墙放置 2Φ6 拉结钢筋);②间距沿墙高不应超过 500 mm,且竖向间距偏差不应超过 100 mm;③埋入长度从留槎处算起每边均不应小于 500 mm,抗震设防烈度 6 度、7 度地区,不应小于 1 000 m;④末端应有 90°弯钩。

(15)设有钢筋混凝土构造柱的抗震多层砖房,应先绑扎钢筋,然后砌砖墙,最后浇筑混凝土。墙与柱应沿高度方向每 500 mm 设 2Φ6 拉结钢筋,每边伸入墙内不应少于 1 m;构造柱应与圈梁连接;砖墙应砌成马牙槎,每一马牙槎沿高度方向的尺寸不超过 300 mm,马牙槎从每层柱脚开始,先退后进。该层构造柱混凝土浇筑完以后,才能进行上一层施工。

(16)砖墙工作段的分段位置,宜设在变形缝、构造柱或门窗洞口处;相邻工作段的砌筑高度不得超过一个楼层高度,也不宜大于 4 m。

(17)正常施工条件下,砖砌体每日砌筑高度宜控制在 1.5 m 或一步脚手架高度内。

(四)混凝土小型空心砌块砌体工程

(1)混凝土小型空心砌块分普通混凝土小型空心砌块和轻骨料混凝土小型空心砌块(简称小砌块)两种。

(2)施工采用的小砌块的产品龄期不应小于 28 d。承重墙体使用的小砌块应完整、无破损、无裂缝。砌筑小砌块砌体,宜选用专用小砌块砌筑砂浆。

(3)普通混凝土小型空心砌块砌体,不需对小砌块浇水湿润;如遇天气干燥、炎热,宜在砌筑前对其喷水湿润;对轻骨料混凝土小砌块,应提前浇水湿润,块体的相对含水量宜为 40%~50%。雨天及小砌块表面有浮水时,不得施工。

(4)施工前,应按房屋设计图编绘小砌块平、立面排块图,施工中应按排块图施工。

(5)当砌筑厚度大于 190 mm 的小砌块墙体时,宜在墙体内外侧双面挂线。小砌块应将生产时的底面朝上反砌于墙上,小砌块墙体宜逐块坐(铺)浆砌筑。

(6)底层室内地面以下或防潮层以下的砌体,应采用强度等级不低于 C20(或 Cb20)的混凝土灌实小砌块的孔洞。

(7)在散热器、厨房和卫生间等设置的卡具安装处砌筑的小砌块,宜在施工前用强度等级不低于 C20(或 Cb20)的混凝土将其孔洞灌实。

(8)小砌块墙体应孔对孔、肋对肋错缝搭砌。单排孔小砌块的搭接长度应为块体长度的 1/2;多排孔小砌块的搭接长度可适当调整,但不宜小于小砌块长度的 1/3,且不应小于 90 mm。墙体的个别部位不能满足上述要求时,应在此部位水平灰缝中设置 ϕ4 钢筋网片,且网片两端与该位置的竖缝距离不得小于 400 mm,或采用配块。墙体竖向通缝不得超过两皮小砌块,独立柱不允许有竖向通缝。

(9)砌筑应从转角或定位处开始,内外墙同时砌筑,纵横交错搭接。外墙转角处应使小砌块隔皮露端面;T 形交接处应使横墙小砌块隔皮露端面。

(10)墙体转角处和纵横交接处应同时砌筑。临时间断处应砌成斜槎,斜槎水平投影长度不应小于斜槎高度。临时施工洞口可预留直槎,但在补砌洞口时,应在直槎上下搭砌的小砌块孔洞内用强度等级不低于 Cb20 或 C20 的混凝土灌实。

(11)厚度为 190 mm 的自承重小砌块墙体宜与承重墙同时砌筑。厚度小于 190 mm 的自承重小砌块墙宜后砌,且应按设计要求预留拉结筋或钢筋网片。

(五)填充墙砌体工程

(1)砌筑填充墙时,轻骨料混凝土小型空心砌块和蒸压加气混凝土砌块的产品龄期不应小于 28 d,蒸压加气混凝土砌块的含水量宜小于 30%。

(2)砌块进场后应按品种、规格堆放整齐,堆置高度不宜超过 2 m。蒸压加气混凝土砌块在运输及堆放中应防止雨淋。

(3)吸水率较小的轻骨料混凝土小型空心砌块及采用薄灰砌筑法施工的蒸压加气混凝土砌块,砌筑前不应对其浇(喷)水湿润。

(4)轻骨料混凝土小型空心砌块或蒸压加气混凝土砌块墙如无切实有效措施,不得用于下列部位或环境:①建筑物防潮层以下部位墙体;②长期浸水或化学侵蚀环境;③砌块表面温度高于 80 ℃的部位;④长期处于有振动源环境的墙体。

(5)在厨房、卫生间、浴室等处采用轻骨料混凝土小型空心砌块、蒸压加气混凝土砌块砌筑墙体时,墙底部宜现浇混凝土坎台,其高度宜为 150 mm。

(6)蒸压加气混凝土砌块、轻骨料混凝土小型空心砌块不应与其他块体混砌,不同强度等级的同类块体也不得混砌。

(7)烧结空心砖砌体组砌时,应上下错缝,交接处应咬槎搭砌,掉角严重的空心砖不宜使用。转角及交接处应同时砌筑,不得留直槎;留斜槎时,斜槎高度不宜大于 1.2 m。

(8)蒸压加气混凝土砌块填充墙砌筑时应上下错缝,搭砌长度不宜小于砌块长度的 1/3,且不应小于 150 mm。当不能满足时,在水平灰缝中应设置 2Φ6 钢筋或 ϕ4 钢筋网片加强,每侧搭接长度不宜小于 700 mm。

三、钢结构工程施工技术

(一)钢结构构件的连接

钢结构的连接方法有焊接、普通螺栓连接、高强度螺栓连接等。

1.焊接

(1)焊接是钢结构加工制作中的关键步骤。根据建筑工程中钢结构常用的焊接方法,按焊接的自动化程度一般分为手工焊接、半自动焊接和全自动焊接三种。全自动焊接分为埋弧焊、气体保护焊、熔化嘴电渣焊、非熔化嘴电渣焊四种。

(2)焊工应经考试合格并取得资格证书,且在认可的范围内进行焊接作业,严禁无证上岗。

(3)焊缝缺陷通常分为裂纹、孔穴、固体夹杂、未熔合、未焊透、形状缺陷和其他缺陷。

焊缝缺陷产生的原因和处理方法见表3-8。

表3-8　焊缝缺陷产生的原因和处理方法

焊缝缺陷	产生原因和处理方法
裂纹	通常有热裂纹和冷裂纹之分。产生热裂纹的主要原因是母材抗裂性能差、焊接材料质量不好、焊接工艺参数选择不当、焊接内应力过大等;产生冷裂纹的主要原因是焊接结构设计不合理、焊缝布置不当、焊接工艺措施不合理,如焊前未预热、焊后冷却快等。处理办法是在裂纹两端钻止裂孔或铲除裂纹处的焊缝金属,进行补焊
孔穴	通常分为气孔和弧坑缩孔两种。产生气孔的主要原因是焊条药皮损坏严重、焊条和焊剂未烘烤、母材有油污或锈和氧化物、焊接电流过小、弧长过长、焊接速度太快等,其处理方法是铲去气孔处的焊缝金属,然后补焊。产生弧坑缩孔的主要原因是焊接电流太大且焊接速度太快、熄弧太快、未反复向熄弧处补充填充金属等。其处理方法是在弧坑处补焊
固体夹杂	有夹渣和夹钨两种缺陷。产生夹渣的主要原因是焊接材料质量不好、焊接电流太小、焊接速度太快、渣密度太大、阻碍熔渣上浮、多层焊时熔渣未清除干净等,其处理方法是铲除夹渣处的焊缝金属,然后补焊。产生夹钨的主要原因是焊接电流过大,其处理方法是重新补焊
未熔合、未焊透	产生的主要原因是焊接电流太小、焊接速度太快、坡口角度间隙太小、操作技术不佳等。对于未熔合的处理方法是铲除未熔合处的焊缝金属后补焊;对于未焊透的处理方法是对开敞性好的结构的单面未焊透,可在焊缝背面直接补焊;对于不能直接焊补的重要焊件,应铲去未焊透的焊缝金属,重新焊接
形状缺陷	包括咬边、焊瘤、根部收缩、错边、角度偏差、焊缝超高、表面不规则等
其他缺陷	主要有电弧擦伤、飞溅、表面撕裂等

2.螺栓连接

1)普通螺栓

(1)常用的普通螺栓有六角螺栓、双头螺栓和地脚螺栓等。

(2)制孔可采用钻孔、冲孔、铣孔、铰孔、镗孔和锪孔等方法,对直径较大或长形孔采用气割制孔,严禁气割扩孔。

(3)普通螺栓的紧固次序应从中间开始,对称向两边进行。对大型接头应采用复拧,即两次紧固方法,保证接头内各个螺栓均匀受力。

2)高强度螺栓

(1)高强度螺栓按连接形式通常分为摩擦连接、张拉连接和承压连接等,其中摩擦连接是目前广泛采用的基本连接形式。

(2)高强度螺栓连接处的摩擦面的处理方法通常有喷砂(丸)法、酸洗法、砂轮打磨法和钢丝刷人工除锈法等。可根据设计抗滑移系数的要求选择处理工艺,抗滑移系数必须满足设计要求。

(3)安装环境气温不宜低于-10 ℃,当摩擦面潮湿或暴露于雨雪中时,停止作业。

(4)高强度螺栓安装时应先使用安装螺栓和冲钉。高强度螺栓不得兼作安装螺栓。

(5)高强度螺栓现场安装时应能自由穿入螺栓孔,不得强行穿入。若螺栓不能自由穿入,可采用铰刀或锉刀修整螺栓孔,不得采用气割扩孔,扩孔数量应征得设计方同意,修整后或扩孔后的孔径不应超过螺栓直径的1.2倍。

(6)高强度螺栓超拧的应更换,并废弃换下的螺栓,不得重复使用。严禁用火焰或电焊切割高强度螺栓梅花头。

(7)高强度螺栓长度应以螺栓连接副终扩后外露2~3扣丝为标准计算,应在构件安装精度调整后进行拧紧。对于扭剪型高强度螺栓的终拧检查,以目测尾部梅花头拧断为合格。

(8)高强度大六角头螺栓连接副施拧可采用扭矩法或转角法。同一接头中,高强度螺栓连接副的初拧、复控、终拧应在24 h内完成。高强度螺栓连接副初拧、复拧和终拧的顺序原则上是从接头刚度较大的部位向约束较小的部位、从螺栓群中央向四周进行。

(二)钢结构涂装

钢结构涂装工程通常分为防腐涂料(油漆类)涂装和防火涂料涂装两类。通常情况下,先进行防腐涂料涂装,再进行防火涂料涂装。

1.防腐涂料涂装

钢结构防腐涂装施工宜在钢构件组装和预拼装工程检验批的施工质量验收合格后进行。钢构件采用涂料防腐涂装时,可采用机械除锈和手工除锈方法进行处理。油漆防腐涂装可采用涂刷法、手工滚涂法、空气喷涂法和高压无气喷涂法。

2.防火涂料涂装

(1)钢结构防火涂料涂装施工应在钢结构安装工程和防腐涂装工程检验批施工质量验收合格后进行。当设计文件规定钢构件可不进行防腐涂装时,安装验收合格后可直接进行防火涂料涂装施工。

(2)防火涂料按涂层厚度可分为CB、B、H三类。①CB类:超薄型钢结构防火涂料,涂层厚度小于或等于3 mm;②B类:薄型钢结构防火涂料,涂层厚度一般为3~7 mm;③H类:厚型钢结构防火涂料,涂层厚度一般为7~45 mm。

(3)防火涂料施工可采用喷涂、抹涂或滚涂等方法。涂装施工通常采用喷涂方法施涂。

(4)防火涂料可按产品说明在现场进行搅拌或调配。当天配置的涂料应在产品说明书规定的时间内用完。

(5)厚涂型防火涂料,有下列情况之一时,宜在涂层内设置与钢构件相连的钢丝网或其他相应的措施:①承受冲击、振动荷载的钢梁;②涂层厚度大于或等于 40 mm 的钢梁和桁架;③涂料黏结强度小于或等于 0.05 MPa 的钢构件;④钢板墙和腹板高度超过 1.5 m 的钢梁。

四、预应力混凝土工程施工技术

(一)预应力混凝土的分类

按预加应力的方式可分为先张法预应力混凝土和后张法预应力混凝土(见表 3-9)。

表 3-9 预应力混凝土的分类

分类	定义	特点
先张法预应力混凝土	是在台座或钢模上先张拉预应力筋并用夹具临时固定,再浇筑混凝土,待混凝土达到一定强度后,放张并切断构件外预应力筋的方法	先张拉预应力筋后,再浇筑混凝土;预应力是靠预应力筋与混凝土之间的黏结力传递给混凝土,并使其产生预压应力的
后张法预应力混凝土	是先浇筑构件或结构混凝土,等达到一定强度后,在构件或结构的预留孔内张拉预应力筋,然后用锚具将预应力筋固定在构件或结构上的方法	先浇筑混凝土,达到一定强度后,再在其上张拉预应力筋;预应力是靠锚具传递给混凝土,并使其产生预压应力的

在后张法中,按预应力筋黏结状态又可分为有黏结预应力混凝土和无黏结预应力混凝土。其中,无黏结预应力是近年来发展起来的新技术,其做法是在预应力筋表面涂敷防腐润滑油脂,并外包塑料护套,制成无黏结预应力筋后如同普通钢筋一样铺设在支好的模板内;然后浇筑混凝土,待混凝土强度达到设计要求后再张拉锚固。其特点是不需预留孔道和灌浆、施工简单等。

(二)预应力混凝土施工技术

预应力混凝土施工技术见表 3-10。

表 3-10 预应力混凝土施工技术

方法	施工技术
先张法预应力施工	①在先张法中,施加预应力宜采用一端张拉工艺,张拉控制应力和程序按图纸设计要求进行。张拉时,根据构件情况可采用单根、多根或整体一次进行长拉。当采用单根张拉时,其张拉顺序宜由下向上、由中到边(对称)进行。全部张拉工作完毕,应立即浇筑混凝土。超过 24 h 尚未浇筑混凝土时,必须对预应力筋进行再次检查;如检查的应力值与允许值差超过误差范围,必须重新张拉。②先张法预应力筋张拉后与设计位置的偏差不得大于 5 mm,且不得大于构件界面短边边长的 4%。在浇筑混凝土前,发生断裂或滑脱的预应力筋必须予以更换。③预应力筋放张时,混凝土强度应符合设计要求;当设计无要求时,不应低于设计的混凝土立方体抗压强度标准值的 75%。放张时宜缓慢放松锚固装置,使各根预应力筋同时缓慢放松

续表 3-10

方法		施工技术
后张法预应力施工	有黏结	①预应力筋张拉时,混凝土强度必须符合设计要求;当设计无具体要求时,不应低于设计的混凝土立方体抗压强度标准值的75%。②张拉程序和方式要符合设计要求;通常,预应力筋张拉方式有一端张拉、两端张拉、分批张拉、分阶段张拉、分段张拉和补偿张拉等方式。张拉顺序:采用对称张拉的原则。对于平卧重叠构件张拉顺序,宜先上后下逐层进行,每层对称张拉,为了减少因上下层之间摩擦引起的预应力损失,可逐层适当加大张拉力。③预应力筋的张拉以控制张拉力值(预先换算成油压表读数)为主,以预应力筋张拉伸长值作校核。对后张法预应力结构构件,断裂或滑脱的预应力筋数量严禁超过同一截面预应力筋总数的3%,且每束钢丝不得超过一根。④预应力筋张拉完毕后应及时进行孔道灌浆,灌浆用水泥浆28 d标准养护抗压强度不得低于30 MPa
	无黏结	在无黏结预应力施工中,主要工作是无黏结预应力筋的铺设、张拉和锚固区的处理。①无黏结预应力筋的铺设:一般在普通钢筋绑扎后期开始铺设无黏结预应力筋,并与普通钢筋绑扎穿插进行。②无黏结预应力筋端头承压板应严格按设计要求的位置用钉子固定在端模板上或用点焊固定在钢筋上,确保无黏结预应力曲线筋或折线筋末端的切线与承压板相垂直,并确保就位安装牢固、位置准确。③无黏结预应力筋的张拉应严格按设计要求进行。通常,预应力混凝土楼盖的张拉顺序是先张拉楼板,后张拉楼面梁。板中的无黏结筋可依次张拉,梁中的无黏结筋可对称张拉(两端张拉或分段张拉)。正式张拉之前,宜用千斤顶将无黏结预应力筋先往复抽动1~2次后再张拉,以降低摩阻力。张拉验收合格后,按图纸设计要求及时做好封锚处理工作,确保锚固区密封,严防水汽进入,锈蚀预应力筋和锚具等

第三节　防水工程施工技术

一、屋面与室内防水工程施工技术

(一)屋面防水工程技术要求

1.屋面防水等级和设防要求

屋面防水工程应根据建筑物的类别、重要程度、使用功能要求确定防水等级,并应按相应等级进行防水设防;对防水有特殊要求的建筑屋面,应进行专项防水设计。屋面防水等级和设防要求应符合表3-11的规定。例如,建筑高度为30 m的办公楼,其防水等级为Ⅰ级,应采用两道防水设防。

表3-11　屋面防水等级和设防要求

防水等级	建筑类别	设防要求
Ⅰ级	重要建筑和高层建筑	两道防水设防
Ⅱ级	一般建筑	一道防水设防

2.屋面防水的基本要求

(1)屋面防水应以防为主,以排为辅。在完善设防的基础上,应选择正确的排水坡度,将水迅速排走,以减少渗水的机会。混凝土结构层宜采用结构找坡,坡度不应小于3%;当采用材料找坡时,宜采用质量轻、吸水率低和有一定强度的材料,坡度宜为2%。找坡应按屋面排水方向和设计坡度要求进行,找坡层最薄处厚度不宜小于20 mm。

(2)保温层上的找平层应在水泥初凝前压实抹平,并应留设分格缝,缝宽宜为5~20 mm,纵横缝的间距不宜大于6 m。水泥终凝前完成收水后应二次压光,并应及时取出分格条。养护时间不得少于7 d。卷材防水层的基层与突出屋面结构的交接处以及基层转角处,找平层均应做成圆弧形,且应整齐、平顺。

(3)严寒和寒冷地区屋面热桥部位,应按设计要求采取节能保温等隔断热桥措施。

(4)找平层设置的分格缝可兼作排气道,排气道的宽度宜为40 mm;排气道应纵横贯通,并应与大气连通的排气孔相通,排气孔可设在檐口下或纵横排气道的交叉处;排气道纵横间距宜为6 m,屋面面积每36 m^2 宜设置一个排气孔,排气孔应进行防水处理;在保温层下,也可铺设带支点的塑料板。

(5)涂膜防水层的胎体增强材料宜采用聚酯无纺布或化纤无纺布;胎体增强材料长边搭接宽度不应小于50 mm,短边搭接宽度不应小于70 mm,上下层胎体增强材料的长边搭接缝应错开,且不得小于幅宽的1/3,上下层胎体增强材料不得相互垂直铺设。

3.卷材防水层屋面施工

(1)卷材防水层铺贴顺序和方向应符合下列规定:①卷材防水层施工时,应先进行细部构造处理,然后由屋面最低标高向上铺贴;②檐沟、天沟卷材施工时,宜顺檐沟、天沟方向铺贴,搭接缝应顺流水方向;③卷材宜平行屋脊铺贴,上下层卷材不得相互垂直铺贴。

(2)立面或大坡面铺贴卷材时,应采用满粘法,并宜减少卷材短边搭接。

(3)卷材搭接缝应符合下列规定:①平行屋脊的搭接缝应顺流水方向;②同一层相邻两幅卷材短边搭接缝错开不应小于500 mm;③上下层卷材长边搭接缝应错开,且不应小于幅宽的1/3;④叠层铺贴的各层卷材,在天沟与屋面的交接处,应采用叉接法搭接,搭接缝应错开。搭接缝宜留在屋面与天沟侧面,不宜留在沟底。

(4)热粘法铺贴卷材应符合下列规定:①熔化热熔型改性沥青胶结料时,宜采用专用导热油炉加热,加热温度不应高于200 ℃,使用温度不宜低于180 ℃;②粘贴卷材的热熔型改性沥青胶结料厚度宜为1.0~1.5 mm;③采用热熔型改性沥青胶结料铺贴卷材时,应随刮随滚铺,并应展平压实。

(5)厚度小于3 mm的高聚物改性沥青防水卷材,严禁采用热熔法施工。搭接缝部位宜以溢出热熔的改性沥青胶结料为度,溢出的改性沥青胶结料宽度宜为8 mm,并宜均匀顺直。

(6)屋面坡度大于25%时,卷材应采取满粘和钉压固定措施。

4.涂膜防水层屋面施工

(1)涂膜防水层施工应符合下列规定:①防水涂料应多遍均匀涂布,并应待前一遍涂布的涂料干燥成膜后,再涂布后一遍涂料,且前后两遍涂料的涂布方向应相互垂直;②涂膜间夹铺胎体增强材料时,宜边涂布边铺胎体;③涂膜施工应先做好细部处理,再进行大面积涂布,屋面转角及立面的涂膜应薄涂多遍,不得流淌和堆积。

(2)涂膜防水层施工工艺应符合下列规定:①水乳型及溶剂型防水涂料宜选用滚涂或喷涂施工;②反应固化型防水涂料宜选用刮涂或喷涂施工;③热熔型防水涂料宜选用刮涂施工;④聚合物水泥防水涂料宜选用刮涂施工;⑤所有防水涂料用于细部构造时,宜选用刷涂或喷涂施工。

(3)铺设胎体增强材料应符合下列规定:①胎体增强材料宜采用聚酯无纺布或化纤无纺布;②胎体增强材料长边搭接宽度不应小于 50 mm,短边搭接宽度不应小于 70 mm;③上下层胎体增强材料的长边搭接应错开,且不得小于幅宽的 1/3;④上下层胎体增强材料不得相互垂直铺设。

(4)涂膜防水层的平均厚度应符合设计要求,且最小厚度不得小于设计厚度的 80%。

5.保护层和隔离层施工

(1)施工完的防水层应进行雨后观察、淋水或蓄水试验,并应在合格后再进行保护层和隔离层的施工。

(2)块体材料保护层铺设应符合下列规定:①在水泥砂浆接合层上铺设块体时,水泥砂浆接合层应平整,块体间应预留 10 mm 的缝隙,缝内应填砂,并用 1:2水泥砂浆勾缝;②在水泥砂浆接合层上铺设块体时,应先在防水层上做隔离层,块体间应预留 10 mm 的缝隙,缝内用 1:2水泥砂浆勾缝;③块体表面应洁净、色泽一致,应无裂纹、掉角和缺楞等缺陷。

(3)水泥砂浆及细石混凝土保护层铺设应符合下列规定:①水泥砂浆及细石混凝土保护层铺设前,应在防水层上做隔离层;②细石混凝土铺设不宜留施工缝,当施工间隙超过时间规定时,应对接槎进行处理;③水泥砂浆及细石混凝土表面应抹平压光,不得有裂纹、脱皮、麻面、起砂等缺陷。

6.檐口、檐沟、天沟、水落口等细部的施工

(1)卷材防水屋面檐口 800 mm 范围内的卷材应满粘,卷材收头应采用金属压条钉压并应用密封材料封严。檐口下端应做鹰嘴和滴水槽。

(2)檐沟和天沟的防水层下应增设附加层,附加层伸入屋面的宽度不得小于250 mm;檐沟防水层和附加层应由沟底翻上至外侧顶部,卷材收头应用金属压条钉压,并应用密封材料封严,涂膜收头应用防水涂料多遍涂刷。女儿墙泛水处的防水层下应增设附加层,附加层在平面和立面的宽度均不得小于 250 mm。

(3)水落口杯应牢固地固定在承重结构上,水落口周围直径 500 mm 范围内坡度不得小于 5%,防水层下应增设涂膜附加层;防水层和附加层伸入水落口杯内不得小于 50 mm,并应黏结牢固。

(二)室内防水工程施工技术

1.施工流程

防水材料进场复试→技术交底→清理基层→接合层→细部附加层→防水层→试水试验。

2.防水混凝土施工

(1)防水混凝土必须按配合比准确配料。当拌和物出现离析现象时,必须进行二次搅拌后使用。当坍落度损失后不能满足施工要求时,应加入原水胶比的水泥浆或二次掺加减水剂进行搅拌,严禁直接加水。

(2)防水混凝土应采用高频机械分层振捣密实,振捣时间宜为10~30 s。当采用自密实混凝土时,可不进行机械振捣。

(3)防水混凝土应连接浇筑,少留施工缝。当留设施工缝时,宜留置在受剪力较小、便于施工的部位。墙体水平施工缝应留在高出楼板表面不小于300 mm的墙体上。

(4)防水混凝土终凝后应立即进行养护,养护时间不得少于14 d。

(5)防水混凝土冬期施工时,其入模温度不得低于5 ℃。

3.防水水泥砂浆施工

(1)基层表面应平整、坚实、清洁,并应充分湿润,无积水。

(2)防水砂浆应采用抹压法施工,分遍成活。各层应紧密接合,每层宜连续施工。当需留槎时,上下层接槎位置应错开100 mm以上,离转角20 mm内不得留接槎。

(3)防水砂浆施工环境温度不得低于5 ℃。终凝后应及时进行养护,养护温度不得低于5 ℃,养护时间不得小于14 d。

(4)聚合物水泥防水砂浆未达到硬化状态时,不得浇水养护或直接受水冲刷,硬化后应采用干湿交替的养护方法。潮湿环境中可在自然条件下养护。

4.涂膜防水层施工

(1)基层应平整牢固,表面不得出现孔洞、蜂窝麻面、缝隙等缺陷;基面必须干净、无浮浆,基层干燥度应符合产品要求。

(2)施工环境温度:水乳型涂料宜为5~35 ℃。

(3)涂料施工时,应先对阴阳角、预埋件、穿墙(楼板)管等部位进行加强或密封处理。

(4)涂膜防水层应多遍成活,后一遍涂料施工应待前一遍涂层表干后再进行。前后两遍的涂刷方向应相互垂直,宜先涂刷立面,后涂刷平面。

(5)铺贴胎体增强材料时,应充分浸透防水涂料,不得露胎及褶皱。胎体材料长边搭接不得小于50 mm,短边搭接宽度不得小于70 mm。

(6)防水层施工完毕验收合格后,应及时做保护层。

5.卷材防水层施工

(1)基层应平整牢固,表面不得出现孔洞、蜂窝麻面、缝隙等缺陷;基面必须干净、无浮浆,基层干燥度应符合产品要求。采用水泥基胶黏剂的基层应先充分湿润,但不得有明水。

(2)卷材铺贴施工环境温度:采用冷粘法施工不得低于5 ℃,热熔法施工不得低于-10 ℃。

(3)以粘贴法施工的防水卷材,其与基层应采用满粘法铺贴。

(4)卷材接缝必须粘贴严密。接缝部位应进行密封处理,密封宽度不得小于10 mm。搭接缝位置距阴阳角应大于300 mm。

(5)防水卷材施工宜先铺立面,后铺平面。防水层施工完毕验收合格后,方可进行其他层面的施工。

二、地下防水工程施工技术

(一)地下防水工程的一般要求

(1)地下工程的防水等级分为四级。防水混凝土的环境温度不得高于80 ℃。

(2)地下防水工程施工前,施工单位应进行图纸会审,掌握工程主体及细部构造的防水技术要求,编制防水工程施工方案。

(3)地下防水工程必须由有相应资质的专业防水施工队伍进行施工,主要施工人员应持有建设行政主管部门或其指定单位颁发的执业资格证书。

(二)防水混凝土施工

(1)防水混凝土可通过调整配合比,或掺加外加剂、掺合料等措施配制而成,其抗渗等级不得小于P6。其试配混凝土的抗渗等级应比设计要求提高0.2 MPa。

(2)用于防水混凝土的水泥品种宜采用硅酸盐水泥、普通硅酸盐水泥。所选用石子的最大粒径不宜大于40 mm,砂宜选用中粗砂,不宜使用海砂。

(3)在满足混凝土抗渗等级、强度等级和耐久性条件下,水胶比不得大于0.50,有侵蚀性介质时水胶比不宜大于0.45;防水混凝土宜采用预拌商品混凝土,其入泵坍落度宜控制在120~160 mm;预拌混凝土的初凝时间宜为6~8 h。

(4)防水混凝土拌和物应采用机械搅拌,搅拌时间不宜小于2 min。

(5)防水混凝土应分层连续浇筑,分层厚度不得大于500 mm。

(6)防水混凝土应连续浇筑,宜少留施工缝。当留设施工缝时,应符合下列规定:①墙体水平施工缝不应留在剪力最大处或底板与侧墙的交接处,应留在高出底板表面不小于300 mm的墙体上。拱(板)墙接合的水平施工缝,宜留在拱(板)墙接缝线以下150~300 mm处。墙体有预留孔洞时,施工缝距孔洞边缘不得小于300 mm。②垂直施工缝应避开地下水和裂隙水较多的地段,并宜与变形缝相接合。

(7)施工缝应按设计及规范要求做好施工缝防水构造。施工缝的施工应符合如下规定:①水平施工缝浇筑混凝土前,应将其表面浮浆和杂物清除,然后铺设净浆或涂刷混凝土界面处理剂、水泥基渗透结晶型防水涂料等材料,再铺30~50 mm厚的1:1水泥砂浆并应及时浇筑混凝土。②垂直施工缝浇筑混凝土前,应将其表面清理干净,再涂刷混凝土界面处理剂或水泥基渗透结晶型防水涂料,并应及时浇筑混凝土。③遇水膨胀止水条(胶)应与接缝表面密贴;选用的遇水膨胀止水条(胶)应具有缓胀性能,7 d的净膨胀率不宜大于最终膨胀率的60%,最终膨胀率宜大于220%。④采用中埋式止水带或预埋式注浆管时,应定位准确、固定牢靠。

(8)大体积防水混凝土宜选用水化热低和凝结时间长的水泥,宜掺入减水剂、缓凝剂等外加剂和粉煤灰、磨细矿渣粉等掺合料。在设计许可的情况下,掺粉煤灰混凝土设计强度等级的龄期宜为60 d或90 d。炎热季节施工时,入模温度不得大于30 ℃。在混凝土内部预埋管道时,宜进行水冷散热。大体积防水混凝土应采取保温保湿养护,混凝土中心温度与表面温度的差值不得大于25 ℃,表面温度与大气温度的差值不得大于20 ℃,养护时间不得少于14 d。

(9)地下室外墙穿墙管必须采取止水措施,单独埋设的管道可采用套管式穿墙防水。当管道集中多管时,可采用穿墙群管的防水方法。

(三)水泥砂浆防水层施工

(1)水泥砂浆的品种和配合比设计应根据防水工程要求确定。

(2)水泥砂浆防水层可用于地下工程主体结构的迎水面或背水面,不应用于受持续振动或温度高于 80 ℃的地下工程防水。

(3)聚合物水泥防水砂浆厚度单层施工宜为 6~8 mm,双层施工宜为 10~12 mm;掺外加剂或掺合料的水泥防水砂浆厚度宜为 18~20 mm。

(4)水泥砂浆应使用硅酸盐水泥、普通硅酸盐水泥或特种水泥。砂宜采用中砂,含泥量不得大于 1%。

(5)水泥砂浆防水层施工的基层表面应平整、坚实、清洁,并应充分湿润、无明水。基层表面的孔洞、缝隙应采用与防水层相同的防水砂浆堵塞并抹平。

(6)水泥砂浆防水层应在基础垫层、初期支护、围护结构及内衬结构验收合格后施工。施工前应将预埋件、穿墙管预留凹槽内嵌填密封材料后,再施工水泥砂浆防水层。

(7)防水砂浆宜采用多层抹压法施工。应分层铺抹或喷射,铺抹时应压实、抹平,最后一层表面应提浆压光。

(8)水泥砂浆防水层各层应紧密黏合,每层宜连续施工;必须留设施工缝时,应采用阶梯坡形槎,离阴阳角处的距离不得小于 200 mm。

(9)水泥砂浆防水层不得在雨天、5 级及以上大风天气施工。冬期施工时,气温不得低于 5 ℃。夏季不宜在 30 ℃以上或烈日照射下施工。

(10)水泥砂浆防水层终凝后,应及时进行养护,养护温度不宜低于 5 ℃,并应保持砂浆表面湿润,养护时间不得少于 14 d。

(11)聚合物水泥防水砂浆拌和后应在规定的时间内用完,施工中不得任意加水。聚合物水泥防水砂浆未达到硬化状态时,不得浇水养护或直接受雨水冲刷,硬化后应采用干湿交替的养护方法。潮湿环境中,可在自然条件下养护。

(四)卷材防水层施工

(1)卷材防水层宜用于经常处于地下水环境,且受侵蚀介质作用或受振动作用的地下工程。

(2)铺贴卷材严禁在雨天、雪天、5 级及以上大风天气施工;冷粘法、自粘法施工的环境气温不宜低于 5 ℃,热熔法、焊接法施工的环境气温不宜低于-10 ℃。施工过程中下雨或下雪时,应做好已铺卷材的防护工作。

(3)卷材防水层应铺设在混凝土结构的迎水面上。用于建筑地下室时,应铺设在结构底板垫层至墙体防水设防高度的结构基面上。

(4)卷材防水层的基面应坚实、平整、清洁、干燥,阴阳角处应做成圆弧或 45°坡角,其尺寸应根据卷材品种确定,并应涂刷基层处理剂;当基面潮湿时,应涂刷湿固化型胶黏剂或潮湿界面隔离剂。

(5)如设计无要求,阴阳角等特殊部位铺设的卷材加强层宽度不得小于 500 mm。

(6)结构底板垫层混凝土部位的卷材可采用空铺法或点粘法施工,侧墙采用外防外贴法的卷材及顶板部位的卷材应采用满粘法施工。铺贴立面卷材防水层时,应采取防止卷材下滑的措施。

(7)铺贴双层卷材时,上下两层和相邻两幅卷材的接缝应错开 1/3~1/2 幅宽,且两层卷材不得相互垂直铺贴。

(8)弹性体改性沥青防水卷材和改性沥青聚乙烯胎防水卷材采用热熔法施工应加热均匀,不得加热不足或烧穿卷材,搭接缝部位应溢出热熔的改性沥青。

(9)采用外防外贴法铺贴卷材防水层时,应符合下列规定:①先铺平面,后铺立面,交接处应交叉搭接。②临时性保护墙宜采用石灰砂浆砌筑,内表面宜做找平层。③从底面折向立面的卷材与永久性保护墙的接触部位,应采用空铺法施工;卷材与临时性保护墙或围护结构模板的接触部位,应将卷材临时贴附在该墙上或模板上,并应将顶端临时固定。当不设保护墙时,从底面折向立面的卷材接槎部位应采取可靠保护措施。④混凝土结构完成,铺贴立面卷材时,应先将接槎部位的各层卷材揭开,并将其表面清理干净,如卷材有损坏,应及时修补。卷材接槎的搭接长度,高聚物改性沥青类卷材应为 150 mm,合成高分子类卷材应为 100 mm;当使用两层卷材时,卷材应错槎接缝,上层卷材应盖过下层卷材。

(10)采用外防内贴法铺贴卷材防水层时,应符合下列规定:①混凝土结构的保护墙内表面应抹厚度为 20 mm 的 1:3水泥砂浆找平层,然后铺贴卷材。②卷材宜先铺立面,后铺平面;铺贴立面时,应先铺转角,后铺大面。

(11)卷材防水层经检查合格后,应及时做保护层。顶板卷材防水层上的细石混凝土保护层采用人工回填土时厚度不宜小于 50 mm,采用机械碾压回填土时厚度不宜小于 70 mm,防水层与保护层之间宜设隔离层。底板卷材防水层上细石混凝土保护层厚度不应小于 50 mm。侧墙卷材防水层宜采用软质保护材料或铺抹 20 mm 厚 1:2.5 水泥砂浆层。

(五)涂料防水层施工

(1)涂料防水层适用于受侵蚀性介质作用或受振动作用的地下工程。无机防水涂料宜用于结构主体的背水面或迎水面,有机防水涂料用于地下工程主体结构的迎水面,用于背水面的有机防水涂料应具有较高的抗渗性,且与基层有较好的黏结性。

(2)涂料防水层严禁在雨天、雾天、5 级及以上大风天气时施工,不得在施工环境温度低于 5 ℃及高于 35 ℃或烈日暴晒时施工。涂膜固化前如有降雨可能,应及时做好已完涂层的保护工作。

(3)有机防水涂料基层表面应基本干燥,不应有气孔、凹凸不平、蜂窝麻面等缺陷。涂料施工前,基层阴阳角应做成圆弧形,阴角直径宜大于 50 mm,阳角直径宜大于 10 mm,在底板转角部位应增加胎体增强材料,并应增涂防水涂料。铺贴胎体增强材料时,应使胎体层充分浸透防水涂料,不得有露槎及褶皱。

(4)防水涂料应分层刷涂或喷涂,涂层应均匀,不得漏刷漏涂。涂刷应待前遍涂层干燥成膜后进行,每遍涂刷时应交替改变涂层的涂刷方向,同层涂膜的先后搭压宽度宜为 30~50 mm。甩槎处接缝宽度不得小于 100 mm,接涂前应将其甩槎表面处理干净。

(5)采用有机防水涂料时,基层阴阳角处应做成圆弧;在转角处、变形缝、施工缝、穿墙管等部位应增加胎体增强材料和增涂防水涂料,宽度不得小于 50 mm。胎体增强材料的搭接宽度不得小于 10 mm,上下两层和相邻两幅胎体的接缝应错开 1/3 幅宽,且上下两层胎体不得相互垂直铺贴。

(6)涂料防水层完工并经验收合格后应及时做保护层。底板宜采用 1:2.5 水泥砂浆层和 50~70 mm 厚的细石混凝土保护层；顶板采用细石混凝土保护层，机械回填时不宜小于 70 mm，人工回填时不宜小于 50 mm。防水层与保护层之间宜设置隔离层。

第四节　装饰装修工程施工技术

一、吊顶工程施工技术

吊顶（又称顶棚、天花板）是建筑装饰工程的一个重要的子分部工程。吊顶具有保温、隔热、隔声和吸声的作用，也是电气、暖卫、通风空调、通信和防火、报警管线设备等工程的隐蔽层。按施工工艺和采用材料的不同，分为暗龙骨吊顶（又称隐蔽式吊顶）和明龙骨吊顶（又称活动式吊顶）。吊顶工程由支撑部分（吊杆和主龙骨）、基层（次龙骨）和面层三部分组成。

（一）吊顶工程施工技术要求

（1）安装龙骨前，应按设计要求对房间净高、洞口标高和吊顶管道、设备及其支架的标高进行交接检验。

（2）吊顶工程的木吊杆、木龙骨和木饰面板必须进行防火处理，并应符合有关设计防火规范的规定。

（3）吊顶工程中的预埋件、钢筋吊杆和型钢吊杆应进行防锈处理。

（4）安装面板前应完成吊顶内管道和设备的调试及验收。

（5）吊杆距主龙骨端部和墙的距离不得大于 300 mm。吊杆间距和主龙骨间距不得大于 1 200 mm。当吊杆长度大于 1.5 m 时，应设置反支撑。当吊杆与设备相遇时，应调整增设吊杆。

（6）当石膏板吊顶面积大于 100 m^2 时，纵横方向每 12~18 m 距离处宜做伸缩缝处理。

（二）施工方法

吊顶工程施工方法见表 3-12。

表 3-12　吊顶工程施工方法

环节	施工方法
测量放线	①弹吊顶标高水平线：应根据吊顶的设计标高在四周墙上弹线。弹线应清晰，位置应准确。②画龙骨分档线：主龙骨宜平行房间长向布置，分档位置线从吊顶中心向两边分，间距不宜大于 1 200 mm，并标出吊杆的固定点
吊杆安装	①不上人的吊顶，吊杆可以采用 Φ6 钢筋等吊杆；上人的吊顶，吊杆可以采用 Φ8 钢筋等吊杆；大于 1 500 mm 时，还应设置反向支撑。②吊杆应通直，并有足够的承载能力。③吊顶灯具、风口及检修口等应设附加吊杆。重型灯具、电扇及其他重型设备严禁安装在吊顶工程的龙骨上，必须增设附加吊杆

续表 3-12

环节		施工方法
龙骨安装	边龙骨	边龙骨的安装应按设计要求弹线,用射钉固定,射钉间距应不大于吊顶次龙骨的间距
	龙骨	①主龙骨应吊挂在吊杆上。主龙骨的接长应采取对接,相邻龙骨的对接接头要相互错开。②跨度大于 15 m 的吊顶,应在主龙骨上每隔 15 m 加一道大龙骨,并垂直主龙骨焊接牢固;如有大的造型顶棚,造型部分应用角钢或扁钢焊接成框架,并应与楼板连接牢固
	次龙骨	次龙骨分明龙骨和暗龙骨两种。次龙骨间距宜为 300~600 mm,在潮湿地区和场所间距宜为 300~400 mm
	横撑龙骨	暗龙骨系列横撑龙骨应用连接件将其两端连接在通长次龙骨上。明龙骨系列的横撑龙骨通长龙骨搭接处的间隙不得大于 1 mm
饰面板安装		①明龙骨吊顶饰面板的安装方法有搁置法、嵌入法、卡固法等。当采用搁置法和卡固法施工时,应采取相应的固定措施。②暗龙骨吊顶饰面板的安装方法有钉固法、粘贴法、嵌入法、卡固法等。粘贴法分为直接粘贴法和复合粘贴法。直接粘贴法是将饰面板用胶黏剂直接粘贴在龙骨上。刷胶宽度为 10~15 mm,经 5~10 min 后,将饰面板压粘在相应部位

(三)吊顶工程的隐蔽工程项目验收

吊顶工程应对以下隐蔽工程项目进行验收:①吊顶内管道、设备的安装及水管试压风管的避光试验;②木龙骨防火、防腐处理;③预埋件或拉结筋;④吊杆安装;⑤龙骨安装;⑥填充材料的设置。

二、轻质隔墙工程施工技术

轻质隔墙的特点是自重轻、墙身薄、拆装方便、节能环保,有利于建筑工业化施工。

按构造方式及所用材料不同,分为板材隔墙、骨架隔墙等。

(一)板材隔墙

板材隔墙是指不需设置隔墙龙骨,由隔墙板材自承重,将预制或现制的隔墙板材直接固定于建筑主体结构上的隔墙工程。

1.施工技术要求

(1)在限高以内安装条板隔墙时,竖向接板不宜超过 1 次,相邻条板接头位置应错开 300 mm 以上,错缝范围可为 300~500 mm。

(2)在既有建筑改造工程中,条板隔墙与地面接缝处应间断布置抗震钢卡,间距应不大于 1 m。

(3)在条板隔墙上横向开槽、开洞敷设电气暗线、暗管、开关盒时,选用隔墙厚度应大于 90 mm。开槽深度不应大于墙厚的 2/5,开槽长度不得大于隔墙长度的 1/2。严禁在隔墙两侧同一部位开槽、开洞,其间距应错开 150 mm 以上。单层条板隔墙内不宜设计暗埋配电箱、控制柜,不宜横向暗埋水管。

(4)条板隔墙上需要吊挂重物和设备时,不得单点固定,单点吊挂力应小于1 000 N,并应在设计时考虑加固措施,两点间距应大于 300 mm。

(5)普通石膏条板隔墙及其他有防水要求的条板隔墙用于潮湿环境时,下端应做混凝土条形墙垫,墙垫高度不应小于 100 mm。

(6)防裂措施:应在板与板之间对接缝隙内填满、灌实黏结材料,企口接缝处可粘贴耐碱玻璃纤维网格布条或无纺布条防裂,亦可加设拉结钢筋加固及其他防裂措施。

(7)采用空心条板做门、窗框板时,距板边 120~150 mm 内不得有空心孔洞;可将空心条板的第一孔用细石混凝土灌实。门、窗框一侧应设置预埋件,根据门、窗洞口大小确定固定位置,每一侧固定点应不小于 3 处。

2.施工方法

(1)组装顺序:当有门洞口时,应从门洞口处向两侧依次进行;当无洞口时,应从一端向另一端顺序安装。

(2)配板:板材隔墙饰面板安装前应按品种、规格、颜色等进行分类选配。板的长度应按楼层结构净高尺寸减去 20 mm。

(3)安装隔墙板:安装方法主要有刚性连接和柔性连接。刚性连接适用于非抗震设防区的内隔墙安装,柔性连接适用于抗震设防区的内隔墙安装。安装板材隔墙所用的金属件应进行防腐处理。

(二)骨架隔墙

骨架隔墙是指在隔墙龙骨两侧安装墙面板以形成墙体的轻质隔墙。骨架隔墙主要是由龙骨作为受力骨架固定在建筑主体结构上,轻钢龙骨石膏板隔墙就是典型的骨架隔墙。

1.饰面板安装

骨架隔墙一般以纸面石膏板(潮湿区域应采用防潮石膏板)、人造木板、水泥纤维板等为墙面板。

2.石膏板安装

(1)石膏板应竖向铺设,长边接缝应落在竖向龙骨上。双层石膏板安装时两层板的接缝不应在同一根龙骨上;需进行隔声、保温、防火处理的,应根据设计要求在一侧板安装好后,进行隔声、保温、防火材料的填充,再封闭另一侧板。

(2)石膏板应采用自攻螺钉固定。安装石膏板时,应从板的中部开始向板的四边固定。钉头略埋入板内,但不得损坏板面;钉眼应用石膏腻子抹平。

(3)轻质隔墙与顶棚和其他墙体的交接处应采取防开裂措施。隔墙板材所用接缝材料的品种及接缝方法应符合设计要求;设计无要求时,板缝处粘贴 50~60 mm 宽的嵌缝带,阴阳角处粘贴 200 mm 宽纤维布(每边各 100 mm 宽),并用石膏腻子刮平,总厚度控制在 3 mm。

(4)接触砖、石、混凝土的龙骨,埋置的木楔和金属型材应做防腐处理。

三、地面工程施工技术

建筑地面包括建筑物底层地面和楼层,也包含室外散水、明沟、台阶、踏步和坡道等。

(一)地面工程施工技术要求

(1)进场材料应有质量合格证明文件,应对其型号、规格、外观等进行验收,重要材料或产品应抽样复验。

(2)建筑地面下的沟槽、暗管等工程完工后,经检验合格并做隐蔽记录,方可进行建筑地面工程施工。

(3)建筑地面工程基层(各构造层)和面层的铺设,均应待其下一层检验合格后方可施工上一层。建筑地面工程各层铺设前与相关专业的分部(子分部)工程、分项工程,以及设备管道安装工程之间,应进行交接检验。

(4)建筑地面工程施工时,各层环境温度及其所铺设材料温度的控制应符合下列要求:①采用掺有水泥、石灰的拌和料铺设,以及用石油沥青胶结料铺贴时,不应低于 5 ℃;②采用有机胶黏剂精贴时,不宜低于 10 ℃;③采用砂、石材料铺设时,不应低于 0 ℃;④采用自流平、涂料铺设时,不应低于 5 ℃,也不应高于 30 ℃。

(二)施工方法

地面工程的施工方法见表 3-13。

表 3-13　地面工程的施工方法

环节	施工方法
厚度控制	①水泥混凝土垫层的厚度不应小于 60 mm。②水泥砂浆面层的厚度应符合设计要求,且不应小于 20 mm。③水磨石面层厚度除有特殊要求外,宜为 12~18 mm,且按石粒径确定。④水泥钢(铁)屑面层铺设时的水泥砂浆接合层厚度宜为 20 mm。⑤防油渗面层采用防油渗涂料时,涂层厚度宜为 5~7 mm
变形缝设置	①建筑地面的沉降缝、伸缩缝和防震缝,应与结构相应缝的位置一致,且应贯通建筑地面的各构造层。②沉降缝和防震缝的宽度应符合设计要求,缝内清理干净,以柔性密封材料填嵌后用板封盖,并应与面层齐平。③室内地面的水泥混凝土垫层,应设置纵向缩缝和横向缩缝;纵向缩缝、横向缩缝的间距均不得大于 6 m。大面积水泥混凝土垫层应分区段浇筑。分区段应结合变形缝位置、不同类型的建筑地面连接处和设备基础的位置进行划分,并应与设置的纵向缩缝、横向缩缝的间距相一致。④对水泥混凝土散水、明沟,应设置伸缩缝,其间距不得大于 10 m;房屋转角处应做 45°缝。水泥混凝土散水、明沟和台阶等与建筑物连接处应设缝处理。上述缝宽度为 15~20 mm,缝内填嵌柔性密封材料
防水处理	①有防水要求的建筑地面工程,铺设前必须对立管、套管和地漏与楼板节点之间进行密封处理,并进行隐蔽验收,排水坡度应符合设计要求。②厕浴间和有防水要求的建筑地面必须设置防水隔离层。楼层结构必须采用现浇混凝土或整块预制混凝土板,混凝土强度等级不应小于 C20;楼板四周除门洞外应做混凝土翻边,高度不应小于 20 m,宽同墙厚,混凝土强度等级不应小于 C20。施工时结构层标高和预留孔洞位置应准确,严禁乱凿洞。③防水隔离层严禁渗漏,坡向应正确、排水通畅

续表 3-13

环节	施工方法
防爆处理	不发火(防爆的)面层中的碎石不发火性必须合格。水泥应采用硅酸盐水泥、普通硅酸盐水泥;施工配料时应随时检查,不得混入金属或其他发生火花的杂质
天然石材防碱背涂处理	采用传统的湿作业铺设天然石材时,由于水泥砂浆在水化时析出大量的氢氧化钙,透过石材孔隙泛到石材表面,产生不规则的花斑,俗称泛碱现象,严重影响建筑室内外石材饰面的装饰效果。故在大理石、花岗岩面层铺设前,应对石材背面和侧面进行防碱处理
楼梯踏步的处理	楼梯、台阶踏步的宽度、高度应符合设计要求。踏步板块的缝隙宽度应一致;楼层楼梯相邻踏步高度差不应大于 10 mm;每踏步两端宽度差不应大于 1 mm,旋转楼梯梯段的每踏步两端宽度差不应大于 5 mm;踏步面层应做防滑处理,齿角应整齐,防滑条应顺直、牢固
成品保护	①整体面层施工后,养护时间不应小于 7 d;抗压强度应达到 5 MPa 后,方准上人行走;抗压强度应达到设计要求后,方可正常使用。②铺设水泥混凝土板块等的接合层和填缝的水泥砂浆,在面层铺设后,表面应覆盖、湿润,其养护时间不应少于 7 d

四、饰面板(砖)工程施工技术

饰面板安装工程是指内墙饰面板安装工程和高度不大于 24 m、抗震设防烈度不大于 7 度的外墙饰面板安装工程。饰面砖工程是指内墙饰面砖和高度不大于 100 m、抗震设防烈度不大于 8 度、满粘法施工方法的外墙饰面砖工程。

(一)饰面板安装工程

饰面板安装工程分为石材饰面板安装(方法有湿作业法、粘贴法和干挂法)、金属饰面板安装(方法有木衬板粘贴、龙骨固定面板)、木饰面板安装(方法有龙骨钉固法、粘接法)和镜面玻璃饰面板安装 4 类。

(二)饰面砖粘贴工程

(1)饰面砖粘贴排列方式主要有对缝排列和错缝排列两种。

(2)墙、柱面砖粘贴前应进行挑选,并应浸水 2 h 以上,晾干表面水分。

(3)粘贴前应进行放线定位和排砖,非整砖应排放在次要部位或阴角处。每面墙不宜有两列(行)以上非整砖,非整砖宽度不宜小于整砖的 1/3。

(4)粘贴前应确定水平及竖向标志,垫好底尺,挂线粘贴。墙面砖表面应平整、接缝应平直、缝宽应均匀一致。阴角砖应压向正确,阳角线宜做成 45°角对接。在墙、柱面突出物处,应整砖套割吻合,不得用非整砖拼凑粘贴。

(5)接合层砂浆宜采用 1∶2水泥砂浆,砂浆厚度宜为 6～10 mm。水泥砂浆应满铺在墙面砖背面,一面墙、柱不宜一次粘贴到顶,以防塌落。

（三）饰面板（砖）工程

（1）应对下列材料及其性能指标进行复验：①室内用花岗石的放射性；②粘贴用水泥的凝结时间、安定性和抗压强度；③外墙陶瓷面砖的吸水率；④寒冷地区外墙陶瓷面砖的抗冻性。

（2）应对下列隐蔽工程项目进行验收：①预埋件（或后置埋件）；②连接节点；③防水层。

五、门窗工程施工技术

门窗安装工程是指木门窗安装、金属门窗安装、塑料门窗安装、特种门安装和门窗玻璃安装工程。

（一）金属门窗安装

金属门窗安装应采用预留洞口的方法施工，不得采用边安装边砌口或先安装后砌口的方法施工。金属门窗的固定方法应符合设计要求，在砌体上安装金属门窗时严禁用射钉固定。

1.铝合金门窗框安装

铝合金门窗安装时，墙体与连接件、连接件与门窗框的固定方式应按表 3-14 选择。

表 3-14　铝合金门窗的固定方式及适用范围

固定方式	适用范围
连接件焊接连接	钢结构
预埋件连接	钢筋混凝土结构
燕尾铁脚连接	砖墙结构
金属膨胀螺栓固定	钢筋混凝土结构、砖墙结构
射钉固定	钢筋混凝土结构

2.门窗扇安装

（1）推拉门窗在门窗框安装固定后，将配好玻璃的门窗扇整体安入框内滑槽，调整好与扇的缝隙，扇与框的搭接量应符合设计要求，推拉扇开关力应不大于 100 N。同时，应有防脱落措施。

（2）平开门窗在框与扇格架组装上墙、安装固定好后再安玻璃。密封条安装时应留有伸缩余量一般比门窗的装配边长 20～30 mm，在转角处应斜面断开，并用胶黏剂粘贴牢固，避免收缩产生缝隙。

3.五金配件安装

五金配件与门窗连接用镀锌螺钉。安装的五金配件应固定牢固、使用灵活。

（二）塑料门窗安装

塑料门窗应采用预留洞口的方法安装，不得边安装边砌口或先安装后砌口施工。

（1）当门窗与墙体固定时，应先固定上框，后固定边框。固定方法如下：①混凝土墙洞口采用射钉或膨胀螺钉固定；②砖墙洞口应用膨胀螺钉固定，不得固定在砖缝处，并严禁用射钉固定；③轻质砌块或加气混凝土洞口可在预埋混凝土块上用射钉或膨胀螺钉固定；④设有预埋铁件的洞口应采用焊接的方法固定，也可先在预埋件上按紧固件规格打基孔，然后用紧固件固定；⑤窗下框与墙体也可采用固定片固定，但应按照设计要求，处理好室内窗台板与室外窗台的节点处理，防止窗台渗水。

（2）安装组合窗时，应从洞口的一端按顺序安装。

（三）门窗玻璃安装

（1）玻璃品种、规格应符合设计要求。单块玻璃大于 1.5 m^2 时应使用安全玻璃。玻璃表面应洁净，不得有腻子、密封胶、涂料等污渍。中空玻璃内外表面均应洁净，中空层内不得有灰尘和水蒸气。

（2）门窗玻璃不应直接接触型材。单面镀膜玻璃的镀膜层及磨砂玻璃的磨砂面应朝向室内，但磨砂玻璃作为浴室、卫生间门窗玻璃时，则应注意将其花纹面朝外，以防表面浸水而透视。中空玻璃的单面镀膜玻璃应在最外层，镀膜层应朝向室内。

六、涂料涂饰、裱糊、软包与细部工程施工技术

（一）涂饰工程的施工技术要求和方法

涂饰工程包括水性涂料涂饰工程、溶剂型涂料涂饰工程、美术涂饰工程。

1.涂饰施工前的准备工作

（1）涂饰工程应在抹灰、吊顶、细部、地面及电气工程等已完成并验收合格后进行。

（2）基层处理要求：①新建筑物的混凝土或抹灰基层在涂饰涂料前应涂刷抗碱封闭底漆。对泛碱、析盐的基层应先用 3%的草酸溶液清洗；然后用清水冲刷干净或在基层上满刷一遍抗碱封闭底漆，待其干后刮腻子，再涂刷面层涂料。②旧墙面在涂饰涂料前应清除疏松的旧装修层，并涂刷界面剂。③基层腻子应平整、坚实、牢固，无粉化、起皮和裂缝。厨房、卫生间墙面必须使用耐水腻子。④混凝土或抹灰基层涂刷溶剂型涂料时，含水率不得大于 8%；涂刷乳液型涂料时，含水率不得大于 10%。木材基层的含水率不得大于 12%。

2.涂饰方法

对混凝土及抹灰面涂饰一般采用喷涂、滚涂、刷涂、抹涂和弹涂等方法，以取得不同的表面质感。木质基层涂刷方法分为涂刷清漆和涂刷色漆。

（二）裱糊工程的施工技术要求和方法

1.基层处理要求

（1）新建筑物的混凝土或抹灰基层墙面在刮腻子前应涂刷抗碱封闭底漆。

（2）旧墙面在裱糊前应清除疏松的旧装修层并涂刷界面剂。

（3）混凝土或抹灰基层含水率不得大于 8%；木材基层的含水率不得大于 12%。

（4）基层表面颜色应一致，裱糊前应用封闭底胶涂刷基层。

2.裱糊方法

墙、柱面裱糊常用的方法有搭接法裱糊、拼接法裱糊。顶棚裱糊一般采用推贴法裱糊。

(三)软包工程的施工技术要求

软包工程根据构造做法,分为带内衬软包和不带内衬软包两种;按制作安装方法不同,分为预制板组装和现场组装。软包工程的面料常见的有皮革、人造革及锦缎等饰面织物。

(四)细部工程的施工技术要求和方法

(1)细部工程包括橱柜制作与安装,窗帘盒、窗台板、散热器罩制作与安装,门窗套制作与安装,护栏和扶手制作与安装,花饰制作与安装五个分项工程。

(2)细部工程应对下列部位进行隐蔽工程验收:①预埋件(或后置埋件);②护栏与预埋件的连接节点。

(3)护栏、扶手的技术要求:高层建筑的护栏高度应适当提高,但不宜超过 1.20 m;栏杆离地面或屋面 0.10 m 高度内不应留空。各类建筑的护栏高度、栏杆间距应符合表 3-15 的要求。

表 3-15　各类建筑专门设计的要求

项目		要求
托儿所、幼儿园建筑	护栏	阳台、屋顶平台的护栏净高不得小于 1.20 m,内侧不应设有支撑
	栏杆	楼梯栏杆垂直线饰间的净距不得大于 0.11 m,当楼梯井净宽度大于 0.20 m 时,必须采取安全措施
	扶手	楼梯除设成人扶手外,并应在靠墙一侧设幼儿扶手,其高度不得大于 0.60 m
中小学校建筑	扶手	室内楼梯扶手高度不得低于 0.90 m,室外楼梯扶手及水平扶手高度不得低于 1.10 m
居住建筑	护栏(阳台栏杆、外廊、内天井及上人屋面等临空处栏杆)	六层及以下住宅的栏杆净高不得低于 1.05 m
		七层及以上住宅的栏杆净高不得低于 1.10 m
		栏杆的垂直杆件间净距不得大于 0.11 m,并应防止儿童攀登
	栏杆	楼梯栏杆垂直杆件间净空不得大于 0.11 m。楼梯井净宽大于 0.11 m时,必须采取防止儿童攀滑的措施
	扶手	扶手高度不得小于 0.90 m。楼梯水平段栏杆长度大于 0.50 m 时,其扶手高度不得小于 1.05 m

七、建筑幕墙工程施工技术

(一)建筑幕墙的分类

建筑幕墙按照面板材料分为玻璃幕墙、金属幕墙、石材幕墙三种,按施工方法分为单元式幕墙、构件式幕墙。

（二）建筑幕墙的预埋件制作与安装

常用建筑幕墙预埋件有平板形和槽形两种，其中平板形预埋件应用最为广泛。预埋件的制作与安装技术要求见表 3-16。

表 3-16　预埋件的制作与安装技术要求

项目	技术要求
预埋件制作	①锚板宜采用 Q235 级钢，锚筋应采用 HPB300、HRB335 或 HRB400 级热轧钢筋，严禁使用冷加工钢筋；②直锚筋与锚板应采用 T 形焊。当锚筋直径不大于 20 mm 时，宜采用压力埋弧焊；当锚筋直径大于 20 mm 时，宜采用穿孔塞焊。不允许把锚筋弯成Ⅱ形或 L 形与锚板焊接。当采用手工焊时，焊缝高度不宜小于 6 mm 和 0.5d（HPB300 级钢筋）或 0.6d（HRB35 级、HRB400 级钢筋），d 为锚筋直径；③预埋件应采取有效的防腐处理，当采用热镀锌防腐处理时，锌膜厚度应大于 40 μm
预埋件安装	①预埋件应在主体结构浇捣混凝土时，按照设计要求的位置、规格埋设；②预埋件在安装时，各轴之间放线应从两轴中间向两边测量放线，避免累积误差；③为保证预埋件与主体结构连接的可靠性，连接部位的主体结构混凝土强度等级不应低于 C20。轻质填充墙不应做幕墙的支承结构

（三）框支承玻璃幕墙的制作与安装

框支承玻璃幕墙分为明框、隐框、半隐框三类。

1.框支承玻璃幕墙构件的制作

玻璃板块加工应在洁净、通风的室内注胶，要求室内温度应在 15～30 ℃，相对湿度在 50%以上。应在温度为 20 ℃、湿度为 50%以上的干净室内养护。单组分硅酮结构密封胶固化时间一般需 14～21 d，双组分硅酮结构密封胶一般需 7～10 d。

2.框支承玻璃幕墙的安装

（1）框支承玻璃幕墙的安装包括立柱安装、横梁安装、玻璃面板安装和密封胶嵌缝。

（2）不得采用自攻螺钉固定承受水平荷载的玻璃压条。

（3）玻璃幕墙开启窗的开启角度不宜大于 30°，开启距离不宜大于 300 mm。

（4）密封胶的施工厚度应大于 3.5 mm，一般小于 4.5 mm。密封胶的施工宽度不宜小于厚度的 2 倍。

（5）不宜在夜晚、雨天打胶。打胶温度应符合设计要求和产品要求。

（6）严禁使用过期的密封胶。硅酮结构密封胶不宜作为硅酮耐候密封胶使用，两者不能互代。同一个工程应使用同一品牌的硅酮结构密封胶和硅酮耐候密封胶。密封胶注满后应检查胶缝。

（四）金属与石材幕墙工程的安装技术及要求

1.框架安装的技术

（1）金属与石材幕墙的框架通常采用钢管或钢型材框架，较少采用铝合金型材。

（2）幕墙横梁应通过角码、螺钉或螺栓与立柱连接。螺钉直径不得小于 4 mm，每处连接螺钉不应少于3个,如用螺栓不应少于2个。横梁与立柱之间应有一定的相对位移能力。

2.面板加工制作要求

(1)幕墙用单层铝板厚度不应小于2.5 mm;单层铝板折弯加工时,折弯外圆弧半径不应小于板厚的1.5倍。

(2)板块四周应采用铆接、螺栓或黏结与机械连接相结合的形式固定。

(3)铝塑复合板在切割内层铝板和聚乙烯塑料时,应保留不小于0.3 mm厚的聚乙烯塑料,并不得划伤铝板的内表面。

(4)打孔、切口等外露的聚乙烯塑料应采用中性硅酮耐候密封胶密封;在加工过程中,铝塑复合板严禁与水接触。

3.面板的安装要求

(1)金属面板嵌缝前,先把胶缝处的保护膜撕开,清洁胶缝后方可打胶;大面上的保护膜待工程验收前方可撕去。

(2)石材幕墙面板与骨架的连接有钢销式、通槽式、短槽式、背栓式、背挂式等方式。

(3)不锈钢挂件的厚度不宜小于3.0 mm,铝合金挂件的厚度不宜小于4.0 mm。

(4)金属与石材幕墙板面嵌缝应采用中性硅酮耐候密封胶。

(五)建筑幕墙的防火构造要求

(1)幕墙与各层楼板、隔墙外沿间的缝隙,应采用不燃材料或难燃材料封堵,填充材料可采用岩棉或矿棉,其厚度不应小于100 mm,并应满足设计的耐火极限要求,在楼层间和房间之间形成防火烟带。防火层应采用厚度不小于1.5 mm的镀锌钢板承托。承托板与主体结构、幕墙结构及承托板之间的缝隙应采用防火密封胶密封;防火密封胶应有法定检测机构的防火检验报告。

(2)无窗槛墙的幕墙,应在每层楼板的外沿设置耐火极限不低于1.0 h、高度不低于0.8 m的不燃烧实体裙墙或防火玻璃墙。在计算裙墙高度时,可计入钢筋混凝土楼板厚度或边梁高度。

(3)当建筑设计要求防火分区分隔有通透效果时,可采用单片防火玻璃或由其加工成的中空、夹层防火玻璃。

(4)防火层不应与幕墙玻璃直接接触,防火材料朝玻璃面处宜采用装饰材料覆盖。

(5)同一幕墙玻璃单元不应跨越两个防火分区。

(六)建筑幕墙的防雷构造要求

(1)幕墙的金属框架应与主体结构的防雷体系可靠连接,在连接部位应清除非导电保护层。

(2)幕墙的铝合金立柱,在不大于10 m范围内宜有一根立柱采用柔性导线,把每个上柱与下柱的连接处连通。导线截面面积铜质不宜小于25 mm^2,铝质不宜小于30 mm^2。

(3)主体结构有水平均压环的楼层,对应导电通路的立柱预埋件或固定件应用圆钢或扁钢与均压环焊接连通,形成防雷通路。镀锌圆钢直径不宜小于12 mm,镀锌扁钢截面不宜小于5 mm×40 mm。避雷接地一般每三层与均压环连接。

(4)兼有防雷功能的幕墙压顶板宜采用厚度不小于3 mm的铝合金板制造,与主体结构屋顶的防雷系统应有效连通。

(5)在有镀膜层的构件上进行防雷连接,应除去其镀膜层。

(6)使用不同材料的防雷连接应避免产生双金属腐蚀。

(7)防雷连接的钢构件在完成后,都应进行防锈油漆处理。

(七)建筑幕墙的保护和清洗

(1)幕墙框架安装后,不得作为操作人员和物料进出的通道;操作人员不得踩在框架上操作。

(2)玻璃面板安装后,在易撞、易碎部位都应有醒目的警示标识或安全装置。

(3)有保护膜的铝合金型材和面板,在不妨碍下道工序施工的前提下,不得提前撕除,待竣工验收前方可撕去。

(4)对幕墙的框架、面板等应采取措施进行保护,使其不发生变形、污染和被刻画等现象。幕墙施工中表面的黏附物,都应随时清除。

(5)幕墙工程安装完成后,应制订清洁方案。应选择无腐蚀性的清洁剂进行清洗;在清洗时,应检查幕墙排水系统是否畅通,发现堵塞应及时疏通。

(6)幕墙外表面的检查、清洗作业不得在4级以上风力和大雨(雪)天气进行。

第五节　季节性施工技术

一、季节性施工基础

(一)冬期施工的特点、原则和准备工作

(1)特点。在冬期施工中,对建筑物有影响的长时间的持续负低温、大的温差、强风、降雪和反复冰冻,经常造成质量事故。

冬期施工的计划性和准备工作的时间性很强,常常由于仓促施工发生质量事故。

(2)原则。为了保证冬期施工的质量,有关部门规定了严格的技术措施,在选择具体的施工方法时,必须遵循下列原则:确保工程质量,经济合理,所需的热源和材料有可靠的来源,工期能满足规定的要求。

(3)准备工作。施工组织设计中将不适合冬期施工的分项工程安排在冬期前后完成。①合理选择冬期施工方案。②掌握分析当地的气温情况,收集有关气象资料作为选择冬期施工技术措施的依据。③复核施工图纸,查对其是否能适应冬期施工的要求。④冬期施工的设备、工具、材料及劳动防护用品均应提前准备。⑤冬期施工前对配制外掺剂的人员、测温保温人员、司炉工等应专门组织技术培训,经考试合格后方准上岗作业。

(二)雨期施工的特点、要求和准备工作

(1)特点。①雨期施工具有突然性。这就要求提前做好雨期施工的准备工作和防范措施。②雨期施工带有突击性。雨水对建筑结构和地基基础的冲刷或浸泡有严重的破坏性,必须迅速及时地防护,以免发生质量事故。

(2)要求。在编制施工组织设计时,要根据雨期施工的特点,对于不宜在雨期施工的分项工程，避开雨期施工；对于必须在雨期施工的分项工程，做好充分的准备工作和防范措施。

(3)准备工作。降水量大的地区在雨期到来之际，施工现场、道路及设施必须进行有组织的排水。施工现场临时设施、库房要做好防雨排水的准备。施工现场的临时道路必要时加固、加高路基，路面在雨期加铺炉渣、砂砾或其他防滑材料。准备足够的防水、防汛材料(如草袋、油毡、雨布等)和器材工具等。

二、土方工程冬期施工

(一)冻土的定义

温度低于 0 ℃、含有水分而冻结的各类土称为冻土。土冻结后体积比冻结前增大的现象称为冻胀，通常用冻胀量和冻胀率来表示其大小。

(二)地基土的保温防冻

(1)松土防冻法。入冬期，在挖土的地表层先翻松 25~40 cm 厚表层土并耙平，其宽度应不小于土冻结后深度的 2 倍与基底宽之和。

(2)覆盖防冻法。在降雪量较大的地区，可利用较厚的雪层覆盖做保温层，防止地基土冻结，适用于大面积的土方工程。具体做法是：在地面上与主导风向垂直的方向设置篱笆、栅栏或雪堤(高度 0.5~1 m，间距 10~15 m)，人工积雪防冻。面积较小的沟槽的地基土防冻，可以在地面上挖积雪沟(深 300~500 mm)，并随即用雪将沟填满，防止未挖土层冻结。

面积较小的基槽(坑)的地基土防冻，可在土层表面直接覆盖炉渣、锯末、草垫等保温材料，其宽度为土层冻结深度的 2 倍与基槽宽度之和。

(三)冻土的融化与开挖

1.冻土的融化

冻结土的开挖比较困难，可用外加热融化后挖掘。这种方式只在面积不大的工程上采用，费用较高。

(1)烘烤法。

(2)循环针法：分蒸汽循环针法和热水循环针法两种。

2.冻土的开挖

(1)人工法。

(2)机械法：依据冻土层的厚度和工程量大小，选择适宜的破土机械施工。冻土层厚度小于 0.25 m 时，可直接用铲运机、推土机、挖土机挖掘。

冻土层厚度为 0.6~1 m 时，用打桩机将楔形劈块按一定顺序打入冻土层，劈裂冻土；或用起重设备将重 3~4 t 的尖底锤吊至 5~6 m 高时，脱钩自由落下，可击碎 1~2 m 厚的冻土层，然后用斗容量大的挖土机进行挖掘。该法适用于大面积的冻土开挖。

(3)爆破法：冻土深度达 2 m 左右时，采用打炮眼、填药的爆破方法将冻土破碎后，用机械挖掘施工。

(四)冬期回填土施工

由于冻结土块坚硬且不易破碎,回填过程中又不易被压实,待温度回升、土层解冻后会造成较大的沉降。为保证工程质量,冬期回填土施工应注意以下事项:①尽量选用未受冻的、不冻胀的土壤。②清除基础上的冰雪和保温材料。③表层1 m以内,不得用冻土填筑。④上层用未冻、不冻胀或透水性差的土料。⑤每层铺土减少20%~25%,预留沉降量增加。⑥土料中冻土块的粒径≤150 mm。⑦铺填时冻土块应均匀分布,逐层压实。

三、砌体工程冬期施工

砌体工程施工规范规定:当预计连续5 d内的平均气温低于5 ℃,或当日最低气温低于0 ℃时,砖石工程应按冬期施工技术的规定施工。

冬期施工时,砖在砌筑前应清除冰霜,在正温条件下应浇水;在负温条件下,如浇水困难,则应增大砂浆的稠度。砌筑时,不得使用无水泥配制的砂浆,所用水泥宜采用普通硅酸盐水泥;石灰膏、黏土膏等不应受冻;砂不得有大于1 cm的冻结块;为使砂浆有一定的正温度,拌和前,水和砂可预先加热,但水温不得超过80 ℃,砂的温度不得超过40 ℃。每日砌筑后,应在砌体表面覆盖保温材料。

砌体工程冬期施工常用方法有掺盐砂浆法和冻结法。

(一)掺盐砂浆法

掺盐砂浆法是在砂浆中掺入一定数量的氯化钠(单盐)或氯化钠加氯化钙(双盐),以降低冰点,使砂浆中的水分在一定的负温下不冻结。

另外,为便于施工,砂浆在使用时的温度不应低于5 ℃,且当日最低气温≤-15 ℃时,砌筑承重墙体的砂浆标号应比常温施工提高1级。

(二)冻结法

冻结法是采用不掺外加剂的水泥砂浆或水泥混合砂浆砌筑砌体,允许砂浆冻结。砂浆解冻时,当气温回升至0 ℃以上后,砂浆继续硬化,但此时的砂浆经过冻结、融化、硬化以后,其强度及与砖石的黏结力都有不同程度的下降,且砌体在解冻时变形大。空斗墙、毛石墙、承受侧压力的砌体、在解冻期间可能受到振动或承受动力荷载的砌体、在解冻期间不允许发生沉降的砌体(如筒拱支座),不得采用冻结法。

采用冻结法施工时,砂浆的温度不应低于10 ℃;当日最低气温≥-25 ℃时,砌筑承重砌体的砂浆标号应比常温施工提高1级;当日最低气温<-25 ℃时,则应提高2级。

为保证砌体在解冻时正常沉降,应符合下列规定:每日砌筑高度及临时间断的高度差均不得大于1.2 m;门窗框的上部应留出不小于5 mm的缝隙;砌体水平灰缝厚度不宜大于10 mm;留置在砌体中的洞口和沟槽等宜在解冻前填砌完毕;解冻前应清除结构的临时荷载。

在解冻期间,应经常对砌体进行观测和检查,如发现裂缝、不均匀沉降等情况,应及时分析原因并采取加固措施。

四、混凝土及钢筋混凝土冬期施工

(一)混凝土及钢筋混凝土冬期施工的起止日期

当室外日平均气温降到5 ℃以下时,或者最低气温降到0 ℃和0 ℃以下时,混凝土必须采用特殊的技术措施进行施工。

《混凝土结构工程施工质量验收规范》(GB 50204—2015)规定:室外日平均气温连续5 d稳定低于5 ℃的初始日期作为冬期施工的起始日期。同样,当气温回升时,取第一个连续5 d室外日平均气温稳定高于5 ℃的最末日期作为冬期施工的终止日期。初始日期和最末日期之间的日期即为冬季施工期。

混凝土允许受冻而不致使其各项性能遭到损害的最低强度称为混凝土受冻临界强度。根据我国现行规范,冬期浇筑的混凝土抗压强度,在受冻前,硅酸盐水泥或普通硅酸盐水泥配制的混凝土不得低于设计强度标准值的30%,矿渣硅酸盐水泥配制的混凝土不得低于设计强度标准值的40%;C10及C10以下的混凝土不得低于5 N/mm^2。掺防冻剂的混凝土,温度降低到防冻剂规定温度以下时,混凝土的强度不得低于3.5 N/mm^2。

防止混凝土早期冻害的措施有两项:

一是早期增强。主要是提高混凝土的早期强度,使其尽早达到混凝土受冻临界强度。具体措施有:使用早强水泥或超早强水泥,掺早强剂或早强型减水剂,早期保温蓄热,早期短时加热等。

二是改善混凝土的内部结构。具体措施有:增加混凝土的密实度,排除多余的游离水;或掺用减水型引气剂,提高混凝土的抗冻能力;还可以掺用防冻剂,降低混凝土的冰点温度。

(二)混凝土的测温和质量检查

现场环境温度在每天2:00、8:00、14:00、20:00测量4次。

为了使混凝土满足热工计算所规定的成型温度,还必须对原材料温度及混凝土搅拌、运输、成型时的温度进行监测,对拌和物出料温度、运输温度、浇筑温度,每2 h测量1次。

混凝土的质量检查:冬期施工时,除应遵守常规施工的质量检查外,还应符合冬期施工的质量规定:①外加剂应经检查试验合格后选用,应有产品合格证或试验报告单;②外加剂应溶解成一定浓度的水溶液,按要求准确计量加入;③检查水、砂石骨料及混凝土出机的温度和搅拌时间;④混凝土浇筑时,应留置两组以上与结构同条件养护的试块,一组用以检验混凝土受冻前的强度,另一组用以检验混凝土常温养护28 d的强度。

混凝土试块不得在受冻状态下试压,当混凝土试块受冻时,对边长为150 mm的立方体试块,应在15~20 ℃室温下解冻5~6 h,或浸入10 ℃的水中解冻6 h,将试块表面擦干后进行试压。

(三)混凝土冬期施工的工艺要求

1.对材料和材料加热的要求

(1)冬期施工混凝土用的水泥,应优先使用活性高、水化热大的硅酸盐水泥和普通硅酸盐水泥,不宜用火山灰质硅酸盐水泥和粉煤灰硅酸盐水泥。蒸汽养护时用的水泥品种应经试验确定。

(2)骨料要在冬期施工前清洗和储备,并覆盖防雨雪材料,适当采取保温措施,防止骨料内夹有冰渣和雪团。

(3)水的比热大,是砂石骨料的5倍左右,所以冬期施工拌制混凝土应优先采用加热水的方法。加热水时,应考虑加热的最高温度,以免水泥直接接触过热的水而产生假凝现象。

水泥假凝是指水泥颗粒遇到温度较高的热水时,颗粒表面很快形成薄而硬的壳,阻止水泥与水的水化作用的进行,使水泥水化不充分,新拌混凝土拌和物的和易性下降,导致混凝土强度下降。

(4)钢筋焊接和冷拉施工,气温不宜低于-20 ℃。预应力钢筋张拉温度不宜低于-15 ℃。钢筋焊接应在室内进行,若必须在室外进行,应有防雨雪和挡风措施。焊接后冷却的接头应避免与冰雪接触。

2.混凝土的搅拌、运输、浇筑

混凝土的搅拌:混凝土的搅拌应在搭设的暖棚内进行,应优先采用大容量的搅拌机,以减少混凝土的热量损失。

混凝土的运输:混凝土的运输时间和距离应保证混凝土不离析,不丧失塑性,尽量减少混凝土在运输过程中的热量损失,缩短运输距离,减少装卸和转运次数;使用大容积的运输工具,并经常清理,保持干净;运输的容器四周必须加保温套和保温盖,尽量缩短装卸操作时间。

混凝土的浇筑:混凝土浇筑前,要对各项保温措施进行一次全面检查;制订浇筑方案时,应考虑集中浇筑,避免分散浇筑;开始浇筑混凝土时,要做好测温工作,从原材料加热直至拆除保温材料。

(四)混凝土冬期施工方法的选择

1.蓄热保温法

蓄热保温法是将混凝土的原材料(水、砂、石)预先加热,经过搅拌、运输、浇筑成型后的混凝土仍能保持一定的正温度,以适当材料覆盖保温,防止热量散失过快,充分利用水泥的水化热,使混凝土在正温条件下增长强度。

2.综合蓄热法

综合蓄热法是在蓄热保温法的基础上,在配制混凝土时采用快硬早强水泥,或掺用早强外加剂;在养护混凝土时采用早期短时加热方法,或采用棚罩加强围护保温,以延长正温养护期,加快混凝土强度的增长。

综合蓄热法可分为低蓄热养护和高蓄热养护两种方式。

低蓄热养护以使用早强水泥或掺低温早强剂、防冻剂为主,使混凝土缓慢冷却至冰点前达到允许受冻临界前强度。

高蓄热养护除掺用外加剂外,还采用短时加热方法,使混凝土在养护期内达到要求的受荷强度。

3.掺外加剂的混凝土冬期施工

1)掺氯盐混凝土

用氯盐(氯化钠、氯化钾)溶液配制的混凝土,具有加速混凝土凝结硬化、提高早期强度、增强混凝土抗冻能力的性能,有利于在负温下硬化,但氯盐对混凝土有腐蚀作用,对钢筋有锈蚀作用。

下列情况下，不得在钢筋混凝土中掺用氯盐：①在高湿度空气环境中使用的结构，如排出大量蒸汽的车间、澡堂、洗衣房和空气相对湿度大于80%的房间以及有顶盖的钢筋混凝土蓄水池。②处于水位升降部位的结构。③露天结构或经常受水淋的结构。④有镀锌钢材或铝铁相接触部位的结构，以及有外露钢筋、预埋件但无防护措施的结构。⑤与含有酸、碱和硫酸盐等侵蚀性介质相接触的结构。⑥使用过程中环境温度经常为60 ℃以上的结构。⑦使用冷拉钢筋或冷拔低碳钢丝的结构。⑧薄壁结构，中级或重级工作制吊车梁、屋架、落锤及锻锤基础等结构。⑨电解车间和直接靠近直流电源的结构。⑩直接靠近高压（发电站、变电所）的结构及预应力混凝土结构。

掺氯盐混凝土施工注意事项：①应选用强度等级大于42.5 MPa的普通硅酸盐水泥，水泥用量不得少于300 kg/m^3，水灰比不应大于0.6。②氯盐应配制成一定浓度的水溶液，严格计量加入，搅拌要均匀，搅拌时间应比普通混凝土搅拌时间增加50%。③混凝土必须在搅拌出机后40 min浇筑完毕，以防凝结，混凝土振捣要密实。④不宜采用蒸汽养护。⑤由于氯盐对钢筋有锈蚀作用，应用时加入水泥质量2%的亚硝酸钠阻锈剂，钢筋保护层不小于30 mm。

2）负温混凝土

负温混凝土指采用复合型外加剂配制的混凝土。

（1）负温防冻复合外加剂。一般由防冻剂、早强剂、减水剂、引气剂和阻锈剂等复合而成，其成分组合有三种情况：①防冻组分+早强组分+减水组分；②防冻组分+早强组分+引气组分+减水组分；③防冻组分+早强组分+减水组分+引气组分+阻锈组分。

选择负温抗冻剂方案的具体要求：外加剂对钢筋无锈蚀作用；对混凝土锈蚀无影响；早期强度高，后期强度无损失。

混凝土冬期施工常用的外加剂简要介绍如下。

早强剂：能加快水泥硬化速度，提高早期强度，且对后期强度无显著影响。

防冻剂：在一定时间内使混凝土获得预期强度的外加剂。防冻剂在一定负温条件下能显著降低混凝土中液相的冰点，使其游离态的水不冻结，保证混凝土不受冻害。

减水剂：在不影响混凝土和易性的条件下，具有减水增强特性的外加剂。减水剂可以降低用水量，减小水灰比。

引气剂：经搅拌能引入大量分布均匀的微小气泡，改善混凝土的和易性；在混凝土硬化后，仍能保持微小气泡，改善混凝土的和易性、抗冻性和耐久性。

阻锈剂：可以减缓或阻止混凝土中钢筋及金属预埋件锈蚀的外加剂。

（2）负温混凝土施工注意事项。

①宜优先选用水泥强度等级不低于42.5 MPa的硅酸盐水泥或普通硅酸盐水泥，不宜采用火山灰水泥，禁止使用高铝水泥。

②防冻复合剂的掺量应根据混凝土的使用温度（指掺防冻剂混凝土施工现场5～7 d内的最低温度）而定。

③防冻剂应配制成规定浓度溶液使用，配制时应注意，氯化钙、硝酸钙、亚硝酸钙等溶液不可与硫酸溶液混合，减水剂和引气剂不可与氯化钙混合。

④在钢筋混凝土和预应力混凝土工程中,应掺用无氯盐的防冻复合外加剂。

⑤必须设专人配制、保管防冻复合剂,严格按规定掺量添加,搅拌时间比正常时间延长50%,混凝土出机的温度不应低于7 ℃。

⑥混凝土入模温度应控制在5 ℃以上,浇筑与振捣要衔接紧密,连续作业。

4.混凝土人工加热养护

1)蒸汽加热养护法

蒸汽加热养护指利用低压(小于0.07 MPa)饱和蒸汽对混凝土构件均匀加热,在适当温度和湿度条件下,以促进水化作用,使混凝土加快凝结硬化,在较短养护时间内获得较高强度或达到设计要求的强度。

(1)内热法:在构件内部预留孔道,让蒸汽通入孔道加热养护混凝土;加热时,混凝土温度宜控制在30~60 ℃。

(2)蒸汽室法:让蒸汽通入坑槽或砌筑的蒸汽室加热混凝土。

(3)蒸汽套法:构件模板外再加一层密封套模,在模板与套模之间留有150 mm的孔隙,从下部通入蒸汽养护混凝土,套内温度可达30~40 ℃。

采用蒸汽加热养护法应注意下列问题:①普通硅酸盐水泥混凝土养护的最高温度不宜超过80 ℃,矿渣硅酸盐水泥混凝土可达到90~95 ℃。②制定合理的蒸汽制度,包括预养、升温、恒温、降温等几个阶段。③蒸汽应采用低压(不大于0.07 MPa)饱和蒸汽,加热时应使混凝土构件受热均匀,并注意排除冷却水和防止结冰。④拆模必须待混凝土冷却到5 ℃以后进行。如果混凝土与外界温度相差大于20 ℃,拆模后的混凝土表面应用保温材料覆盖,使混凝土表面进行冷却。

蒸汽加热养护法的热工计算包括确定升温、恒温、降温养护时间和计算蒸汽用量。

2)电热法

电热法指在混凝土结构的内部或表面设置电极,通以低电压电流,利用混凝土的电阻作用,使电能变为热能加热养护混凝土。

(1)电热法可分为内部加热和表面加热两种形式。

(2)表面电热器加热法是将板形电热器贴在模板内侧,通电后加热混凝土表面,达到养护的目的。

(3)电磁感应加热法是指交流电通过缠绕在结构模板表面上的连续感应线圈,在钢模板和钢筋中产生涡流,并传至混凝土中。

电热法施工应注意以下几个问题:①电热法施工宜选用强度等级不大于42.5 MPa的普通硅酸盐水泥、矿渣硅酸盐水泥及火山灰硅酸盐水泥。②电极加热法应采用交流电,不允许采用直流电,因为直流电会引起电解和锈蚀。③电极加热到混凝土强度达设计强度50%时,电阻增加许多倍,耗电量增加,但养护效果并不显著。④电热养护应在混凝土浇筑完毕,覆盖好外露混凝土表面后立即进行。

五、雨期施工

(一)土方基础工程雨期施工

雨期不得在滑坡地段施工;地槽、地坑开挖的雨期施工面不宜过大;开挖土方应从上至下、分层分段依次施工，底部随时做成一定的坡度，以利于泄水；雨期施工中，应经常检查边坡的稳定情况，防止大型基坑开挖土方工程的边坡被雨水冲刷造成塌方；地下的池、罐构筑物或地下室结构，完工后应抓紧基坑四周回填土施工和上部结构继续施工。

（二）混凝土工程雨期施工

加强对水泥防雨防潮工作的检查，对砂石骨料进行含水量的测定，及时调整施工配合比；加强对模板（有无松动变形）及隔离剂情况的检查，特别是对其支撑系统的检查，及时加固处理；重要结构和大面积的混凝土浇筑应尽量避开雨天施工，施工前，应了解 2～3 d 的天气情况。小雨时，混凝土运输和浇筑要采取防雨措施，随浇筑随振捣，随覆盖防水材料。遇大雨时，应提前停止浇筑，按要求留设好施工缝，已浇筑部位覆盖防水材料，防止雨水进入。

（三）砌体工程雨期施工

雨期施工中，砌筑工程不准使用过湿的砖，以免砂浆流淌和砖块滑移造成墙体倒塌，每日砌筑的高度应控制在 1 m 以内；砌筑施工过程中，若遇雨应立即停止施工，并在砖墙顶面铺设一层干砖，以防雨水冲走灰缝的砂浆；雨后，受冲刷的新砌墙体应翻砌上面的两皮砖；稳定性较差的窗间墙、山尖墙，砌筑到一定高度时应在砌体顶部加水平支撑，以防阵风袭击，维护墙体整体性；雨水浸泡会引起脚手架底座下陷而倾斜，雨后施工要经常检查，发现问题及时处理。

（四）施工现场防雷

为防止雷电袭击，雨期施工现场内的起重机、井字架、龙门架等机械设备，若在相邻建筑物、构筑物的防雷装置的保护范围外，应安装防雷装置。

施工现场的防雷装置由避雷针、接地线和接地体组成。避雷针安装在高出建筑物的起重机（塔吊）、人货电梯、钢脚手架的顶端上。

第四章 绿色施工综合技术

第一节 地基基础的绿色施工综合技术

一、超长双排桩加旋喷锚桩支护技术

(一)双排桩支护结构的概念及工程意义

1.双排桩的主要布置形式

工程界比较常见的双排桩布置形式有梅花形、丁字式、双三角形式、矩形式(并列式)、连拱式等;双排桩连梁的形式也是多种多样的。

2.使用意义

目前深基坑支护中较为常见的一种支护结构是悬臂桩支护结构。它是在柱间隔间灌注钢筋混凝土排列形成的挡土结构。

悬臂桩支护结构施工方便,在基坑深度不大时,从经济性、施工周期、作业便利性方面综合分析,悬臂桩支护结构是较好的基坑支护类型,在各地区得到了普遍应用。

双排桩支护结构是悬臂支护结构的一种空间组合类型,近年来在深基坑、道路边坡工程中得到了广泛运用。双排桩支护结构是将密集的单排悬臂桩中的部分桩向后移,并在桩顶用刚度较大的连梁把前后排连接起来,沿基坑长度方向形成双排支护的空间结构体系,它可以有效地解决悬臂桩由于桩顶水平位移以及结构本身变形的问题。

3.双排桩支护的优缺点

通常,基坑设计人员在选择支护体系时基本上遵循安全、经济、方便施工及因地制宜的原则。

由于地区差异,工程设计的要求不同,每一个基坑设计也不同,这样就使得基坑的支护形式和体系多种多样。目前,我国深基坑的支护形式主要有简易放坡支护形式、悬臂支护体系、重力式挡墙支护体系、地下连续墙支护体系、门字式双排桩支护体系、内支撑支护体系、拉锚支护体系、土钉墙支护体系、加筋土水泥墙支护体系、沉井(箱)支护体系。

因为支护体系的多样性,支护体系的评价要从多方面考虑,主要是安全性与经济性,其中安全性又包含了支护体系的强度、稳定性、变形控制。

根据上述评价原则,双排支护桩具有以下优缺点。

(1)优点:①单排悬臂桩完全依靠嵌入基坑土内的足够深度来承受桩的侧压力并维持其稳定性,坑顶位移和桩身本身变形较大,而双排支护桩因由刚性连梁与前后排桩组成一个超静定结构,整体刚度大,加上前后排桩嵌入土中形成与侧压力反向作用的力偶原因,使双排桩的位移明显减小,同时桩的内力也有所下降。②悬臂式双排支护桩是一种超

静定结构,在复杂多变的外荷载作用下能自动调整结构本身的内力,使之适应复杂而又往往难以预计的荷载条件。单排悬臂桩为静定结构,不具备此种功能。③桩锚支护在深基坑支护中被广泛采用,某些地方由于临近周边建筑基础的原因,不能采用桩锚支护,或者某些地区的地层或地质条件不具备提供一定的锚固强度的要求,亦不能采用桩锚支护。双排桩支护对地质条件、周边环境的要求比较低,适用范围比较广。④从基坑稳定性分析看,双排桩支护体系中的后排桩切断了选用单排桩时可能产生的滑裂,明显加大了基坑的稳定性。⑤土方开挖是决定深基坑工期长短的重要因素。对于拉锚支护体系、内支撑支护体系,由于锚杆(或支撑)施工,需要土方开挖配合,降低了效率,很可能使深基坑总工期延长,而双排桩支护体系不存在这种情况。

(2)缺点:①双排桩的设计计算方法不够成熟,实测数据不多,受力机制不够清楚,有待进一步研究。②基坑周边要有一定空间,便于双排支护桩布置和施工。

总之,当工期、造价、施工技术或场地条件(如基坑用地红线以外不允许占用地下空间)等有所限制时,如果基坑深度条件合适,往往可选用双排支护桩。实践表明,其具有施工便利、速度快、投资省等优点。在深基坑挡土支护结构的位移有限制的要求下,对于一般黏性土地区来说,双排支护桩是一种很有应用价值的挡土支护结构类型。在高地下水位的软土地区采用双排支护桩时,应做好挡土、挡水,以防止桩间土流失而造成结构失效等问题。

(二)基于分配土力法的基坑支护设计

1.深基坑设计的分配土力法

根据土压力分配理论,前后排桩各自分担部分土压力,土压力分配比根据前后排桩桩间土体积占总的滑裂面土体体积的比例计算。

2.分配土力法的设计方案

通过以上分配土力法计算并校核,得到最终的计算结果,进行围护桩的配筋与旋喷锚桩的设计。

在双排钻孔灌注桩顶用刚性冠梁连接,由冠梁与前后排桩组成一个空间门架式结构,可以有效地限制支护结构的侧向变形,冠梁需具有足够的强度和刚度。

(三)基坑支护绿色施工技术

1.钻孔灌注桩施工技术要点

灌注桩是指在工程现场通过机械钻孔、钢管挤土或人力挖掘等手段在地基土中形成桩孔,并在其内放置钢筋笼、灌注混凝土而做成的桩,依照成孔方法不同,灌注桩分为沉管灌注桩、钻孔灌注桩和挖孔灌注桩三类。钻孔灌注桩是按成桩方法分类而定义的一种桩型。

钻孔灌注桩的施工,因其所选护壁形成的不同,有泥浆护壁施工法和全套管施工法两种。

(1)泥浆护壁施工法。冲击钻孔、冲抓钻孔和回转钻削成孔等均可采用泥浆护壁施工法。该方法施工过程是:平整场地→泥浆制备→埋设护筒→铺设工作平台→安装钻机并定位→钻进成孔→清孔并检查成孔质量→下放钢筋笼→灌注水下混凝土→拔出护筒→

检查质量。

施工顺序如下:①施工准备。施工准备包括选择钻机、钻具、场地布置等。钻机是钻孔灌注桩施工的主要设备,可根据地质情况和各种钻孔机的应用条件选择。②钻孔机的安装与定位。安装钻孔机的基础如果不稳定,施工中易产生钻孔机倾斜、桩倾斜和桩偏心等不良影响,因此要求安装地基稳固。对地层较软和有坡度的地基,可用推土机推平,再垫上钢板或枕木加固。为防止桩位不准,施工中重要的是定好中心位置和正确安装钻孔机,对有钻塔的钻孔机,先利用钻机的动力与附近的地笼配合,将钻杆移动大致定位,再用千斤顶将机架顶起,准确定位,使起重滑轮、钻头或固定钻杆的卡孔与护筒中心在一条垂线上,以保证钻机的垂直度。钻机位置的偏差不得大于 2 cm。对准桩位后,用枕木垫平钻机横梁,并在塔顶对称于钻机轴线上拉上缆风绳。③埋设护筒。钻孔成败的关键是防止孔壁坍塌。当钻孔较深时,地下水位以下的孔壁土在静水压力下会向孔内坍塌,甚至发生流沙现象。钻孔内若能保持比地下水位高的水头,增加孔内静水压力,能防止孔壁坍孔。护筒除起到这个作用外,还有隔离地表水、保护孔口地面、固定桩孔位置和钻头导向作用等。制作护筒的材料有木、钢、钢筋混凝土三种。护筒要求坚固耐用,不漏水,其内径应比钻孔直径大(旋转钻约大 20 cm,潜水钻、冲击或冲抓锥约大 40 cm),每节长度为 2~3 m。一般常用钢护筒。④泥浆制备。钻孔泥浆由水、黏土(膨润土)和添加剂组成。具有浮悬钻渣、冷却钻头、润滑钻具、增大静水压力,并在孔壁形成泥皮,隔断孔内外渗流,防止坍孔的作用。调制的钻孔泥浆及经过循环净化的泥浆,应根据钻孔方法和地层情况确定泥浆稠度,泥浆稠度应视地层变化或操作要求机动掌握,泥浆太稀,排渣能力小、护壁效果差,泥浆太稠,会削弱钻头冲击功能,降低钻进速度。⑤钻孔。钻孔是一道关键工序,在施工中必须严格按照操作要求进行,才能保证成孔质量。首先要注意开孔质量,为此必须对好中线及垂直度,并压好护筒。在施工中要注意不断添加泥浆和抽渣(冲击式用),还要随时检查成孔是否有偏斜现象。采用冲击式或冲抓式钻机施工时,附近土层因受到振动而影响邻孔的稳固。所以,钻好的孔应及时清孔,下放钢筋笼和灌注水下混凝土。钻孔的顺序应事先规划好,既要保证下一个桩孔的施工不影响上一个桩孔,又要使钻机的移动距离不要过远和相互干扰。⑥清孔。钻孔的深度、直径、位置和孔形直接关系到成桩质量与桩身曲直。为此,除钻孔过程中密切观测监督外,在钻孔达到设计要求深度后,应对孔深、孔位、孔形、孔径等进行检查。在终孔检查完全符合设计要求时,应立即进行孔底清理,避免隔时过长以致泥浆沉淀,引起钻孔坍塌。对于摩擦桩,当孔壁容易坍塌时,要求在灌注水下混凝土前的沉渣厚度不大于 30 cm;当孔壁不易坍塌时,不大于20 cm。对于柱桩,要求在射水或射风前,沉渣厚度不大于 5 cm。清孔方法视使用的钻机不同而灵活应用。通常可采用正循环旋转钻机、反循环旋转机真空吸泥机以及抽渣筒等清孔。其中用吸泥机清孔,所需设备不多,操作方便,清孔也较彻底,但在不稳定土层中应慎重使用。其原理就是用压缩机产生的高压空气吹入吸泥机管道内将泥渣吹出。⑦灌注水下混凝土。清完孔之后,可将预制的钢筋笼垂直吊放到孔内,定位后加以固定,然后用导管灌注混凝土,灌注时混凝土不要中断,否则易出现断桩现象。

(2)全套管施工法。灌注水下混凝土一般采用全套管施工法,其施工过程是:平整场地→铺设工作平台→安装钻机→压套管→钻进成孔→安放钢筋笼→放导管→浇筑混凝土→

拉拔套管→检查成桩质量。

全套管施工法的主要施工步骤除不需泥浆及清孔外，其他的与泥浆护壁法都类同。压入套管的垂直度取决于挖掘开始阶段的5~6 m深时的垂直度。因此，应该随时用水准仪及铅锤校核其垂直度。

2.旋喷锚支护绿色施工技术

旋喷锚支护是采用钻井、注浆、搅拌、插筋的方法，其中采用直径为15 mm的预应力钢绞线3~4根，每根钢绞线由7根钢丝铰合而成，桩外留0.7 m以便张拉，钢绞线穿过压顶冠梁时，自由段钢绞线与土层内斜拉锚杆要成一条直线，自由段部位钢绞线需加直径60 mm塑料套管并做防锈防腐处理。

随着深基坑支护技术手段的日益发展，排桩加高压旋喷锚桩支护在深基坑支护逐渐得到运用。

（四）地下水处理的施工技术

（1）三轴搅拌桩全封闭止水技术。该技术适用于基坑侧壁，采用32.5复合水泥，水灰比1.3，桩径850 mm，搭接长度250 mm，水泥掺量20%，28 d抗压强度不小于1.0 MPa，坑底加固水泥掺量12%的工艺技术。施工前做好桩机定位工作，桩机立柱导向架垂直度偏差不大于1/250。相邻搅拌桩搭接时间不大于15 h，因故搁置超过2 h以上的拌制浆液不得再用。

（2）坑内管井降水技术。基坑内地下水采用管井降水。管井降水设施在基坑挖土前布置完毕，并进行预抽水，以保证有充足的时间，保证基坑边坡的稳定性。

管井的定位采用极坐标法精确定位，避开桩位，并避开挖土主要运输通道位置，严格做好管井的布置质量以保证管井抽水效果，管井抽水潜水泵根据水位自动控制。

二、深基坑监测的绿色施工技术

（一）深基坑监测绿色施工技术特点

深基坑施工是通过人工形成的在坑周围挡土、隔水的界面，由于水土的物理性随时间、空间的变化而变化，会对深基坑的形成产生影响。一般对水土作用、界面结构内力的测量技术复杂、费用高，深基坑监测绿色施工技术采用变形测量数据，利用建立的力学计算模型，分析得出当前的水土作用和内力，用以进行基坑安全判别。该技术较普通监测技术复杂程度小。

（1）深基坑监测具有时效性。深基坑监测具有鲜明的时效性，通常配合降水和开挖。测量结果是实时变化的，深基坑施工监测需要随时进行，通常是1 d 1次，1 d以前（甚至是几小时前）的测量结果失去直接意义。有时在测量对象变化快的关键时期，每天可能进行多次测量。深基坑测量的时效性对测量方法和设备的要求较高，要具备采集数据快、可以全天候工作的能力，甚至能够在夜晚或大雾天气等的环境下，采用间隔观测的方法监测基坑的动态变化。

（2）深基坑施工监测具有高精度性。普通工程测量中误差限值通常在数毫米，但正常情况下基坑施工中的环境变形速率可能在0.1 mm/d以下，要测到这样的变形精度，普通测量方法和仪器都不能胜任,这就要求基坑施工中的测量需采用一些特殊的高精度仪器。

(3)深基坑施工监测具有等精度性。基坑施工中的监测通常只要求测得相对变化值,而不要求测量绝对值。例如,普通测量要求将建筑物在地面定位,这是一个绝对量坐标及高程的测量,而在基坑边壁变形测量中,只要求测定边壁相对于原来基准位置的位移即可,而边壁原来的位置(坐标及高程)可能完全不需要知道。

(二)建筑深基坑监测的绿色施工技术要点

随着社会的发展和经济水平的不断提高,越来越多的地下设施源源不断地涌现。随之产生的基坑工程的规模和深度不断加大加深,开挖深度超过 10 m 的基坑已不足为奇,地铁车站的开挖深度更是可达到 20 m。大量深基坑工程的出现,迫切需要监测技术理论水平的进一步提高,深基坑工程正确、科学的监测设计,配合切实有效的信息化施工管理,对确保基坑支护结构和环境安全、加快工程建设进度至关重要。

1.确定监测方法

深基坑工程检测可分为以下两个部分。

(1)围护结构和支撑体系。围护结构主要是围护桩墙和圈梁,支撑体系包括支撑或土层锚杆、立柱等部分。

(2)周围地层和相邻环境。相邻环境中包括相邻土层、地下管线、相邻建筑等。

检测项目应根据具体工程的特点确定,原则上应简单易行、结果可靠、成本低,所选择的被测物理量概念明确,量值显著,数据易于分析,易于实现反馈。其中,位移监测应作为施工监测的重要项目,同时支撑的内力和锚杆的拉力也是施工监测的重要项目。

监测方法和仪表的确定取决于场地工程地质条件和力学性质及测量的环境条件。

2.确定监测部位和测点位置

确定监测部位和测点位置应依据基坑工程的受力特点、因基坑开挖引起的结构及环境的变形规律来布设。

(1)墙顶水平位移和沉降测点布置。水平位移监测点应沿其结构体延伸方向布设,测点一般布置在围护结构的圈梁或压顶上,可等距离布设,亦可根据现场观测条件、地面堆载等具体情况布设。对于水平位移变化剧烈的区域,测点应适当加密,有水平支撑时,测点应尽可能布置在两根支撑的中间部位。

(2)支撑轴力的测点布置。支撑轴力的测点布置主要考虑平面、立面和断面三个方面因素。

平面:指在同一道支撑上应选择轴力最大的杆件进行监测,如缺乏计算资料,可选择平面净跨较大的支撑杆件布点。

立面:指基坑竖直方向上不同标高处各道支撑的监测选择,对各道支撑都应监测,且各道支撑的测点应设置在同一平面上,这样就可以从轴力-时间曲线上很清晰地观测到各道支撑设置—受力—拆除过程中的内在相互关系。

断面:轴力监测断面应布设在支撑的跨中部位,对监测轴力的重要支撑,宜同时监测其两端和中部的沉降与位移。采用钢筋应力传感器量测支撑轴力,需要确定量测断面内测试元件的数量和位置,一般配置 4 个钢筋计。

(3)土体分层沉降和水土压力测点布置。土体分层沉降和水土压力测点应布置在围护结构体系中受力有代表性的位置。监测点在竖向位置上应主要布置在计算的最大弯矩所在的位置和反弯点位置、计算水土压力最大的位置、结构变截面或配筋率改变的截面位置、结构内支撑及拉锚所在位置。土体分层沉降还应在各土层的分界面布设测点,当土层厚度较大时,在土层中部增加测点。孔隙水压力计一般布设在土层中部。

(4)土体回弹。深大基坑的回弹量对基坑本身和邻近建筑物都有较大影响,因此需做基坑回弹监测。在基坑内部埋设,每孔沿孔深间距 1 m 放一个沉降磁环或钢环。在基坑中央和距坑底边缘 1/4 坑底宽度处及特征变形点必须设置监测点,方形、圆形基坑可按单向对称布点,矩形基坑可按纵横向布点,复合矩形基坑可多向布点,地质情况复杂时可适当增加点数。

(5)坑外地下水位监测。地下水的流动是引起塌方的主要因素,所以地下水位的监测是保证基坑安全的重要内容。基坑外地下水位监测点应沿基坑、被保护对象的周边或两者之间布置,监测点间距宜为 20~50 m。相邻建筑、重要的管线或管线密集处应布置水位监测点,如有止水帷幕,宜布置在止水帷幕的外侧约 2 m 处。

(6)环境监测。环境监测的范围是基坑开挖 3 倍深度以内的区域,建筑物以沉降观测为主,测点应布设在墙角、桩身等部位,应能充分反映建筑物各部分的不均匀沉降。管线上测点布置的数量和间距应考虑管线的重要性及对变形的敏感性,如上水管承接式接头一般按 2~3 节设置 1 个监测点,管线越长,在相同位移下产生的变形和附加弯矩就越小,因而测点间距可大些,在有弯头和“丁”字形接头处,对变形比较敏感,测点间距要小。

3.确定监测周期及频率

基坑监测工作基本上伴随基坑开挖和地下结构施工的全过程,基坑越大,监测期限越长。

(1)围护墙顶水平位移和沉降、围护墙深层侧向位移监测期限,从基坑开挖至主体结构施工到±0.00,监测频率为:从基坑开挖到浇筑完主体结构底板,每天监测 1 次。从浇筑完主体结构底板至主体结构施工到±0.00,每周监测 2~3 次。各道支撑拆除后的 3 d 至一周,每天监测 1 次。

(2)内支撑轴力和锚杆拉力,从支撑和锚杆施工到全部支撑拆除,每天监测 1 次。

(3)土体分层沉降、深层沉降标测回弹、水土压力、围护墙体内力监测一般也贯穿基坑开挖至主体结构施工到±0.00 的全过程,监测频率为:基坑每开挖其深度的 1/5~1/4,测读 2~3 次,必要时每周监测 1~2 次。基坑开挖至设计深度到浇筑完主体结构底板,每周监测 3~4 次。浇筑完主体结构底板到全部支撑拆除实现换撑,每周监测 1 次。

(4)地下水位监测,期限是整个降水期间,每天 1 次。

(5)周围环境监测,从围护桩墙施工至主体结构施工到±0.00 期间都需监测,周围环境的水平位移和沉降需每天监测 1 次,建筑物倾斜和裂缝每周监测 1~2 次。

监测频率的确定不是一成不变的,在施工过程中尚需根据基坑开挖和围护施筑情况、所测物理量的变化速率等做适当调整。当所测物理量的绝对值或增加速率明显增大时,应加密观测次数;反之,可适当减少观测次数。当有事故征兆时应连续监测。

4.设定预警值

(1)参照相关规范和规程的规定值。我国各地方标准中对基坑工程预警值的规定多为最大允许位移或变形值。

(2)经验类比值。经验类比值是根据大量工程实践经验积累而确定的预警值,如:①煤气管道的沉降和水平位移均不得超过 10 mm,每天发展不得超过 2 mm;②自来水管道沉降和水平位移均不得超过 30 mm,每天发展不得超过 5 mm;③基坑内降水或基坑开挖引起的基坑外水位下降不得超过 1 000 mm,每天发展不得超过 500 mm;④基坑开挖中引起的立柱桩隆起或沉降不得超过 10 mm,每天发展不得超过 2 mm。

(3)设计预估值。基坑和周围环境的位移与变形值,是为了基坑和周围环境的安全需要在设计和监测时严格控制的,而围护结构和支撑的内力、锚杆拉力等,则是在满足以上基坑和周围环境的位移与变形控制值的前提下由设计计算得到的,因此围护结构和支撑内力、锚杆拉力等应以设计预估值为确定预警值的依据,一般将预警值确定为设计允许最大值的 80%。

(三)超深基坑监测绿色施工技术的质量控制

基坑测量按一级测量等级进行:沉降观测误差为±0.1 mm,位移观测误差为±1.0 mm。

监测是施工管理过程中对施工的实时反馈,监测为施工提供准确的数据,以确保施工合理准确地进行,达到最优的施工结果。为保证真实、及时地做好数据采集和预报工作,监测人员必须对工作环境、工作目的、工作内容等详细了解。对质量控制工作要做到:精心组织,定人定岗,责任到人,严格按照各种测量规范以及操作规程进行监测;所有资料进行自查、互检和审核;做好监测点保护工作,包括各种监测点及测试元件应做好醒目标志,督促施工人员加强保护意识,若有破坏,立即补设,以便保持监测数据的连续性。根据工况变化、监测项目的重要情况及监测数据的动态变化,随时调整监测频率,及时将形变信息反馈给甲方、总包、监理等有关单位,以便及时调整施工工艺、施工节奏,有效控制周边环境或基坑围护结构的形变。

测量仪器须经专业单位鉴定后才能使用,使用过程中定期对测量仪器进行自检,发现误差超限立即送检。密切配合有关单位建立有关应急措施预案,保持 24 h 联系畅通,随时按有关单位要求实施加密监测,除监测条件无法满足时外,加强现场内的测量桩点的保护,所有桩点均明确标志,以防止用错和破坏,每一项测量工作都要进行自检、互检和交叉检。

(四)超深基坑监测绿色施工技术的环境保护

测量作业完毕后,对临时占用、移动的施工设施应及时恢复原状,并保证现场清洁,仪器应存放有序,电器、电源必须符合相关规定和要求,严禁私自乱接电线;做好设备保洁工作,清洁进场,作业完毕到指定地点进行仪器清理整理;所有作业人员应保持现场卫生,生产及生活垃圾均装入清洁袋集中处理,不得向坑内丢弃物品,以免砸伤槽底施工人员。

第二节　主体结构的绿色施工综合技术

一、大体积混凝土绿色施工技术

大体积混凝土结构施工是土木工程施工中的重要内容。现阶段,在施工过程中,经常会出现混凝土裂缝等情况，严重影响土木工程的整体施工质量，为工程埋下了极大的安全隐患。因此，施工人员需要加强对大体积混凝土结构施工技术的研究，合理运用相关技术，有效预防、解决问题，以保证工程质量，提升工程安全性。

（一）大体积混凝土绿色施工综合技术的特点

大体积混凝土绿色施工综合技术的特点主要体现在以下几方面：

（1）采用面向顶、墙、地三个界面不同构造尺寸特征的整体分层、分向连续交叉浇筑的施工方法和全过程的精细化温控与养护技术，解决了大壁厚混凝土易开裂的问题，较传统的施工方法可大幅度提升工程质量及抗辐射能力。

（2）结构厚、体形大、钢筋密、混凝土数量多，工程条件复杂和施工技术要求高。

（3）采取一个方向、全面分层、逐层到顶的连续交叉浇筑顺序，浇筑层的设置厚度以 450 mm 为临界，重点控制底板厚度变异处质量，设置成 A 类质量控制点。

（4）采取柱、梁、墙板节点的参数化支模技术，精细化处理节点构造质量，可保证大壁厚的顶、墙和地全封闭一体化防辐射室结构的质量。

（5）采取设置紧急状态下随机设置施工缝的措施，且同步铺不大于 30 mm 的同配比无石子砂浆，保证混凝土接触处强度和抗渗指标。

（二）大体积混凝土绿色施工工艺流程

大壁厚的顶、墙和地全封闭一体化防辐射室的施工以控制模板支护及节点的特殊处理、大体量防辐射混凝土的浇筑及控制为关键，其展开后的施工工艺流程如下：①施工前准备；②绑扎厚底板钢筋；③浇筑厚底混凝土；④大厚度底板养护；⑤绑扎大截面柱钢筋；⑥支设柱模板；⑦绑扎厚墙体加强筋及埋设降温水管；⑧绑扎大截面梁钢筋及埋设降温水管；⑨支设梁柱墙一体模板并处理转角缝；⑩绑扎厚屋盖板钢筋及埋设降温水管；⑪支撑顶模板与处理梁、墙、柱模板节点；⑫墙、柱、梁、顶混凝土分层分向浇筑；⑬梁、板混凝土的分层、分向浇筑和振捣；⑭抹面、扫出浮浆及泌水处理；⑮整体结构的温度控制、养护及成品保护。

（三）大体积混凝土结构施工技术

（1）大体积混凝土主要指混凝土结构实体最小几何尺寸不小于 1 m，或预计因混凝土中水泥水化热引起的温度变化和收缩导致有害裂缝产生的混凝土。

（2）配制大体积混凝土用材料宜符合下列规定：水泥应优先选用质量稳定且有利于改善混凝土抗裂性能，C3A 含量较低、C2S 含量相对较高的水泥。细骨料宜使用级配良好的中砂，其细度模数宜大于 2.3。采用非泵送施工时粗骨料的粒径可适当增大，应选用缓凝型的高效减水剂。

（3）大体积混凝土配合比应符合下列规定：大体积混凝土配合比的设计除应符合设计强度等级、耐久性、抗渗性、体积稳定性等要求外，还应符合大体积混凝土施工工艺特性的要求，并应符合合理使用材料、降低混凝土绝热温升值的原则。混凝土拌和物在浇筑工作面的坍落度不宜大于 16 mm。拌和水用量不宜大于 170 kg/m^3。粉煤灰掺量应适当增加，但不宜超过水泥用量的 40%；矿渣粉的掺量不宜超过水泥用量的 50%，两种掺合料的总量不宜大于混凝土中水泥重量的 50%。水胶比不宜大于 0.55。当设计有要求时，可在混凝土中填放片石(包括已经破碎的大漂石)。填放片石应符合下列规定:可埋放厚度不小于 15 cm 的石块,埋放石块的数量不宜超过混凝土结构体积的 20%;应选用无裂纹、无水锈、无铁锈、无夹层且未被烧过的、抗冻性能符合设计要求的石块,并应清洗干净;石块的抗压强度不低于混凝土强度等级的 1.5 倍;石块应分布均匀,净距不小于 150 mm,距结构侧面和顶面的净距不小于 250 mm,石块不得接触钢筋和预埋件,受拉区混凝土或当气温低于 0 ℃时,不得埋放石块。

(4)大体积混凝土施工技术方案应包括下列主要内容:①大体积混凝土的模板和支架系统除应按国家现行标准进行强度、刚度和稳定性验算外,还应结合大体积混凝土的养护方法进行保温构造设计。②模板和支架系统在安装或拆除过程中,必须设置防倾覆的临时固定措施。③大体积混凝土结构温度应力和收缩应力的计算。④施工阶段温控指标和技术措施的确定。⑤原材料优选、配合比设计、制备与运输计划。⑥混凝土主要施工设备和现场总平面布置。⑦温控监测设备和测试布置图。⑧混凝土浇筑顺序和施工进度计划。⑨混凝土保温和保湿养护方法,其中保温覆盖层的厚度可根据温控指标的要求,参照有关规定的方法计算。⑩应制定主要应急保障措施、岗位责任制和交接班制度、测温作业管理制度,以及特殊部位和特殊气候条件下的施工措施。

(5)大体积混凝土结构的温度、温度应力及收缩应进行试算,预测施工阶段大体积混凝土浇筑体的温升峰值,芯部与表层温差及降温速率的控制指标,制定相应的温控技术措施。对首个浇筑体应进行工艺试验,对初期施工的结构体进行重点温度监测。温度监测系统宜具备自动采集、自动记录功能。

(6)大体积混凝土的浇筑应符合下列规定:混凝土的入模温度(振捣后 50~100 mm 深处的温度)不宜高于 28 ℃。混凝土浇筑体在入模温度基础上的温升值宜不大于 45 ℃。大体积混凝土工程的施工宜采用分层连续浇筑施工或推移式连续浇筑施工。应依据设计尺寸进行均匀分段、分层浇筑。当横截面面积在 200 m^2 以内时,分段不宜大于 2 段;当横截面面积在 300 m^2 以内时,分段不宜大于 3 段,且每段面积不得小于 50 m^2。每段混凝土厚度应为 1.5~2.0 m。段与段间的竖向施工缝应平行于结构较小的截面尺寸方向。当采用分段浇筑时,竖向施工缝应设置模板。上、下两邻层中的竖向施工缝应互相错开。当采用泵送混凝土时,混凝土浇筑层厚度不宜大于 500 mm;当采用非泵送混凝土时,混凝土浇筑层厚度不宜大于 300 mm。大体积混凝土施工采取分层间歇浇筑混凝土时,水平施工缝设置除应符合设计要求外,尚应根据混凝土浇筑过程中温度裂缝控制的要求、混凝土的供应能力、钢筋工程的施工、预埋管件安装等因素确定。大体积混凝土在浇筑过程中,应采取措施防止受力钢筋、定位筋、预埋件等移位和变形。大体积混凝土浇筑面应及时进行二次抹压处理。

(7)大体积混凝土在每次混凝土浇筑完毕后,除按普通混凝土进行常规养护外,还应及时按温控技术措施的要求进行保温保湿养护,并应符合下列规定:保湿养护的持续时间,不得少于 28 d。保温覆盖层的拆除应分层逐步进行,当混凝土的表层温度与环境最大温差小于 20 ℃时,可全部拆除。保湿养护过程中,应经常检查塑料薄膜或养护剂涂层的完整情况,保持混凝土表面湿润。在大体积混凝土保温养护中,应对混凝土浇筑体的芯部与表层温差和降温速率进行检测,当实测结果不满足温控指标的要求时,应及时调整保温养护措施。大体积混凝土拆模后应采取预防寒流袭击、突然降温和剧烈干燥等养护措施。

(8)大体积混凝土宜适当延迟拆模时间,当模板作为保温养护措施的一部分时,其拆模时间应根据温控要求确定。

(9)大体积混凝土施工遇炎热、冬期、大风或者雨雪天气等特殊气候时,必须采用有效的技术措施,保证混凝土浇筑和养护质量,并应符合下列规定:在炎热季节浇筑大体积混凝土时,宜将混凝土原材料进行遮盖,避免日光暴晒,并用冷却水搅拌混凝土,或采用冷却骨料、搅拌时加冰屑等方法降低入仓温度,必要时也可采取在混凝土内埋设冷却管通水冷却。混凝土浇筑后应及时保湿保温养护,避免模板和混凝土受阳光直射。条件许可时应避开高温时段浇筑混凝土。冬期浇筑混凝土,宜采用热水拌和、加热骨料等措施提高混凝土原材料温度,混凝土入模温度不宜低于 5 ℃。混凝土浇筑后应及时进行保温保湿养护。大风天气浇筑混凝土,在作业面应采取挡风措施,降低混凝土表面风速,并增加混凝土表面的抹压次数,及时覆盖塑料薄膜和保温材料,保持混凝土表面湿润,防止风干。雨雪天不宜露天浇筑混凝土,当需施工时,应采取有效措施,确保混凝土质量。浇筑过程中突遇大雨或大雪天气时,应及时在结构合理部位留置施工缝,尽快中止混凝土浇筑。对已浇筑还未硬化的混凝土立即进行覆盖,严禁雨水直接冲刷新浇筑的混凝土。

(10)大体积混凝土施工现场温控监测应符合下列规定:大体积混凝土浇筑体内监测点的布置,应以能真实反映出混凝土浇筑体内最高温升、芯部与表层温差、降温速率及环境温度为原则。监测点的布置范围以所选混凝土浇筑体平面图对称轴线的半条轴线为测试区,在测试区内监测点的布置应考虑其代表性,按平面分层布置;在基础平面对称轴线上,监测点不宜少于 4 处,布置应充分考虑结构的几何尺寸。沿混凝土浇筑体厚度方向,应布置外表、底面和中心温度测点,其余测点布设间距不宜大于 600 mm。大体积混凝土浇筑体芯部与表层温差、降温速率、环境温度及应变的测量,在混凝土浇筑后,每昼夜应不少于 4 次;入模温度的测量,每台班不少于 2 次。混凝土浇筑体的表层温度,宜以混凝土表面以内 50 mm 处的温度为准。测量混凝土温度时,测温计不应受外界气温的影响,并应在测温孔内至少留置 3 min。根据工地条件,可采用热电偶、热敏电阻等预埋式温度计检测混凝土的温度。测温过程中宜及时描绘出各点的温度变化曲线和断面的温度分布曲线。

(四)大体积混凝土机构绿色施工质量的保证措施

1.原材料的质量保证措施

(1)粗骨料宜采用连续级配,细骨料宜采用中砂。

(2)外加剂宜采用缓凝剂、减水剂,掺合料宜采用粉煤灰、矿渣粉等。

(3)大体积混凝土在保证混凝土强度及坍落度要求的前提下,应提高掺合料及骨料的含量,以降低单方混凝土的水泥用量。

(4)水泥应尽量选用水化热低、凝结时间长的水泥,优先采用中热硅酸盐水泥、低热矿渣硅酸盐水泥、大坝水泥、矿渣硅酸盐水泥、粉煤灰硅酸盐水泥、火山灰质硅酸盐水泥等。

水化热低的矿渣水泥的析水性比其他水泥大,在浇筑层表面有大量水析出,这种泌水现象,不仅影响施工速度,还影响施工质量。因析出的水聚集在上、下两浇筑层表面间,使混凝土水灰比改变，而在泌水时又带走了一些砂浆，形成了一层含水量多的夹层，破坏了混凝土的黏结力和整体性。混凝土泌水量的大小与用水量有关，用水量多，泌水量大，且与温度高低有关，水完全析出的时间随温度的提高而缩短，此外，还与水泥的成分和细度有关。所以，在选用矿渣水泥时，应尽量选择泌水性的品种，并应在混凝土中掺入减水剂，以降低用水量。在施工中，应及时排出析水或拌制一些干硬性混凝土均匀浇筑在析水处，用振捣器振实后，继续浇筑一层混凝土。

2.施工过程中的质量保证措施

（1）在设计许可的情况下，采用混凝土 60 d 强度作为设计强度。

（2）采用低热或中热水泥，掺加粉煤灰、磨细矿渣粉等掺合料。

（3）掺入减水剂、缓凝剂、膨胀剂等外加剂。

（4）在炎热季节施工时，采取降低原材料温度、减少混凝土运输时吸收外界热量等降温措施。

（5）混凝土内部预埋管道，进行水冷散热。

（6）采取保温保湿养护。混凝土中心温度与表面温度的差值不应大于 25 ℃，混凝土表面温度与大气温度差值不应大于 20 ℃。养护时间不应少于 14 d。

3.施工养护过程中质量保证措施

（1）保湿养护的持续时间，不得少于 28 d。保温覆盖层的拆除应分层逐步进行，当混凝土的表层温度与环境最大温差小于 20 ℃时，可全部拆除。

（2）保湿养护过程中，应经常检查塑料薄膜或养护剂涂层的完整情况，保持混凝土表面湿润。

（3）在大体积混凝土保温养护中，应对混凝土浇筑体的芯部与表层温差和降温速率进行检测，当实测结果不满足温控指标的要求时，应及时调整保温养护措施。

（4）大体积混凝土拆模后应采取预防寒流袭击、突然降温和剧烈干燥等养护措施。在养护过程中若发现表面泛白或出现干缩细小裂缝，须立即检查，加以覆盖进行补救。顶板混凝土表面二次抹面后在薄膜上盖上棉被，搭接长度≥100 mm，以减少混凝土表面的热扩散，延长散热时间，减小混凝土内外温差。混凝土撤除覆盖的时间根据测温结果，待温升峰值后，中心与表面温差小于 25 ℃，与大气温差值在 20 ℃内时可拆除，混凝土养护时间不得少于 14 d。

（五）大体积混凝土结构绿色施工技术的环境保护措施

建立健全“三同时”制度，全面协调施工与环保的关系，不超标排污。实行门前“三包”环境保洁责任制，保持施工区和生活区的环境卫生，及时清理垃圾，并运至指定地点进行掩埋或焚烧处理，生活区设置化粪设备，生活污水和大小便经化粪池处理后运至指定地点集中处理。场地道路硬化并在晴天经常洒水，可防止尘土飞扬污染周围环境。

大体积混凝土振捣过程中振捣棒不得直接振动模板，不得有意制造噪声，禁止机械车辆高声鸣笛，采取消音措施以降低施工过程中的施工噪声，实现对噪声污染的控制。施工中产生的废泥浆先沉淀过滤，废泥浆和淤泥使用专门车辆运输，以防止遗洒污染路面，废浆须运输至业主指定地点。汽车出入口应设置冲洗槽，对外出的汽车用水枪将其冲洗干净，确认不会对外部环境产生污染。装运建筑材料、土石方、建筑垃圾及工程渣土的车辆须装载适量,保证行驶中不污染道路环境。

二、预应力钢结构的绿色施工技术

(一)预应力钢结构的特点

预应力钢结构的主要特点是:充分利用材料的弹性强度潜力以提高承载力;改善结构的受力状态以节约钢材;提高结构的刚度和稳定性,调节其动力性能;创新结构承载体系,达到超大跨度的目的和保证建筑造型,同时预应力钢结构还具有施工周期短、技术含量高的特点,是高层及超高层建筑的首选。

在预应力钢构件制作过程中实施参数化下料、精确定位、拼接及封装,实现预应力承重构件的精细化制作;在大悬臂区域钢桁架的绿色施工中采用逆作法施工工艺,即结合实际工况,先施工屋面大桁架,再施工桁架下悬挂部分梁柱;先浇筑非悬臂区楼板及屋面,待预应力桁架张拉结束,再浇筑悬臂区楼板,实现整体顺作法与局部逆作法施工组织的最优组合;基于张拉节点深化设计及施工仿真监控的整体张拉结构位移的精确控制,借助辅助施工平台实施分阶段有序张拉,实现预应力拉锁安装的质量目标。

(二)预应力钢结构绿色施工要求

预应力钢结构施工工序复杂,实施以单桁架整体吊装为关键工作的模块化不间断施工工序,"十"字形钢柱和预应力钢桁架梁的精细化制作模块,对大悬臂区域及其他区域的整体吊装和连接固定模块、预应力索的张拉力精确施加模块的实施是其连续、高质量施工的保证。大悬臂区域的施工采用局部逆作法的施工工艺,即先施工屋面大桁架,再悬挂部分梁柱,楼板先浇筑非悬臂区楼板和屋面,待预应力张拉完屋面桁架,再浇筑悬臂区楼板,实现工程整体顺作法与局部逆作法的交叉结合,可有效利用间歇时间加快施工进度。"十"字形钢骨架及预应力箱梁钢桁架按照参数化精确下料,采用组立机进行整体的机械化生产,实现局部大截面预应力构件在箱梁钢桁架内部的永久性支撑及封装,预应力结构翼缘、腹板的尺寸偏差均在 2 mm 范围之内,并对桁架预应力转换节点进行优化,形成张拉快捷方便,可有效降低预应力损失的节点转换器。

(三)预应力钢结构绿色施工技术要点

1.预应力构件的精细化制作技术

(1)"十"字形钢骨柱精细化制作技术要点:①合理分析"十"字形钢柱的长度,考虑预应力梁通过"十"字形钢柱的位置。②入库前核对质量证明书或检验报告并检查钢材表面质量、厚度及局部平整度,现场抽样合格后使用。③"十"字形钢构件组立采用型钢组立机,组立前应对照图纸确认所组立构件的腹板、翼缘板的长度、宽度、厚度,无误后才能上机进行组装作业。具体要求如下:精细化制作的尺寸精度要求;腹板与翼缘板垂直度误差≤2 mm;腹板对翼缘板中心偏移≤2 mm;腹板与翼缘板点焊距离为 400 mm±30 mm;腹板与翼缘板点焊焊缝高度≤5 mm,长度为 40~50 mm;H 型钢截面高度偏差为±3 mm。

(2)预应力钢骨架及索具的精细化制作技术要点:大跨度、大吨位预应力箱型钢骨架构件采用单元模块化拼装的整体制作技术,并通过结构内部封装施加局部预应力构件。

预应力钢骨架在下料过程中要采用精密的切割技术,对接坡口切割下料后进行二次矫平处理。

预应力钢骨架的腹板两长边采用刨边加工隔板及工艺隔板组装的加工，在组装前对四周进行铣边加工，以作为大跨箱形构件的内胎定位基准，并在箱形构件组装机上按T形盖部件上的结构定位组装横隔板，组装两侧T形腹板部件要求与横隔板、工艺隔板顶紧定位组装。制作无黏结预应力筋的钢绞线要符合规定，无黏结预应力筋中的每根钢丝应为通长且严禁有接头，不得存在死弯，若存在死弯，必须切断，并采用专用防腐油脂涂料或外包层对无黏结预应力筋外表面进行处理。

2.主要预应力构件安装操作要点

(1)“十”字形钢骨架吊装及安装要点。①“十”字形钢骨柱的安装测量及校正安装钢骨柱要求：在埋件上放出钢骨柱定位轴线，依地面定位轴线将钢骨柱安装到位；经纬仪分别架设在纵横轴线上，校正柱子两个方向的垂直度；水平仪调整到理论标高，从钢柱顶部向下方画出同一测量基准线；水平仪测量将微调螺母调至水平，再用2台经纬仪在互相垂直的方向同时测量垂直度。测量和对角紧固同步进行，达到规范要求后把上垫片与底板按要求进行焊接牢固，测量钢柱高度偏差并做好记录，“十”字形钢柱高度正负偏差值不符合规范要求时，立即进行调整。②“十”字形钢骨架的焊接要求：在平面上从中心框架向四周扩展焊接，先焊收缩量大的焊缝，再焊收缩量小的焊缝，对称施焊。同一根梁的两端不能同时焊接，应先焊一端，待其冷却后再焊另一端。钢柱之间的坡口焊连接为钢接，上、下翼缘用坡口电焊连接，而腹板用高强螺栓连接，柱与柱接头焊接在本层梁与柱连接完成后进行，施焊时应由2名焊工在相对称位置以相等速度同时施工。H型钢柱节点的焊接为先焊翼缘焊缝，再焊腹板焊缝；翼缘板焊接时两名焊工对称、反向焊接，焊接结束后将柱子连接耳板割除并打磨平整。③安装临时螺栓：“十”字形钢柱安装就位后，先采用临时螺栓固定，其螺栓个数为接头螺栓总数的1/3以上，并每个接头不少于2个，冲钉穿入数量不多于临时螺栓的30%。组装时先用冲钉对准孔位，在适当位置插入临时螺栓并用扳手拧紧。安装时高强螺栓应自由穿入孔内，螺栓穿入方向应一致，穿入高强螺栓用扳手紧固后再卸下临时螺栓，高强螺栓的紧固必须分两次进行，第一次为初拧，第二次为终拧，终拧时扭剪型高强螺栓应将梅花卡头拧掉。

施工时需保证十字钢骨架吊在空中时柱脚高于主筋一定距离，以利于钢骨柱能够顺利吊入柱钢筋内设计位置，吊装过程需要分段进行，并控制履带吊车吊装过程中的稳定性。

钢骨柱吊入柱主筋范围内时操作空间较小，为使施工人员能顺利安装操作，应考虑将柱子两侧的部分主筋向外梳理，当上节钢骨柱与下节钢骨柱通过四个方向连接耳板螺栓固定后，塔吊即可松钩，然后在柱身焊接定位板，用千斤顶调整柱身垂直度，垂直度调节通过2台垂直方向的经纬仪控制。

(2)预应力桁架张拉技术要点。无黏结预应力钢绞线应采用适当包装，以防止正常搬运中的损坏，无黏结预应力钢绞线宜成盘运输，在运输、装卸过程中，吊索应外包橡胶、尼龙带等材料，并应轻装轻卸，且严禁摔掷或在地上拖拉。吊装采用避免破损的吊装方式装卸整盘的无黏结预应力钢绞线；下料的长度根据设计图纸，并综合考虑各方面因素，包括孔道长度、锚具厚度、张拉伸长值、张拉端工作长度等准确计算无黏结钢绞线的下料长度，且无黏结预应力钢绞线下料宜采用砂轮切割机切断。拉索张拉前主体钢结构应全部安装完成并合拢为一整体，以检查支座约束情况，直接与拉索相连的中间节点的转向器以及张拉端部的垫板，其空间坐标精度需严格控制，张拉端部的垫板应垂直索轴线，以免影响拉索施工和结构受力。

拉索安装、调整和预紧要求：①拉索制作长度应保证有足够的工作长度。②对于一端张拉的钢绞线束，穿索应从固定端向张拉端进行穿束；对于两端张拉的钢绞线束，穿索应从桁架下弦张拉端向5层悬挂柱张拉端进行穿束，同束钢绞线依次传入。③穿索后应立即将钢绞线预紧并临时锚固。

拉索张拉前，为方便工人张拉操作，应事先搭设好安全可靠的操作平台、挂篮等，拉索张拉时，应确保人员足够，且人员正式上岗前进行技术培训与交底。设备正式使用前，需进行检验、校核并调试，以确保使用过程中万无一失。拉索张拉设备须配套标定，要求千斤顶和油压表须每半年配套标定一次，且配套使用，标定须在有资质的试验单位进行，根据标定记录和施工张拉力计算出相应的油压表值，现场按照油压表读数精确控制张拉力。拉索张拉前应严格检查临时通道以及安全维护设施是否到位，保证张拉操作人员的安全；拉索张拉前应清理场地并禁止无关人员进入，保证拉索张拉过程中人员安全。在一切准备工作做完，且经过系统的、全面的检查无误，现场安装总指挥检查并发令后，才能正式进行预应力拉索张拉作业。钢绞线拉索的张拉点主要分布在5层吊柱的底部或桁架内侧悬挑上、下弦端，对于5层吊柱的底部，可直接采用外脚手架或根据外脚手架的搭设而搭设，对于桁架内侧上弦端，可直接站立在桁架上张拉，并通过张拉端定位节点固定。

对于桁架内侧下弦端，需要在6层平面搭设2 m×2 m×3.5 m的方形脚手平台，工作平台须能承受千斤顶、张拉工作人员及其他设备等施工荷载，脚手架立杆强度及稳定要满足要求，张拉分两个循环进行。

由于结构变形很小，在钢绞线逐根张拉过程中，先后张拉对钢绞线预应力的影响也很小，对于单根钢绞线张拉的孔道摩擦损失和锚固回缩损失，则通过超张拉来弥补预应力损失。

（四）预应力钢结构绿色施工的质量控制

1.质量保证管理措施

对整个施工项目实行全面质量管理，建立行之有效的质量保证体系，按标准和集团公司质量保证体系文件要求，成立以项目经理为主的质量管理机构，通过全面、综合的质量管理，以预控预应力钢结构的制作、吊装及张拉过程中的质量要求和工艺标准，通过严密的质量保证措施和科学的检测手段保证工程质量。

（1）施工中要严格控制钢结构的安装精度在相关要求范围内。钢结构安装过程中必须进行钢结构尺寸的检查与复核，根据复合后的实际尺寸对施工模型进行计算，反复调整、计算，用计算出的最新数据指导预应力张拉施工，并作为张拉施工监测的理论依据。

（2）钢撑杆的上节点安装要严格按全站仪打点确定的位置进行，下节点安装要严格按钢索在工厂预张拉时做好标记的位置进行，保证钢撑杆的安装位置符合设计要求。

（3）拉索应置于防潮防雨的遮篷中存放，成圈产品应水平堆放，重叠堆放时逐层间应加电母，避免锚具压伤拉索护层；拉索安装过程中应注意保护层，避免护层损坏。

(4)为了消除索的非弹性变形,保证使用时的弹性工作,应在工厂内进行预张拉。

严格执行质量管理制度及技术交底制度,坚持以技术进步保证施工质量的原则,技术部门编制有针对性的施工组织设计,建立并实行自检、互检、工序交接检查的制度,自检要做好文字记录,隐蔽工程由项目技术负责人组织实施并做出较详细的文字记录。

2.预应力构件制作的质量保证措施

(1)预应力构件放样的质量控制。①放样前,要求放样人员须熟悉施工图和工艺要求,核对构件及构件相互连接的几何尺寸和连接有无不当,若发现施工图有遗漏或错误,须取得原设计单位签字的设计变更文件,不得擅自修改。②放样中,在平整的放样台上进行,凡复杂图形需要放大样的构件,应以1:1的比例放出实样,当构件零件较大难以制作样杆、样板时,可绘制下料图。样杆、样板制作时,应按施工图和构件加工要求,做出各种加工符号、基准线、眼孔中心等标记,并按工艺要求,预放各种加工余量,然后做出冲印等印记。放样的样杆、样板材料必须平直,如有弯曲或不平,必须校正后方可使用。③放样后,对所放大样和样杆、样板进行自检,无误后报专职检验人员检验,样杆、样板应按零件号及规格分类存放并妥为保存。根据锯、割等不同切割要求和对刨、铣加工的零件,预放不同的切割及加工余量和焊接收缩量,因原材料长度或宽度不足需焊接拼接时,须在拼接件上注出相互拼接编号和焊接坡口形状。

(2)预应力构件下料的质量控制。规格较多、形状规则的零件可用定位靠模下料,使用定位靠模下料时,必须随时检查定位靠模和下料件的准确性,按照样杆、样板的要求,对下料件应做好加工基准线和其他有关标记,并做出冲印等印记。下料完成后检查所下零件的规格、数量等是否有误,并做出下料记录。

3.切割、制作及矫正的质量控制措施

切割前必须检查核对材料规格、型号、牌号是否符合图纸要求,切割前应将钢板表面的油污、铁锈等清除干净。切割时必须看清断线符号来确定切割程序,根据工程结构要求,构件的切割采用数控切割机、半自动切割机、剪板机、手工气割等方法。钢材的切断应按形状选择最适合的方法进行,剪切或剪断的边缘应加工整光,相关接触部分不得产生歪曲。切口截面不得有撕裂、裂纹、棱边、夹渣、分层等缺陷和大于1 mm的缺棱,并应去除毛刺,切割的构件,其切线与号料线的允许偏差不得大于±1.0 mm。钢材的初步矫正,只对影响号料质量的钢材进行矫正,其余在各工序加工完毕后再矫正或成型。

4.预应力钢架结构安装的质量保证措施

支座预埋板的质量控制要求:利用原有控制网在主桁架、主体杆件投影控制点上用全站仪测出轴线的坐标中心点,在安装构件投影中心点两侧300 mm左右各引测一点,此三点应在一直线上,如不在一直线上,应及时复测;通过激光经纬仪放出主桁架、主体构件支座的垂直线并检查偏移量,理论上此时各点的连线应成一直线,若不在一直线上,超出公差范围应报技术部门,并由技术部门拿出可行方案上报监理单位审批后实施。在主体构件外侧设置控制点,利用主体构件中心点坐标与控制网中任意一点的相互关系,进行角度、坐标转换。依据上述方法测放出十字中心线,并检测。利用高程控制点,架设水准仪及利用水平尺,测量出支座中心点及中心点四角的标高,预埋板的水平度、高差如超过设计和规范允许范围,采用加垫板的方法,使其符合要求。

在预应力钢桁架安装中，应根据主体结构杆件的吊装要求画出支撑架的十字线，将预先制作好的支撑架吊上支架基础并定位。把十字线驳上支撑架的顶端面和侧面，敲上样冲并加以明显标记，用全站仪检测支撑架顶标高是否控制在预定标高之内。主体结构杆件的吊装定位全部采用全站仪进行精确定位，通过平面控制网和高层控制网进行坐标的转换，在吊装过程中对主桁架两端进行测量定位，发现误差及时修正。测量时应采用多种方法测量并相互校核，以解决施工机械的振动、胎架模具的遮挡对观测的通视、仪器稳定性等干扰。钢构件安装过程中应对桁架进行变形监测，并及时校正，符合设计、规范要求，以克服自身荷载的作用及其在拆除临时支撑后或滑移过程中产生的变形影响。

5.预应力拉索张拉的质量保证措施

在屋盖钢结构拼装时应严格保证精度以限制误差；拉索穿束过程中加强索头、固定端及张拉端的保护，同时保护索体不受损坏。机械设备数量满足实际施工要求并配专人负责维护和保养，使其处于良好状态，张拉设备在使用前严格进行标定并在施工中定期校正。现场配备专业技术能力过硬的技术负责人及技术熟练程度很高、实践经验丰富的技术工人，每个张拉点由一至两名工人看管，每台油泵均由一名工人负责，并由一名技术人员统一指挥、协调管理，按张拉给定的控制技术参数精确地控制张拉。施工前要对所有人员进行详细的技术交底，并做好交底记录，每道工序完成后及时报监理验收，并做好验收记录，张拉过程中油泵操作人员要做好张拉记录。钢绞线制作长度应保证有足够的工作长度，穿索应尽量保证同束钢绞线依次穿入，穿索后应立即将钢绞线预紧并临时锚固。

结构整体成形后方可进行张拉，为保证张拉锚固后达到设计有效预应力，在正式张拉前，应进行预应力损失试验，测定摩擦损失和锚具回缩损失值，从而确定超张拉系数。同束钢绞线张拉顺序应注意对称的原则，直接与拉索相连的中间节点的转向器以及张拉端部的垫板，其空间坐标精度需严格控制，张拉端的垫板应垂直索轴线，以免影响拉索施工和结构受力。张拉过程中应加强对设备的控制，千斤顶张拉过程中油压应缓慢、平稳，并且控制锚具回缩量，千斤顶与油压表需配套校验，严格按照标定记录，计算与索张拉力一致的油压表读数，并依此读数控制千斤顶实际张拉力，拉索张拉过程中应停止对张拉结构进行其他项目的施工，拉索张拉过程中若发现异常，应立即暂停，查明原因并进行实时调整。

（五）预应力钢结构绿色施工的环境保护措施

（1）环境污染保护措施。建立和完善环境保护和文明施工管理体系，制定环境保护标准和措施，明确各类人员的环保职责，并对所有进场人员及参与预应力构件焊接制造的人员进行环保技术交底和培训，建立施工现场环境保护和文明施工档案。经常对施工通行道路进行洒水，防止扬尘污染周围环境并及时清理施工现场，做到规范围挡，标牌清楚、齐全、醒目，施工现场整洁文明。

（2）水污染保护措施。实现水的循环利用，现场设置洗车池和沉淀池、污水井，对废水、污水集中做好无害化处理，防止施工废浆乱流，罐车在出场前均需要用水清洗，保证交通道路的清洁，减少粉尘的污染。

（3）大气污染保护措施。防止大气污染措施主要体现在：在预应力构件制作现场保证具备良好的通风条件,通过设置机械通风并结合自然通风,以保证作业现场的环保指标。施工队伍进场后,在清理场地内原有的垃圾时,采用临时专用垃圾坑或采用容器装运,严禁随意凌高抛撒垃圾,并做到垃圾的及时清运。

(4)噪声污染保护措施。施工现场遵照降噪的相应制度和措施,健全管理制度,严格控制强噪声作业的时间,提前计划施工工期,避免吊装施工过程中的昼夜连续作业,若必须昼夜连续作业,应采取降噪措施,做好周围群众工作,并报有关环保单位备案审批,同意后方可施工。对于焊接噪声的污染,可在车间内的墙壁上布置吸声材料以降低噪声值。严禁在施工区内猛烈敲击预应力钢构件,增强全体施工人员防噪扰民的自觉意识。施工现场的履带起重机等强噪声机械的施工作业尽量放在封闭的机械棚内或白天施工,最大限度地降低其噪声,以不影响工人与居民的休息。对噪声超标造成环境污染的机械施工,其作业时间限制在7:00至12:00和14:00至22:00。各项施工均选用低噪声的机械设备和施工工艺,施工场地布局要合理,尽量减少施工对居民生活的影响,减少噪声强度和敏感点受噪声干扰的时间。

(5)光污染保护措施。光污染的控制要求:对焊接光源的污染科学设置焊接工艺,在焊接实施的过程中设置黑色或灰色的防护屏以减少弧光的反射,起到对光源污染的控制作用。夜间照明设备要选用既满足照明要求又不刺眼的新型灯具,施工照明灯的悬挂高度和方向要考虑不影响居民日常生活,使夜间照明只照射施工区域而不影响周围居民区居民的休息。同时,科学组织、选用先进的施工机械和技术措施,做好节水、节电工作,并严格控制材料的浪费。

三、大跨度空间钢结构预应力施工技术

2010年以后,我国预应力钢结构在拉索材料、结构形式和施工技术方面都有了快速的发展,取得了令人瞩目的技术进步。其中,拉索材料从钢绞线组装索和钢丝绳组装索向高强钢丝束和钢拉杆等成品索发展,钢丝表面防腐从镀锌处理到环氧喷涂和镀锌铝处理。结构形式包括张弦梁、桁架、网格、斜拉结构、预应力桁架、索桁架、索拱、弦支穹顶、索网、索穹顶及多次杂交结构和特殊结构等。预应力钢结构施工,不仅是纯粹的制作、安装和张拉工艺,而且是系统性和全过程性的施工技术。具体体现在:分析和工艺的结合,节点、索头和张拉机具的结合,刚构和拉索施工的结合及从分析到制作、安装和张拉的全过程施工控制。

预应力钢结构是将现代预应力技术应用到如网架、网壳、立体桁架等空间网格结构,以及索、杆组成的张力结构中而形成的一类新型杂交结构体系,如:张弦梁、弦支穹顶、索桁架、索网、斜拉/悬吊结构、索拱、预应力桁架、张拉膜结构等。在会展中心、体育场馆、飞机场、火车站、工业厂房等钢屋盖结构中,近年来大量采用了预应力钢结构。

大跨度空间钢结构的预应力技术,涉及众多复杂的结构形式和多种新型拉索材料,融合了高强材料、高级非线性力学分析和高水平施工技术。

(一)结构形式的发展

现国内已应用的预应力钢结构形式包括:张弦梁/桁架、斜拉结构、预应力桁架、索桁架、索拱、弦支穹顶、索网、索穹顶及多次杂交结构和特殊结构等。这些结构形式多借鉴国

外工程和技术，通过吸收、消化、推广和发展，部分结构形式在国内的应用规模已远超国外。

(1)张弦梁/桁架。张弦梁结构是一种由刚性构件上弦、柔性拉索、中间连以撑杆形成的混合结构体系，其结构组成是一种新型自平衡体系，是一种大跨度预应力空间结构体系，也是混合结构体系发展中的一个比较成功的创造。张弦梁结构体系简单、受力明确、结构形式多样，充分发挥了刚柔两种材料的优势，并且制造、运输、施工简捷方便，因此具有良好的应用前景。

桁架是一种由杆件彼此在两端用铰链连接而成的结构。由直杆组成的格架一般具有三角形单元的平面或空间结构，桁架杆件主要承受轴向拉力或压力，从而能充分利用材料的强度，在跨度较大时可比实腹梁节省材料，减轻自重和增大刚度。

(2)斜拉结构。斜拉结构是由刚构、桅杆(或塔柱)和斜拉索构成的，斜拉索布置在刚构的上方，为刚构提供弹性支撑，从而改善结构内力状况，减少变形和支座弯矩，实现更大跨度，减少用钢量。早期斜拉结构主要应用于一些小型结构中，发展至今，在刚构形式、桅杆(或塔柱)形式及拉索材料上，斜拉结构也具有了多样性。

(3)预应力钢桁架结构。预应力钢桁架结构由钢桁架和拉索构成，其结构具有较大刚度，拉索的作用主要是改善钢桁架内力状况。

(4)索衔架结构。索桁架由承重索、稳定索及中间腹索或腹杆构成。承重索的线形下凹，为正曲率，主要承受竖直向下的荷载(如自重、屋面活载等)；稳定索的线形上凸，为负曲率，主要承受竖直向上的荷载(如风吸力等)；腹索或腹杆连接承重索和稳定索，形成结构整体。索桁架的预应力需要大刚度的边梁维持平衡。

(5)索拱结构。索拱可根据设计需要由拉索、撑杆或索盘与其他任何形式的拱肋进行组合，利用拉索的牵制作用或撑杆的支撑作用，有效提高结构的整体刚度及承载力、降低钢拱的缺陷敏感性、减小支座推力，甚至消除钢拱的整体失稳而转变为由强度控制其结构设计。

(6)弦支穹顶结构。弦支穹顶是基于张拉整体概念而产生的一种预应力空间结构，具有结构合理、造价经济和效果美观等特点。

弦支穹顶由网壳、撑杆、径向索和环向索构成。其索杆系呈“N”字形布置在网壳下方，以平衡支座推力、提高结构整体的刚度和稳定性。弦支穹顶的网壳有联方型、凯威特型、环肋型等，索系有 Levy 型和 Ceiger 型等，撑杆有“I”字形(平行竖杆)和“V”字形等。根据索杆系的布置形式，可以选择采用径向索张拉、环索张拉和顶撑张拉。

(7)索穹顶结构。索穹顶结构主要由脊索、斜索、压杆和环索构成，为全张力结构。预应力是全张力结构成型的必要因素，在施工和工作状态下索穹顶具有很强的非线性(特别是施工过程中)，对结构分析、设计及施工提出了很高的要求，需要解决一系列的难题。索穹顶结构成为目前预应力钢结构研究和应用的最高峰。

索穹顶常与膜面结合在一起，成为张拉膜结构形式之一。但膜面昂贵，耐久性、声学性能和隔热保温性能较差，易受污染，而采用刚性屋面的穹弯顶则具有更为广泛的应用前景。

(8)多次杂交结构。预应力钢结构由基本的刚构、索和杆三者构成，如索网由承重索和稳定索构成；索桁架由承重索、稳定索和腹索或腹杆构成；索穹顶由上弦径向索、下弦径向索、环向索和撑杆构成；弦支穹顶由网壳、环向索、径向索和撑杆构成；张弦梁由上弦刚构、下弦索和撑杆构成；斜拉结构由刚构、斜拉索和桅杆或塔柱构成；预应力桁架由索和桁架构成；索拱结构由索和拱构成等。

可见，索网、索桁架和索穹顶等结构均由纯索或者索和杆构成，其中拉索及其预应力是结构形成的必要条件，即若无预应力或拉索，则结构无法存在，这类结构可称为张力结构。而张弦梁、弦支穹顶、斜拉结构、索拱和预应力桁架等都包含刚构在内，即使结构中去除预应力或拉索，残余的刚构仍能维持自身稳定，这类结构由刚构和一种类型的索杆系杂交而成，可称为一次杂交结构。而有些预应力钢结构工程中，结构由刚构和两种（及以上）类型的索杆系杂交而成，可称之为二次杂交结构或多次杂交结构。

（9）特殊高层预应力钢结构。预应力钢结构广泛应用于公共建筑和工业建筑的大跨屋盖工程中，且在高层建筑中也有所应用。

（二）预应力钢结构的优点

（1）充分、反复地利用钢材弹性强度幅值，提高结构承载力。

非预应力结构承载从零应力开始达到材料设计强度 f 而终止受力，其承载力为 N_1；而预应力结构承载始于效应力 f_{01}，其承载力为 N_2 及 N_3，显然 $N_3>N_2>N_1$。

（2）改善结构受力状态，节省钢材。

（3）提高结构刚度及稳定性，改善结构的各种属性。

预应力结构产生的结构变形常与荷载下的变形反向，因而结构刚度得以提高。由于布索可以改变结构边界条件，能提高结构稳定性。预应力可以调整结构循环应力特征而提高疲劳强度，通过降低结构自重而减小地震荷载，提高其抗震性能等。

（三）预应力钢结构的类型

从早期预应力吊车梁、撑杆梁的简单形式发展到张弦桁架、索穹顶、索膜结构、玻璃幕墙等现代结构，预应力钢结构种类繁多，大致归纳为以下四类。

（1）传统结构型。在传统的钢结构体系上，布置索系施加预应力以改善应力状态、降低自重及成本，包括预应力桁架、网架、网壳等。例如天津宁河体育馆、攀枝花市体育馆的网架、网壳屋盖等。候机楼、会展中心广泛采用的张弦桁架亦归入此类。另一种是工程中应用已久的悬索结构，如北京工人体育馆、浙江人民体育馆，其结构由承重索与稳定索两组索系组成，施加预应力的目的不是降低与调整内力，而是提高与保证刚度。

（2）吊挂结构型。结构由竖向支撑物（立柱、门架、拱脚架）、吊索及屋盖三部分组成。支撑物高出屋面，于其顶部下垂钢索吊挂屋盖。对吊索施加预应力以调整屋盖内力，减小挠度并形成屋盖结构的弹性支点。由于支撑物及吊索暴露于大气之中直指蓝天，又称暴露结构，例如江西体育馆、北京朝阳体育馆、杭州黄龙体育场等。

（3）整体张拉型。属于创新结构体系，跨度结构中摈弃了传统受弯构件，全部由受张索系及膜面和受压撑杆组成。屋面结构极轻，设计构思新颖，是先进结构体系中的佼佼者。例如首尔奥运主赛馆、慕尼黑奥运体育建筑群等。

（4）张力金属膜型。金属膜片固定于边缘构件之上，既作为维护结构，又作为承重结构参与整体承受荷载;或在张力状态下,将膜片固定于骨架结构之上,形成空间块体结构,覆盖跨度。两者都是在结构成型理论指导下诞生的预应力新型体系,应用于莫斯科奥运会的几个主赛场馆中。

(四)施加预应力的方法

施加预应力的方法主要有以下四种:

(1)钢索张拉法。在结构体系中布置索系,通过千斤顶张拉索端在结构中产生卸载应力而受益。这是国内外应用广泛、技术成熟的一种工艺,但索端须有锚头固定,增大材耗,且需张力设备等,加大施工成本。

(2)支座位移法。在连续梁和超静定结构中,人为地强迫支座位移(垂直或水平移位),改变支座设计位置可调整内力、降低弯矩峰值、减小结构截面面积。这种方法可节省钢索、锚头等附加材耗及张拉工艺,适用于地基基础较好的工程。

(3)弹性变形法。钢材在弹性变形条件下,将组成结构的杆件和板件连成整体。卸除强制外力后,结构内出现恢复力产生的有益预应力。这一方法多用于工厂制造生产过程中,可生产预应力构件产品,以供应市场。

(4)手工简易法。用于中、小跨,施加张力不大情况,例如拧紧螺母张拉拉杆,用正反扣螺栓横向推拉拉索产生张力等手工操作法,简易可行,便于推广,适用于广大地区。

①可以改变结构的受力状态,满足设计人员所要求的结构刚度、内力分布和位移控制。

②通过预应力技术可以构成新的结构体系和结构形态(形式),如索穹顶结构等。可以说,没有预应力技术,就没有索穹顶结构。

③预应力技术可以作为预制构件(单元杆件或组合构件)装配的手段,从而形成一种新型的结构,如弓式预应力钢结构。

④采用预应力技术后,或可组成一种杂交的空间结构,或可构成一种全新的空间结构,其结构的用钢指标比原结构或一般结构大幅度地降低,具有明显的技术经济效益。

预应力空间钢结构预应力的施加方法通常有两种:一种是在预应力索、杆上直接施加外力,从而可调整改善结构受力状态,致使内力重分布,或者形成一种新的具有一定内力状态的结构形式;另一种是通过调整已建空间结构支座高差,改变支撑反力的大小,从而也可使结构内力重新分布,达到预应力的目的。

预应力索、杆的材料通常可采用高强度的钢丝束、钢绞线,也可采用钢棒、钢筋。

第三节　装饰安装工程的绿色施工技术

一、双层玻璃幕墙系统的绿色施工技术

双层玻璃幕墙由内、外两层玻璃幕墙组成,外层幕墙一般采用隐框、明框或点式玻璃幕墙,内层幕墙一般采用明框幕墙或铝合金门窗。内外幕墙之间形成一个相对封闭的空间——通风间层,空气从外层幕墙下部的进风口进入,从上部的排风口排出,形成热量缓冲层,调节室内温度。

双层玻璃幕墙系统主要是针对普通玻璃幕墙耗能高、室内空气质量差等问题,用双层

体系作围护结构,提供自然通风和采光,增加室内的空间舒适度、降低能耗,从而较好地解决了自然采光和节能之间的矛盾。空气间层以不同种方式分隔形成一系列温度缓冲空间,由于空气间层的存在,双层玻璃幕墙能提供一个保护空间以安置遮阳设施(如活动式百叶、固定式百叶或者其他阳光控制构件)。通过调整通风间层内的遮阳百叶和利用通风间层的自然通风,可以获得比普通建筑的内置百叶更好的遮阳效果,同时提供良好的隔声性能和室内通风效果。

(一)双层玻璃幕墙系统的分类及应用

(1)封闭式内循环双层玻璃幕墙。该幕墙一般在冬季较为寒冷的地区使用,外层玻璃幕墙原则上是完全封闭的,一般由断热型材与中空钢化玻璃组成,而内层一般为单片钢化玻璃组成的玻璃幕墙或可开启窗。两层幕墙之间的通风间层厚度为 120~200 mm。通风间层与吊顶部位的暖通系统排风管相连,形成自下而上的强制性空气循环。室内空气通过内层玻璃下部的通风口进入通风间层,夏季的白天将室内热空气排出室外,冬季将温室效应蓄积的热量通过管道回路系统传到室内,达到节能的效果。通风间层内设置可调控的百叶窗或垂帘,可有效地调节日照遮阳,创造更加舒适的室内环境。

(2)敞开式外循环双层玻璃幕墙。该幕墙即常说的呼吸式双层玻璃幕墙,外层是由单层玻璃与非断热型材组成的玻璃幕墙,内层幕墙是隔热或断热型的明框幕墙或单元幕墙。内外两层幕墙形成通风间层的两端装有进风和排风装置,可根据需要在热通道内设置可调控的铝合金百叶窗或者电动卷帘,有效地调节阳光的照射。内外两层幕墙之间热通道的距离一般为 50~60 cm。冬季,关闭通风层的进排风口,换气层中的空气在阳光照射下温度升高,形成温室效应,能有效地提高内层玻璃的温度,降低建筑物的采暖能耗。夏季,打开换气层的风口,利用烟囱效应带走通风间层内的热量,降低内层玻璃表面的温度,节省了空调能耗。另外,通过对进排风口的控制以及对内层幕墙结构的设计,达到由通风层向室内输送新鲜空气的目的,优化建筑通风质量。可见"敞开式外循环体系"不仅具有封闭式内循环体系在遮阳、隔声等方面的优点,而且在舒适、节能方面更为突出,提供了自然通风的可能,最大限度地满足了使用者生理与心理上的需求。

(二)呼吸式双层玻璃幕墙系统的应用

由于封闭式内循环体系与建筑的通风系统相连接,增大了通风系统的功率,需增大投入与消耗,因而其应用不多;敞开式外循环体系作为一种更新形式的双层玻璃幕墙系统得到了广泛应用。下面以敞开式外循环体系——呼吸式双层玻璃幕墙为例,介绍该系统的应用。

根据构造形式以及通风方式的不同,呼吸式双层玻璃幕墙一般采用以下几种类型:

(1)箱式双层玻璃幕墙。箱式双层玻璃幕墙由外层幕墙和向内开启的窗扇组成。内外层之间的通风间层在水平方向上沿建筑轴线或以房间为单元进行分隔,在垂直方向上一般按层划分,因而可阻止噪声和废气在各房间传播。

每一单元的顶部和底部都开有通风口,室外新鲜空气从底部开口进入,室内废气从上方开口排出,获得自然通风。

(2)并箱式双层玻璃幕墙。并箱式双层幕墙是由箱式双层结构演变而来的,可视为箱式双层玻璃幕墙的一种特殊构造，包括一组箱式单元和一个与单元以通风口相通的贯通而成的竖井，在玻璃空腔之间形成纵横交错的网状通道。由于竖井相对较深，井内上下温差较大，加速了空气循环流动，形成了具有较高通风效率的竖向垂直通风系统，夏季炎热地区尤其适用。由于利用了竖井的烟囱效应，外层幕墙开窗较少，有利于隔绝外部噪声。在实际使用中，井箱式双层玻璃幕墙的高度是有限制的。这是因为，虽然"烟囱效应"增加了空腔内的空气流动，但同时也使得上部建筑幕墙夹层内部的空气温度过高，影响了这部分建筑的使用，因此多用于低层、多层建筑。此外，要想使每个单元具有同等的通风冷却效果，各单元之间的通风口大小尺寸需要仔细设计。

(3)走廊式双层玻璃幕墙。走廊式双层玻璃幕墙是利用通风间层形成的外挂式走廊来达到保温和通风目的的。通风间层在竖向上每层都被隔断，间层的间距较宽，600～1 500 mm不等，形成外挂式走廊，外层幕墙的进气口与排气口位于每层的楼板与天花板部位，由通风调节板控制通风量。冬季走廊内受到阳光照射而温度升高的空气，在对流作用下流动到未受阳光照射的一侧，使建筑在各个朝向上温度比较接近，形成温度缓冲，达到适宜的温度。此系统外层玻璃幕墙在每层楼的楼板和天花板高度分别设有进、出风调节板，上、下层的进排气口错开设置，以防下层排出的部分空气通过上层进气口进入上层通风间层，造成上层空气质量下降和温度缓冲效果减弱。另外，由于该结构的双层玻璃幕墙并没有水平分隔，许多房间将通过双层玻璃夹层空腔连接在一起，在设计时需要考虑各房间之间的声音干扰和防火分区的问题。

(4)多层式双层玻璃幕墙。多层式双层玻璃幕墙的通风间层在水平方向上与数个房间相连，在竖直方向上也覆盖数个楼层，有时幕墙间的通风间层既无水平分隔也无竖向分隔，仅通过外层玻璃幕墙在底层和屋顶处的通风口形成通风。冬季，外层玻璃幕墙通风口关闭，利用通风间层形成的温室效应保证室内温度，减少建筑物能量消耗；夏季，打开通风口，利用烟囱效应形成自然通风。此系统由于外层玻璃幕墙开口很少，十分适用于外部噪声较大的环境。但建筑内部各房间的声音易通过通风间层进行传播，造成内部声音干扰。

(5)可开启式双层玻璃幕墙。该玻璃幕墙的外层玻璃幕墙可以完全开启，无明确进风与排风口，难以利用烟囱效应形成自然通风。夏季，外层玻璃幕墙完全打开，可作为遮阳装置，降低内层玻璃幕墙所受的太阳辐射；冬季，外层幕墙关闭，形成空气缓冲层，增强建筑的保温性能。可开启的外层玻璃幕墙减少了内层玻璃幕墙的风压，有助于阻挡雨水进入内层玻璃幕墙，因此内层玻璃幕墙的窗户可以始终敞开，以利于自然通风。

(三)呼吸式双层玻璃幕墙的各项主要性能

1.采光性能

自然采光是建筑物最好的采光方式之一，研究证明，自然采光比人工光源更可以提供一个健康、高效的工作环境，满足人们工作和生活上的需要。同时，自然采光替代部分人工照明节约了大量常规能源的消耗。双层玻璃幕墙自然采光的特性有别于常规的单层玻璃幕墙，主要体现在以下三个方面：

(1)由于双层玻璃幕墙比单层玻璃幕墙多了一层外皮，将减少进入室内的自然光总量，即外层玻璃幕墙对采光有削弱作用。

(2)大面积的玻璃对于采光的补偿作用。

(3)由于通风间层具有一定的宽度，相当于加大了房间的进深，减小了建筑的采光系数，在通风间层内可以设置一些调节自然采光装置(如反射装置等)减弱这种影响。

由于外层玻璃幕墙的存在，使得呼吸式双层玻璃幕墙的自然采光量显著下降，采光量的减少程度与选用的玻璃种类有关。如外层玻璃为单层普通玻璃，将减少约10%的自然光通量，如果外层玻璃为高透射率的无色玻璃，减少量将降至7%~8%。同时，采光量的减少也受到玻璃层数和玻璃厚度的影响，玻璃层数越多、厚度越大，采光量减少得越多，反之减少得越少。

一方面，由于呼吸式双层玻璃幕墙大面积玻璃的使用，相当于增大了外窗的面积，在一定程度上增加了室内采光量，而且在一定程度上提高了横向采光的均匀性。另一方面，侧窗面积的增大使室内夏季制冷和冬季采暖的负荷增大，增加建筑的能耗。因此，在实际工程中，需要根据实际情况，衡量利弊来确定是否用大面积采光窗。对于侧窗采光的房间来说，自然采光的主要问题是室内照度分布的不均匀性，在窗前光照度值很高，但随着房间的进深增加，照度值下降很快，如果在太阳光线较为强烈的情况下，窗前将更亮，室内照度分布的不均匀性将更加明显，因而侧窗采光只能保证有限进深的采光要求，一般进深不超过窗高的2倍。为了克服这些缺点，可以在通风间层和房间内部设置一些浅色反射装置，如反光板或反光百叶等，将近窗处充足的光线经一次或多次反射，反射到房间深处，从而使房间深处的照度和照度的均匀性得到有效的提高。如清华大学超低能耗示范楼双层玻璃幕墙间层所采用的反光板设计，利用一些上表面光滑的不锈钢金属板将夹层上部过多的光照反射到室内的顶棚上，既可以避免太阳光直射所造成的眩光，又可使室内工作面上的光照度分布更加均匀。另外，通过完善双层玻璃幕墙的构造来增加室内的光照度值，可以弥补建筑物由于增加进深而减小的采光系数。把外层玻璃幕墙的透明面积进一步加大，夹层的吊顶可以采用倾斜向上的设计或者是高出窗户上部的阶梯设计，可以有效弥补由于房间进深而减少的光照度值。

2.隔声性能

与普通单层围护结构相比较，呼吸式双层玻璃幕墙多了一层“外皮”，就好比是在建筑物的外墙上增加了一层声音的屏障。外部环境的噪声首先经过双层玻璃幕墙的外层玻璃时被反射一部分，部分可以通过设置在外层玻璃的进出风口进入到夹层空腔，在夹层空腔内经过多次反射与吸收后才通过窗户传到室内。呼吸式双层玻璃幕墙的计权隔声量是可以测量的，平均隔声量是可以计算的，即幕墙的隔声性能可以完全定量分析。

开窗通风不仅减少建筑物空调能耗，也是人们的心理需求。当室内环境温度升高时，人们更倾向于打开窗户进行通风，而不是选择打开空调。但是在闹市区，外部噪声高达68~75 dB甚至更高，此时呼吸式双层玻璃幕墙的优越性就可以体现出来。单层玻璃幕墙可以自然通风时外部的最大噪声值不能超过70 dB，而双层玻璃幕墙的外部最大噪声值可以达到75~78 dB。呼吸式双层玻璃幕墙能够提供比单层玻璃幕墙更加优越的隔声效果，同时可以提供自然通风，减少对机械通风系统的依赖，让人们在一个安静环境中工作的同时，打开窗户进行自然通风，也能满足人们的心理需求，通过下面的例子可以说明这一点。

通常单层玻璃幕墙的建筑假设窗墙面积比为0.5，墙体隔声量为50 dB，窗户关闭时隔声量为37 dB，上悬开启时隔声量为10 dB，室外噪声等级为70 dB。如果室内噪声等级要求为55 dB，8 h工作日内可开启窗户进行通风的时间为150 min；如果室内噪声等级要求升高为 50 dB 时，建筑可开启窗户进行通风的时间将仅为 48 min。对于呼吸式双层玻璃幕墙，假设外立面开口面积为 10%，由于增加的一层玻璃幕墙而增加的隔声量可达到 7 dB，那么当室内噪声等级为 50 dB 时，可允许开窗通风的时间为 240 min，相当于一半的工作时间；而当室内噪声等级为 55 dB 时，全天均可进行开窗通风了。

对呼吸式双层玻璃幕墙的隔声性能影响最大的是外层玻璃幕墙上通风口的位置和尺寸大小。一般来说，外层玻璃幕墙的开口面积越大，其隔声效果越差。当开口面积小于立面面积 5%时，隔声量为 14 dB；而当开口面积增加到 20%时，其隔声量降至 4 dB 以下。综合考虑外层玻璃幕墙的密闭性、保温性以及玻璃幕墙自然通风的需要，通常情况下，其外立面的开口面积一般在 8%~12%，而对应的隔声量为 5~8 dB。

需要注意的是，尽管呼吸式双层玻璃幕墙具有良好的隔绝室外噪声的能力，但它对于建筑内房间之间的隔声并不是有利的。尤其是水平方向没有分隔双层玻璃幕墙，声音可以通过通风间层传到其他房间，在设计中应该充分考虑到这些不利因素。

3.夏季隔热性能

呼吸式双层玻璃幕墙可利用热压通风将夏季白天产生的热量带走，而通风间层的空气流动特性的好坏对呼吸式双层玻璃幕墙是至关重要的，关系到夹层空腔内的空气被加热后是否能够快速排走。通风间层的宽度、进出风口设置以及夹层空腔内机构的设置都会对通风间层内的空气流动有影响。为保证夹层内空气流动的顺畅，夹层宽度一般不宜小于 400 mm，在有辅助机械通风的情况下，夹层宽度可以适当减小。进出风口的大小尺寸以及所处立面的位置也会不同程度地影响空气流通通道的阻力。

呼吸式双层玻璃幕墙可以利用夜间通风来达到被动式冷却的目的。在夏季的白天，家具、吊顶、墙等都会吸收并储存起一定热量，在夜间机械通风和制冷系统停止工作时，如果门窗都保持关闭，这些储存下来的热量就会被困在室内，到了次日早上，室内温度会远高于室外。双层玻璃幕墙在夜间可打开外层玻璃幕墙的进出风口和内层玻璃幕墙窗扇来自然通风，利用夜晚室外的凉爽空气冷却室内的蓄热体，使建筑整体降温。另外，夜间通风如果配合近年来受到普遍关注的“激活蓄热体”策略使用，能够取得更好的效果。例如，混凝土顶棚外露作为被动冷却楼板，每天通过夜间通风冷却，由于密度大的物体蓄冷后在白天的温升比密度小的物体要缓慢，可以减缓室内白天的升温速度，对降低房间的感觉温度有积极影响。

为了在夏季遮挡过多太阳辐射的进入，在双层玻璃幕墙的通风间层内往往设置有遮阳设施，一般为可以收起并可调节角度的遮阳百叶或者遮阳板。由于外层玻璃幕墙的存在，为这些可调节的遮阳装置提供了很好的保护，使得这些遮阳装置更加牢固、耐用并能保持长久的清洁，也不用担心雨水对遮阳装置的侵蚀。此外，对于许多高层建筑，建筑周围的风速很大，建筑立面要承受很大的风载荷，因此无法在外立面外设置可调节的遮阳措施，而呼吸式双层玻璃幕墙提供了很好的解决方案。

间层中的遮阳对吸收太阳辐射和释放热量、加热通道中的空气起着重要作用。由于夹层内的遮阳百叶具有较高的太阳辐射吸收率，普通铝合金百叶的太阳辐射吸收率为 30%~35%，其表面温度会很高，并将其转化成热量，然后通过辐射或对流传递到环境空气和相邻表面，使得其周围的空气温度比较高。因此，遮阳百叶在夹层中的位置将影响着夹层空气温度的分布。其中,较小的空间被加热的程度要超过较大的空间。如果遮阳就位于内层玻璃幕墙前面且两者之间通风不良,内窗前的空气被显著加热,无论是否开窗都很不利。因此,遮阳应该放置在间层靠外的一侧,约在通道宽度的 1/3 处,与外层玻璃幕墙之间至少保持 150 mm 的距离,并且保证遮阳的顶部和底部与室外通风良好。

不同的建筑对玻璃类型和通风情况的需要不同,因此在设计阶段确定有效的遮阳对每个项目来说都是特殊的,这些条件在大多数衡量标准中都没有反映。如项目规模很大,有必要开展试验研究玻璃和遮阳组合的确切性能以及间层通风和百叶角度的关系。此外,玻璃的种类、组成以及遮阳百叶的反射特性等也会影响双层玻璃幕墙的隔热性能。

4.冬季保温性能

双层玻璃幕墙具有比单层玻璃幕墙更佳的保温、隔热、通风等热工性能,双层玻璃幕墙的空气间层好比一个“温室”。因为空气是热的不良导体,该“温室”在建筑物内外环境中间形成了一个温度的缓冲区,在冬季可以减少室内热量的散失,提高了双层玻璃幕墙的隔热性能,达到节能的效果。

目前,提高双层玻璃幕墙的保温性能主要从提高玻璃幕墙的热阻和增加其气密性上着手。双层玻璃幕墙的传热过程涉及导热、对流和辐射三种方式,通过双层玻璃幕墙和空气间层两部分传热介质传热。对于空气间层来说,由于空气是热的不良导体,因此导热传递的热量非常少,而且在空气间层的换热总量中对流换热占的比例较小,约为 30%,因此设法减少占 70%的辐射换热,可以显著提高空气间层的热阻值。减小辐射换热最有效的方式是在间层表面用辐射系数小的材料,如低辐射玻璃,可以使空气间层的辐射换热系数由通常的 3.5 W/(m^2 · K)降低到 2.55 W/(m^2 · K)。双层玻璃幕墙的内外两层由玻璃与框架构成,为增加双层玻璃幕墙的热阻,一般选用高热绝缘性玻璃和断热型材。如采用中空玻璃、HIT 玻璃、低辐射玻璃等。另外,玻璃幕墙的气密性也是影响其热阻的重要因素。在冬季,空气从玻璃幕墙的缝隙处渗入或渗出,形成空气渗透,引起大量的热损失。决定空气渗透量的因素是室内外的压力差,一般为风压和热压。夏季时,由于室内外温差较小,风压是造成空气渗透的主要原因;冬季,因为室内有采暖,温度远大于室外,由热压形成的“烟囱效应”会强化空气渗透,这时热压的作用会比风压造成的空气渗透作用更加明显。由于冷热空气密度的差异,室外冷空气从建筑下部的开口进入室内,而室内的热空气从建筑上部的开口流出,这一点在高层建筑中更加明显,所以高层建筑底层的采暖负荷要明显高于上部。双层玻璃幕墙由于外层玻璃幕墙的存在,围护结构的气密性有了很大的增强,空气的渗透量显著降低,减少了由于空气渗透而造成的热量损失。

双层玻璃幕墙的当量传热系数并不总是小于单层玻璃幕墙,对于外层玻璃幕墙开口不可调节的双层玻璃幕墙,其综合保温性能不一定好于单层玻璃幕墙,而具有可调节风口的双层玻璃幕墙的保温性能相对单层玻璃幕墙来说,其保温性能的提高是有限的,通常情况下可以提高 1%~20%不等,提高的比例不仅随朝向的不同而异,还与内层玻璃幕墙的保温性能有关,内层玻璃幕墙的保温性能越高,其整体保温性能提高的比例就越少。当内层玻璃幕墙的传热系数较大,即传热热阻较小时(例如使用普通中空窗),那么外层玻璃幕墙对保温性能的改善可以达到 40%;而当内层玻璃幕墙采用的是高性能保温窗(如双 Low-E 玻璃的中空窗),传热系数 K 值降到 1 W/(m^2 · K)时,双层玻璃幕墙的保温性能只提高 12%左右。此外,在评价透明围护结构的保温性能时,不仅要考虑其表征传热特征的传热系数 K 值,还应该考虑获得太阳辐射热量的有利因素。

5.通风性能

呼吸式双层玻璃幕墙的通风性能包括通风间层与室内外的通风,主要发生在炎热的夏季和室内无须过多太阳辐射的过渡季节,其目的是减小双层玻璃幕墙系统的整体遮阳系数,缩短建筑物空调的使用时间,实现室内与室外间接自然通风。这不仅有利于减少室内的空调能耗,而且满足了人们对自然通风的需求,提高了室内的舒适度。建筑物与双层玻璃幕墙之间的空气流动主要是由“烟囱效应”引起的压力差、空调系统引起的压力差和建筑周围风的流动引起的压力差这三种压力差引起的。

“烟囱效应”也称热压效应,太阳辐射被双层玻璃幕墙间层中的遮阳百叶和外层玻璃幕墙吸收后,通过对流换热的形式重新释放到夹层的空气中,使得间层内的空气被加热,密度降低,向上浮动,导致通风间层内上部空气压力比通道外大,于是通风间层内空气经上部出风口向外流动。同时间层下部由于空气的上升而产生负压,使得间层外空气不断地流入,以填补流出的空气所让出的空间,这样持续不断的空气流动就形成了热压作用下的自然通风现象。

空调系统引起空气流动的一个简单例子就是排风风机,当排风风机接通电源后,风机叶片高速旋转并压缩其周围的空气,由于风机叶片的特定形状以及旋转方向,在风机两侧将形成一个恒定的压力差,该压力差推动风机室内侧的空气向室外流动,从而达到排风目的。另外,在常规的空调系统设计中,吸风量比排风量要大,从而在空调的送风区域形成一定的压力,避免周围非空调区域或者是室外空气的渗入。

风压是指空气流受到阻挡时产生的静压。当风吹过建筑物时,由于建筑物的阻挡,迎风面气流受阻,静压增高;侧风面和背风面将产生局部涡流,静压降低。这样便在迎风面与背风面形成压力差,室内外的空气在这个压力差的作用下由压力高的一侧向压力低的一侧流动。建筑物四周的风压分布与建筑物的几何形状和风向、风速等因素有关。假设有风从左边吹向建筑时,建筑的迎风面将受到空气的推动作用形成正压区,推动空气从迎风面进入建筑;而建筑的背风面,由于受到空气绕流影响形成负压区,吸引建筑内空气从背风面的出口流出,产生了持续不断的空气流,形成风压作用下的自然通风。

(四)双层玻璃幕墙绿色施工的环境保护措施

施工现场应建立适用于玻璃幕墙施工的环境保护管理体系,并保证有效运行,整个施工过程中应遵守工程所在地环保部门的有关规定,施工现场应做到文明施工。施工应按照规定,防治因施工对环境的污染,施工组织设计中应有防治扬尘、废水和固体废弃物等对污染环境的控制;施工废弃物应分类统一堆放处理;密封胶使用完毕后胶桶应集中放置,胶带撕下后应收集,统一处理。施工现场应遵照规定制定防治噪声污染措施,施工现场的强噪声设备应搭设封闭式机棚,并尽可能地设置在远离居住区的一侧,以减少噪声污染,同时,施工现场应进行噪声值监测,噪声值不应该超过国家或地方噪声排放标准。施工下料应及时回收,包括中性耐候硅酮等,并做好施工现场的卫生清洁工作。

二、太阳能光电幕墙的绿色施工技术

光电幕墙,即粘贴在玻璃上,镶嵌于两片玻璃之间,通过电池可将光能转化成电能。这就是太阳能光电幕墙。它是用光电池、光电板技术,把太阳光转化为电能,其关键技术是太阳能光电池技术。

新型太阳能光电幕墙是将传统玻璃幕墙和太阳能电池光电转换技术结合,来主动提供能量的一种新型建筑幕墙,既具有符合传统幕墙的建筑规范,包括安装、采光、机械性能等,又能够利用太阳能将太阳光转换成直流电能,通过逆变器变换成交流电源,或通过控制器整流稳压成直流电能,具备安全可靠、造型美观、安装方便、节能环保等特点。通过钢骨架的安装、光电幕墙板的拼装以及电气设备的调试完成系统的施工,满足异形结构构造幕墙的精细化安装与复杂综合布线系统技术相交叉的综合质量要求。

(一)太阳能光电幕墙绿色施工特点

采用大面积板块整体安装技术与综合布线技术相结合的同步施工方法,可保证工艺的合理性,是实现新型太阳能光电幕墙独特功能的保证。采用包含单晶硅电池片构件的幕墙玻璃,进行精细化的大板块密拼与固定加工,使用专门研发的自载光伏电源二维全自动双轨外挂吊篮装置,保证幕墙玻璃在高空吊装及拼装过程中的安全稳定性,也是同步完成后期调试的接口工作。不锈钢螺栓连接竖框与结构连接件,连接件上的螺栓孔为长圆孔,以保证竖框的前后调节,连接件与竖框接触部位加设绝缘垫片,以防止电解腐蚀,进而保持承载力结构的稳定性与耐久性。按照线路检查、绝缘电阻检测、接地电阻检测、系统性能测试与调整等流程进行太阳能光电幕墙电气系统的测试和调试,满足太阳能光伏阵列电压、电流的误差在2%以内,测试电压范围10~1 000 V的高精度。

(二)太阳能光电幕墙的绿色施工技术要点

1.测量放线的操作要点

根据土建工程在一层轴线引出基础主轴线各两条,利用矢高放线技术以保证主轴线完全闭合,再根据主轴线排尺放出轴线网。在四周设置后视点和标准桩点,组成"十"字形基准轴线网,以控制整体测量精度。钢骨柱脚定位轴线采用盘左、盘右取中定点法消除误差,放线复验其单根轴线的误差要求应不大于3 mm。每根柱根据构件预检长度和柱底量测的标高控制柱顶标高,采用在柱间加垫片,要求其垫片厚度不大于5 mm。切割柱底衬板时,切割长度不大于3 mm,通过打磨平整以保持焊缝尺寸的要求,同时利用地脚螺栓间隙进行偏差调整。

2.安装竖框与横框钢骨的技术要点

龙骨安装前使用经纬仪对横框、竖框进行贯通,检查并调整误差,龙骨的安装顺序为:先安装竖框,再安装横框,安装工序由下往上逐层展开。在竖框安装过程中,应随时检查竖框的中心线,并及时通过特殊U形连接装置纠正偏差,要求竖框安装的标高偏差不大于1.0 mm,轴线前后偏差不大于2.0 mm,左右偏差不大于2.0 mm,相邻两根竖框安装的标高偏差不大于2.0 mm,同层竖框的最大标高偏差不大于3.0 mm,相邻两根竖框的距离偏差不大于2.0 mm。竖框调整后拧紧螺栓进行固定,然后进行横框安装,根据弹线确定的位置安装横框，保证横框与竖框的外表面处于同一立面上，横框与竖框间采用铝制角码进行连接。横框安装自下而上进行，每安装完一层进行检查、调整、校正，相邻两根横框的标高水平偏差不大于 1.0 mm；同层标高偏差要求当一面幕墙宽度小于或等于 35 m 时，标高偏差不大于 3.0 mm；当一面幕墙宽度大于 35 m 时，标高偏差不大于 4.0 mm。

3.安装太阳能光电幕墙板的操作要点

吊装前将光电板块吸盘固定在玻璃面板上，用帆布条将吸盘把手与光电板块缠紧，防止吊升时因吸盘吸力不够而造成光电板块与吸盘分离，进而导致光电板块损坏。吸盘固定好后用汽车吊的吊钩钩住吸盘把手，把太阳能光电板块吊升至施工层，进行对槽、进槽、对胶缝和将接线盒引出线就位等工作。太阳能光电板块初装完成后，便对板块进行调整，调整的标准为横平、竖直、面平。横平要求横框水平、胶封水平，竖直要求竖框垂直、胶封垂直，面平要求各玻璃在同一平面内。室外调整完后还要检查室内各处尺寸是否达到设计要求。

太阳能光电板安装时要进行全过程的质量控制，重点验收板块自身的问题、胶缝的尺寸和设计问题，以及室内铝材间的接口问题。

4.线槽及电缆敷设连接综合布线的技术要点

线槽应保证平整、无扭曲变形、内壁无毛刺、各种附件齐全，线槽接口应平整，接缝处紧密平直，槽盖装上后应平整、无上翘变形、出线口的位置准确。线槽的所有非导电部分的铁件均应相互连接跨接，使其成为一个连续导体并做好整体接地。电缆敷设时采用人力牵引，电缆要排列整齐，不得有交叉，拐弯处以最大截面允许弯曲的半径为准，不同等级电压的电缆应分层敷设，应敷设在上层，电缆弯曲两端均用电缆卡固定。太阳能电池组件间的布线使用 4 mm 的导线，太阳能电池组件有两根电缆引出，有正负之分，须确认接线极性并将线缆引到直流防雷箱内。直流防雷箱内并联接线，并把组件串的编号标记在电缆上，按标记和图纸进行接线。将逆变器的输出电缆连接到并网柜，并做好相应的标记。

5.电气设备安装前的注胶与清洗技术要点

注胶过程中加强对成品的保护，按照填塞垫杆、粘贴刮胶纸、注密封胶、刮胶和撕刮胶纸的顺序进行。选择规格适当、质量合格的垫杆填塞到拟注胶的缝中，保持垫杆与板块侧面有足够的摩擦力，填塞后垫杆凹入表面距玻璃表面约 4 mm。选用干净的洗洁布和二甲苯，用“两块抹布法”将拟注缝在注胶前半小时内清洁干净，并粘贴刮胶纸。胶缝在清洁后半小时内应尽快注胶，超过时间后应重新清洁，刮胶应沿同一方向将胶缝刮平，且应注意密封的固化时间。

6.电气及监控系统的技术要点

并网柜安装所在变配电室的环境要求洁净、安全，对预制加工的槽钢进行调直、除锈、刷防锈底漆。基础槽钢安装完毕后，将配电室内接地干线与槽钢进行可靠连接，检查并网柜上的全部电气元件是否相符，其额定电压和控制、操作电源电压等是否匹配。并网柜箱体及箱内设备与各构件间的连接应牢固，箱体与接地金属构架可靠接地，箱内接线包括分回路的电线与并网柜元件连接、消防弱电等控制回路导线的连接。与母排连接的电线通过接线端子连接，箱内接线之后对并网箱内线路进行测试，主要包括进线电缆的绝缘测试、分配线路的绝缘测试、二次回路线路的绝缘测试。箱内接线总体要求接线正确、配线美观、导线分布协调,根据导线的功能、线径及连接器件的种类采用不同的连接方式,主要分为与母线连接、与断路器出线孔连接。监控系统安装根据监控系统安装图纸,逆变器、数据采集器的接线端子标示以及温湿度传感器、光照强度传感器等按安装位置接线,线路要和强电线缆分离布放,控制分离距离。

7.太阳能电气系统调试的技术要点

新型太阳能光电幕墙的电气系统调试按照线路检查、绝缘电阻检测、接地电阻检测、系统性能测试与调整等流程进行。检查送电线路有无可能导致供电系统短路或断路的情况,确认所有隔离开关、空气开关处于断开位置,熔断器处于断开位置,同时观察并网柜是否正常工作。检查监控软件是否正常显示光伏系统发电量、电压、频率、二氧化碳减排量等系统参数,测试精度可以达到太阳能光伏阵列电压、电流的误差在2%以内,测试电压范围10~1 000 V。

(三)太阳能光电幕墙绿色施工技术的质量保证措施

1.质量保证制度

对整个施工项目实行全面质量管理,建立行之有效的质量保证体系,成立以项目经理为首的质量管理机构,通过严密的质量保证措施和科学的检测手段保证工程质量。严格执行质量管理制度及技术交底制度,坚持以技术进步来保证施工质量的原则,技术部门编制有针对性的施工组织设计,建立并实行自检、互检、工序交接检查的"三检"制度。

2.具体的绿色施工质量保证措施

加强测量监控,施工过程中交叉使用经纬仪、自动水准仪和水平仪等实现实时监测,为防止和避免积累误差,型钢龙骨均从基准点投测,同时太阳能光电幕墙钢柱的放线及测量校正,按照龙骨安装时"初校—观测—安装高强螺栓复核—终拧高强螺栓—竖向投点排尺寸放线并做闭合检验—焊接完成后重新投点—排尺放线—闭合测量"的质量保证顺序。及时安装钢梁并校正,通过穿入高强螺栓形成一个框体,增强稳定性以抵消温差对太阳能光电幕墙钢柱垂直度的影响。通过实际分析研究、测量、观察,发现外围钢柱易产生偏差,考虑外围钢柱外侧无约束,焊后很容易向内倾斜的情况,通过采取预测、预控新工艺,使焊后变形消耗掉预留值。

将型钢骨架安装后标高测量结果预检长度值,进行综合分析后采取对柱底加垫钢板的方法调整标高误差。做好高强螺栓的管理、使用及检查,严防受潮生锈,有缺陷者禁止使用。高强螺栓分两次拧紧,先紧固的螺栓有一部分轴力消耗在克服钢板的变形上,当周围螺栓紧固之后,其轴力被分摊减小,因此采取两次拧紧。对于高强螺栓的连接面,吊装前要逐个进行除锈,要垂直于受力方向,做到无油污和沙土,保持干燥。

在综合布线作业过程中,应正确地标识和设置布线的路径,防止因布线系统复杂而造成错接现象,同时考虑便于调整和检修、维护的需要。整体安装后的系统调试应借助于专用的检测仪器,按照先局部后整体的顺序实施,重点检测其电阻值、光伏系统发电量以及电压、频率、二氧化碳减排量等参数。

(四)太阳能光电幕墙绿色施工技术的环保措施

1.作业区环保的主要措施

所有材料、成品、板块、零件分类按照有关物品储运的规定堆放整齐,标识清楚。施工现场的堆放材料按施工平面图码放好,运输进出场时码放整齐,捆绑结实,散碎材料防止散落,门口处设专人清扫。建筑垃圾堆放到指定位置,做到当日完工场清;清运施工垃圾采用封闭式灰斗;现场道路指定专人适量洒水以减少扬尘。现场每天有专人洒水,防止粉尘飞扬以保持良好的现场环境,夜间照明灯尽量把光线调整到现场以内,严禁反射到其他区域。尽量选择噪声低、振动小、公害小的施工机械和施工方法,减小对现场周围的干扰,严防噪声污染。焊接的施工过程应采取针对性的防护措施,防止发生强烈的光污染。

2.施工区环保的主要措施

所有设备排列整齐、明亮干净、运行正常并标志清楚,专人负责材料保管和清理卫生,务必保持场地整洁。建立材料管理制度,严格按照公司有关制度办事,按照文件程序,严格做到账目清楚、账实相符、管理严密。项目部管理人员对指定分管区域的洞口和临边的安全设施等进行日常监督管理,落实文明施工责任制。

第四节　装配式建筑绿色施工技术

一、装配式建筑混凝土结构

装配式建筑混凝土结构可以降低资源、能源消耗,减少建筑垃圾,保护环境。由于实现了构件生产工厂化,材料和能源消耗均处于可控状态。建造阶段消耗建筑材料和电力较少,施工扬尘和建筑垃圾大幅度减少,是一种新型的绿色施工技术。

(一)装配式结构的基本构件

(1)预制混凝土柱。从制造工艺上看,预制混凝土柱包括预制混凝土实心柱和预制混凝土矩形柱壳两种形式。预制混凝土柱的外观多种多样,包括矩形、圆形和“工”字形等。在满足运输和安装要求的前提下,预制混凝土柱的长度可达到 12 m 或更长。

(2)预制混凝土梁。预制混凝土梁根据制造工艺不同分为预制实心梁、预制叠合梁两类。预制实心梁制作简单,构件自重较大,多用于厂房和多层建筑中。预制叠合梁便于预制柱和叠合楼板连接,整体性较强,运用十分广泛。预制梁壳通常用于梁截面较大或起吊质量受到限制的情况,优点是便于现场钢筋的绑扎,缺点是预制工艺较复杂。

按是否采用预应力来划分,预制混凝土梁分为预制预应力混凝土梁和预制非预应力混凝土梁。预制预应力混凝土梁集合了预应力技术节省钢筋、易于安装的优点,生产效率高,施工速度快,在大跨度全预制多层框架结构厂房中具有良好的经济性。

(3)预制混凝土楼面板。预制混凝土楼面板按照制造工艺不同分为预制混凝土叠合板、预制混凝土实心板、预制混凝土空心板、预制混凝土双 T 板等。

预制混凝土叠合板最常见的主要有两种,一种是桁架钢筋混凝土叠合板,另一种是预制带肋底板混凝土叠合楼板。桁架钢筋混凝土叠合板属于半预制构件,下部为预制混凝土板,外露部分为壁架钢筋。预制混凝土叠合板的预制部分厚度通常为 60 mm,叠合楼板在工地安装到位后要进行二次浇筑,从而成为整体实心楼板。桁架钢筋的主要作用是将后浇筑的混凝土层与预制底板形成整体,并在制作和安装过程中提供刚度。伸出预制混凝土层的桁架钢筋和粗糙的混凝土表面保证了叠合楼板预制部分与现浇部分能有效接合成整体。

预制带肋底板混凝土叠合楼板是一种预应力带肋混凝土叠合楼板，具有以下优点：①是国际上最薄、最轻的叠合板之一：30 mm 厚，自重 110 kg/m^3。②用钢量最省：由于采用高强预应力钢丝，比其他叠合板用钢量节省 60%。③承载能力最强：破坏性试验承载力可达 1.1 t/m^2，支撑间距可达 3.3 m，减少支撑数量。④抗裂性能好：由于施加了预应力，极大地提高了混凝土的抗裂性能。⑤新老混凝土接合好：由于采用了 T 型肋，现浇混凝土形成倒梯形，新老混凝土互相咬合，新混凝土流到孔中又形成销栓作用。⑥可形成双向板：在侧孔中横穿钢筋后，避免了传统叠合板只能做单向板的弊病，且预埋管线方便。

(4)预制混凝土剪力墙。预制混凝土剪力墙从受力性能角度可分为预制实心剪力墙和预制叠合剪力墙。

①预制实心剪力墙。预制实心剪力墙是指在工厂将混凝土剪力墙预制成实心构件，并在现场通过预留钢筋与主体结构相连接。随着灌浆套筒在预制剪力墙中的应用，预制实心剪力墙的使用越来越广泛。

预制混凝土夹心保温剪力墙是一种结构保温一体化的预制实心剪力墙，由外叶、内叶和中间层三部分组成。内叶是预制混凝土实心剪力墙，中间层为保温隔热层，外叶为保温隔热层的保护层。保温隔热层与内外叶之间采用拉结件连接。拉结件可以采用玻璃纤维钢筋或不锈钢拉结件。预制混凝土夹心保温剪力墙通常作为建筑物的承重外墙。

②预制叠合剪力墙。预制叠合剪力墙是指一侧或两侧均为预制混凝土墙板，在另一侧或中间部位现浇混凝土，从而形成共同受力的剪力墙结构。预制叠合剪力墙结构在德国有着广泛的运用，在我国上海和合肥等地也有应用。它具有制作简单、施工方便等优势。

(5)预制混凝土阳台。预制混凝土阳台通常包括预制实心阳台和预制叠合阳台。预制阳台板能够克服现浇阳台的缺点，解决了阳台支模复杂、现场高空作业费时费力的问题。

(6)预制混凝土女儿墙。女儿墙处于屋顶处外墙的延伸部位，通常有立面造型。采用预制混凝土女儿墙的优势是能快速安装，节省工期并提高耐久性。女儿墙可以是单独的预制构件，也可以是顶层的墙板向上延伸，顶层外墙与女儿墙预制为一个构件。

(7)预制混凝土空调板。预制混凝土空调板通常采用预制混凝土实心板，板侧预留钢筋与主体结构相连，预制空调板通常与外墙板相连。

(二)围护构件

1.外围护墙

预制混凝土外围护墙板是指预制商品混凝土外墙构件，包括预制混凝土叠合(夹心)墙板、预制混凝土夹心保温外墙板和预制混凝土外墙挂板。外墙板除应具有隔声与防火的功能外，还应具有隔热保温、抗渗、抗冻融、防碳化等作用和满足建筑艺术装饰的要求，外墙板可用轻骨料单一材料制成，也可采用复合材料(结构层、保温隔热层和饰面层)制成。

预制混凝土外围护墙板采用工厂化生产、现场进行安装的施工方法，具有施工周期短、质量可靠(对防止裂缝、渗漏等质量通病十分有效)、节能环保(耗材少，减少扬尘和噪声等)、工业化程度高及劳动力投入量少等优点，在国内外的住宅建筑上得到了广泛运用。

根据制作结构不同，预制外墙结构分为预制混凝土夹心保温外墙板和预制混凝土外墙挂板。

(1)预制混凝土夹心保温外墙板。预制混凝土夹心保温外墙板是集承重、围护、保温、防水、防火等功能于一体的重要装配式预制构件,由内叶墙板、保温材料、外叶墙板三部分组成。

生产时宜采用平模工艺,应先浇筑外叶墙板混凝土层,再安装保温材料和拉结件,最后浇筑内叶墙板混凝土,使保温材料与结构同寿命。

(2)预制混凝土外墙挂板。预制混凝土外墙挂板是在预制车间加工并运输到施工现场吊装的钢筋混凝土外墙板,在板底设置预埋铁件,通过与楼板上的预埋螺栓连接使底部与楼板固定,再通过连接件使顶部与楼板固定。在工厂采用工业化生产,具有施工速度快、质量好、费用低的特点。

2.预制内隔墙

预制内隔墙板按成型方式分为挤压成型墙板和立(或平)模浇筑成型墙板两种。

(1)挤压成型墙板。挤压成型墙板也称预制条形内墙板,是在预制工厂使用挤压成型机将轻质材料搅拌成均匀的料浆,通过进入模板(模腔)成型的墙板。按断面不同分空心板、实心板两类,在保证墙板承载和抗剪前提下可以将墙体断面做成空心,有效降低墙体的质量,并通过墙体空心处空气的特性提高隔断房间内的保温、隔声效果。门边板端部为实心板,实心宽度不得小于 100 mm。

没有门洞口的墙体,应从墙体一端开始沿墙长方向顺序排板;有门洞口的墙体,应从门洞口开始分别向两边排板。当墙体端部的墙板不足一块板宽时,应设计补空板。

(2)立(或平)模浇筑成型墙板。立(或平)模浇筑成型墙板也称预制混凝土整体内墙板,是在预制车间按照所需样式使用钢模具拼接成型,浇筑或摊铺混凝土制成的墙体。

根据受力不同,内墙板使用单种材料或者多种材料加工而成。用聚苯乙烯泡沫板材、聚氨酯泡沫塑料、无机墙体保温隔热材料等轻质材料填充到墙体之中,绿色环保,可以减少混凝土用量,减少室内热量与外界的交换,增强墙体的隔声效果,并通过墙体自重的减轻而降低运输和吊装的成本。

(三)预制构件的制作和连接

预制混凝土构件生产应在工厂或符合条件的现场进行。根据场地、构件的尺寸、实际需要等情况,分别采取流水生产线、固定台模法预制生产,并且生产设备应符合相关行业技术标准要求。构件生产企业应依据构件制作图进行预制混凝土构件的制作,并根据预制混凝土构件的型号、形状、质量等特点制定相应的工艺流程,明确质量要求和生产各阶段质量控制要点,编制完整的构件制作计划书,对预制构件生产全过程进行质量管理和计划管理。

钢筋骨架、钢筋网片和预埋件必须严格按照构件加工图及下料单要求制作。

二、装配式建筑施工技术

(一)构件安装

1.预制柱施工技术要点

(1)根据预制柱平面各轴的控制线和柱框线,校核预埋套管位置的偏移情况,做好记录。

(2)检查预制柱进场的尺寸、规格,混凝土的强度是否符合设计和规范要求,检查柱上预留套管及预留钢筋是否满足图纸要求、套管内是否有杂物。同时做好记录,并与现场预留套管的检查记录进行核对,无问题方可进行吊装。

(3)吊装前在柱四角放置金属垫块,以利于预制柱的垂直度校正,按照设计标高,结合柱子长度对偏差进行确认。用经纬仪控制垂直度,若有少许偏差,可运用千斤顶等进行调整。

(4)柱初步就位时,应将预制柱钢筋与下层预制柱的预留钢筋初步试对,无问题后进行固定。

(5)预制柱接头连接采用套筒灌浆连接技术。

(6)柱脚四周采用坐浆材料封边,形成密闭灌浆腔,保证在最大灌浆压力(约 1 MPa)下密封有效。

(7)如所有连接接头的灌浆口都未被封堵,当灌浆口漏出浆液时,应立即用胶塞封堵牢固。如排浆孔事先封堵胶塞,应摘除其上的封堵胶塞,直至所有灌浆孔都流出浆液并已封堵后,等待排浆孔出浆。

(8)一个灌浆单元只能从一个灌浆口注入,不得同时从多个灌浆口注浆。

2.预制梁施工技术要点

(1)测出柱顶与梁底标高误差,在柱上弹出梁边控制线。在构件上标明每个构件所属的吊装顺序和编号,便于吊装工人辨认。

(2)梁底支撑采用立杆支撑+可调顶托+100 mm×100 mm 木方,预制梁的标高通过支撑体系的顶丝来调节。

(3)梁起吊时,用吊索勾住扁担梁的吊环,吊索应有足够的长度以保证吊索和扁担梁之间的角度不小于 60°。

(4)当梁初步就位后,借助柱头上的梁定位线将梁精确校正,在调平的同时将下部可调支撑上紧,这时方可松去吊钩。

(5)主梁吊装结束后,根据柱上已放出的梁边和梁端控制线,检查主梁上的次梁缺口位置是否正确,如不正确,需做相应处理后方可吊装次梁,梁在吊装过程中要按柱对称吊装。

(6)预制梁板柱接头连接。

(7)键槽混凝土浇筑前应将键槽内的杂物清理干净,并提前 24 h 浇水湿润。

(8)键槽钢筋绑扎时,为确保钢筋位置的准确,键槽预留 U 形开口箍,待梁柱钢筋绑扎完成后,在键槽上安装∩形开口箍与原预留 U 形开口箍双面焊接 $5d$(d 为钢筋直径)。

3.预制剪力墙施工技术要点

(1)承重墙板吊装准备,由于吊装作业需要连续进行,所以吊装前的准备工作非常重要,首先在吊装就位之前将所有柱、墙的位置在地面弹好墨线,根据后置埋件布置图,采用后钻孔法安装预制构件定位卡具,并进行复核检查。同时对起重设备进行安全检查,并在空载状态下对吊臂角度、负载能力、吊绳等进行检查,对吊装困难的部件进行空载实际演练(必须进行),将导链、斜撑杆、膨胀螺栓、扳手、2 m 靠尺、开孔电钻等工具准备齐全,操作人员对操作工具进行清点。检查预制构件预留灌浆套筒是否有缺陷、杂物和油污,保证灌浆套筒完好,提前架好经纬仪、激光水准仪并调平。填写施工准备情况登记表,施工现场负责人检查核对签字后方可开始吊装。

(2)起吊预制墙板:吊装时采用带八字链的扁担式吊装设备,加设缆风绳。

(3)顺着吊装前所弹墨线缓缓下放墙板,吊装经过的区域下方设置警戒区,施工人员应撤离,由信号工指挥,就位时待构件下降至作业面1 m左右高度时施工人员方可靠近操作,以保证操作人员的安全。墙板下放好垫块,垫块保证墙板底标高的正确(也可提前在预制墙板上安装定位角码,顺着定位角码的位置安放墙板)。

(4)墙板底部局部套筒若未对准,可使用八字链将墙板手动微调,重新对孔。底部没有灌浆套筒的外填充墙板直接顺着角码缓缓放下墙板。垫板造成的空隙可用坐浆方式填补。

(5)垂直坐落在准确的位置后使用激光水准仪复核水平方向是否有偏差,无误差后,利用预制墙板上的预埋螺栓和地面后置膨胀螺栓(将膨胀螺栓在环氧树脂内蘸一下,立即打入地面)安装斜支撑杆,用检测尺检测预制墙体垂直度及复测墙顶标高后,利用斜撑杆调节好墙体的垂直度,方可松开吊钩。

(6)斜撑杆调节完毕后,再次校核墙体的水平位置和标高、垂直度,以及相邻墙体的平整度。检查工具:经纬仪、水准仪、靠尺、水平尺、铅锤、拉线。

(二)钢筋套筒灌浆技术

套筒灌浆连接可视为一种钢筋机械连接,但与直螺纹等接头的工作机制不同,套筒灌浆接头依靠材料间的黏结达到钢筋锚固连接作用。当钢筋受拉时,拉力通过钢筋和灌浆料接合面的黏结作用传递给灌浆料,灌浆料再通过其与套筒内壁接合面的黏结作用传递给套筒。

套筒灌浆接头的理想破坏模式为套筒外钢筋被拉断破坏,接头起到有效的钢筋连接作用。除此之外,套筒灌浆接头也会受其他因素影响形成破坏模式:钢筋和灌浆料接合面在钢筋拉断前失效,造成钢筋拔出破坏,这种情况下应增大钢筋锚固程度以避免此类破坏。灌浆料和套筒接合面在钢筋拉断前失效,造成灌浆料拔出破坏,可在套筒上适当配置剪力墙以避免此类破坏。灌浆强度不够,导致接头钢筋拉断前发生灌浆料劈裂破坏。套筒强度不够,会导致接头钢筋拉断前发生套筒拉断破坏。

(三)后浇混凝土

1.竖向节点构件钢筋绑扎

(1)现浇边缘构件节点钢筋。①调整预制墙板两侧的边缘构件钢筋,构件吊装就位。②绑扎边缘构件纵筋范围内的箍筋,绑扎顺序是由下而上,然后将每个箍筋平面内的甩出筋、箍筋与主筋绑扎固定就位。由于两墙板间的距离较为狭窄,制作箍筋时将箍筋做成开口箍状,便于箍筋绑扎。③将边缘构件纵筋范围以外的箍筋套入相应的位置,并固定于预制墙板的甩出钢筋上。④安放边缘构件纵筋并将其与插筋绑扎固定。⑤将已经套接的边缘构件箍筋安放调整到位,然后将每个箍筋平面内的甩出筋、箍筋与主筋绑扎固定就位。

(2)竖缝处理。外墙板内缝处理:在保温板处填塞发泡聚氨酯(待发泡聚氨酯溢出后,视为填塞密实),内侧采用带纤维的胶带封闭。外墙板外缝处理(外墙板外缝可以在整体预制构件吊装完毕后再行处理):先填塞聚乙烯棒,然后在外皮打建筑耐候胶。

2.支设竖向节点构件模板

支设边缘构件及后浇段模板。充分利用预制内墙板间的缝隙及内墙板上预留的对拉螺栓孔充分拉模以保证墙板边缘混凝土模板与后支钢模板（或木模板）连接紧固好，防止胀模。支设模板应注意以下两点：

（1）节点处模板应在混凝土浇筑时不产生明显变形漏浆，且不宜采用周转次数较多的模板。为防止漏浆污染预制墙板，模板接缝处粘贴海棉条。

（2）采取可靠措施防止胀模。设计时按钢模考虑，施工时也可使用木模，但要保证施工质量。

3. 叠合梁板上部钢筋安装

（1）键槽钢筋绑扎时，为确保 U 形钢筋位置的准确，在钢筋上口加绑钢筋，卡在键槽当中作为键槽钢筋的分布筋。

（2）叠合梁板上部钢筋施工。所有钢筋交错点均绑扎牢固，同一水平直线上相邻绑扣呈“八”字形，朝向混凝土构件内部。

4. 浇筑楼板上部及竖向节点构件混凝土

（1）绑扎叠合楼板负弯矩钢筋和板缝加强钢筋网片，设置预埋管线、埋件、套管、预留洞等。浇筑时，在露出的柱子插筋上做好混凝土顶标高标志，利用外圈叠合梁上的外侧预埋钢筋固定边模专用支架，调整边模顶标高至板顶设计标高，浇筑混凝土，利用边模顶面和柱插筋上的标高控制标志控制混凝土厚度和混凝土平整度。

（2）当后浇叠合楼板混凝土强度符合现行国家及地方规范要求时，方可拆除叠合板下临时支撑，以防止叠合梁发生侧倾或混凝土因过早承受拉力而使现浇节点出现裂缝。

第五章　建筑工程项目进度管理

第一节　建筑工程项目进度管理概述

一、工程项目进度

（一）工程项目进度的概念

工程项目进度通常是指工程项目实施结果的进展情况。在工程项目实施过程中，要消耗时间（工期）、劳动力、材料、成本等才能完成项目的任务。项目实施结果应该通过项目任务的完成情况（如工程的数量）来表达。由于工程项目对象系统（技术系统）的复杂性，常常很难选定一个恰当的、统一的指标来全面反映工程的进度。有时时间和费用与计划都吻合，但工程实物进度（工作量）未达到目标，则后期就必须投入更多的时间和费用。

（二）工程项目进度控制

1.工程项目进度控制的概念和目的

工程项目进度控制是指对工程项目建设各阶段的工作内容、工作程序、持续时间和衔接关系根据进度总目标及资源优化配置的原则编制计划并付诸实施，然后在进度计划的实施过程中经常检查实际进度是否按计划要求进行，对出现的偏差情况进行分析，采取补救措施调整、修改原计划后再付诸实施，如此循环，直到建设工程竣工验收交付使用。

工程项目进度控制的最终目的是确保建设项目按预定的时间完工或提前交付使用，建筑工程进度控制的总目标是建设工期。

2.工程项目进度控制的任务

工程项目进度控制的任务包括设计准备阶段、设计阶段、施工阶段的任务。

（1）设计准备阶段的任务。①收集有关工期的信息，进行工期目标和进度控制决策。②编制工程项目总进度计划。③编制设计准备阶段详细工作计划，并控制其执行。④进行环境及施工现场条件的调查和分析。

（2）设计阶段的任务。①编制设计阶段工作计划，并控制其执行。②编制详细的出图计划，并控制其执行。

（3）施工阶段的任务。①编制施工总进度计划，并控制其执行。②编制单位工程施工进度计划，并控制其执行。③编制工程年、季、月实施计划，并控制其执行。

3.工程项目进度控制的措施

工程项目进度控制的措施包括组织措施、经济措施、技术措施、合同措施。

（1）组织措施。①建立进度控制目标体系，明确建设工程现场监理组织机构的进度控制人员及其职责分工。②建立工程进度报告制度及进度信息沟通网络。③建立进度计划审核制度和进度计划实施中的检查分析制度。④建立进度协调会议制度,包括协调会议举行的时间、地点,协调会议的参加人员等。⑤建立图纸审查、工程变更和设计变更管理制度。

(2)经济措施。①及时办理工程预付款及工程进度款支付手续。②对应急赶工给予优厚的赶工费用。③对工期提前给予奖励。④对工程延误收取误期损失赔偿金。

(3)技术措施。①审查承包人提交的进度计划,使承包人能在合理的状态下施工。②编制进度控制工作细则,指导监理人员实施进度控制。③采用网络计划技术及其他科学的计划方法,并结合电子计算机的应用,对建设工程进度实施动态控制。

(4)合同措施。①推行 CM 承发包模式,对建设工程实行分段设计、分段分包和分段施工。②加强合同管理,协调合同工期与进度计划之间的关系,保证合同中进度目标的实现。③严格控制合同变更,对各方提出的工程变更和设计变更,监理工程师应严格审查后再补入合同文件中。④加强风险管理,在合同中应充分考虑风险因素及其对进度的影响,以及相应的处理方法。⑤加强索赔管理,公正地处理索赔。

二、工程项目进度管理

(一)工程项目进度管理的概念和目的

工程项目进度管理也称为工程项目时间管理,是在工程项目范围确定以后,为确保在规定时间内实现项目的目标、生成项目的产出物和完成项目范围计划所规定的各项工作活动而开展的一系列活动与过程。

工程项目进度管理是以工程建设总目标为基础进行工程项目的进度分析、进度计划及资源优化配置并进行进度控制管理的全过程,直至工程项目竣工并验收交付使用后结束。

工程项目进度管理的目的是保证进度计划的顺利实施,并纠正进度计划的偏差,即保证各工程活动按进度计划及时开工、按时完成,保证总工期不推迟。

(二)工程项目进度管理的程序

(1)确定进度目标,明确计划开工日期、计划总工期和计划竣工日期,并确定项目分期分批的开工、竣工日期。

(2)编制施工进度计划,并使其得到各方如施工企业、业主、监理工程师的批准。

(3)实施施工进度计划,由项目经理部的工程部调配各项施工项目资源,组织和安排各工程队按进度计划的要求实施工程项目。

(4)施工项目进度控制,在施工项目部计划、质量、成本、安全、材料、合同等各个职能部门的协调下,定期检查各项活动的完成情况,记录项目实施过程中的各项信息,用进度控制比较方法判断项目进度完成情况,如进度出现偏差,则应调整进度计划,以实现项目进度的动态管理。

(5)阶段性任务或全部任务完成后,应进行进度控制总结,并编写进度控制报告。

(三)工程项目进度管理的目标

在确定工程项目进度管理目标时,必须全面、细致地分析与建筑工程进度有关的各种有利因素和不利因素，只有这样，才能制定一个科学、合理的进度管理目标。确定工程项目进度管理目标的主要依据有：建筑工程总进度目标对施工工期的要求；工期定额、类似工程项目的实际进度；工程难易程度和工程条件的落实情况等。

确定工程项目进度目标应考虑以下几个方面：

（1）对于大型建筑工程项目，应根据尽早提供可动用单元的原则，集中力量分期、分批建设，以便尽早投入使用，尽快发挥投资效益。这时为保证每一动用单元能形成完整的生产能力，就要考虑这些动用单元交付使用时所必需的全部配套项目。因此，要处理好前期动用和后期建设的关系、每期工程中主体工程与辅助及附属工程之间的关系等。

（2）结合本工程的特点，参考同类建设工程的经验来确定施工进度目标，避免只按主观愿望盲目确定进度目标，从而在实施过程中造成进度失控。

（3）考虑工程项目所在地区的地形、地质、水文、气象等方面的限制条件。

（4）考虑外部协作条件的配合情况。包括施工过程及项目竣工后所需的水、电、气、通信、道路及其他社会服务项目的满足程度和满足时间，它们必须与有关项目的进度目标相协调。

（5）合理安排土建与设备的综合施工。要按照它们各自的特点，合理安排土建施工与设备基础、设备安装的先后顺序及搭接、交叉或平行作业，明确设备工程对土建工程的要求和土建工程为设备工程提供施工条件的内容及时间。

（6）做好资金供应能力、施工力量配备、物资（材料、构配件、设备）供应能力与施工进度的平衡工作，确保满足工程进度目标的要求。

（四）工程施工项目进度管理体系

（1）施工准备工作计划。施工准备工作的主要任务是为建设工程的施工创造必要的技术和物资条件，统筹安排施工力量和施工现场。施工准备的工作内容通常包括技术准备、物资准备、劳动组织准备、施工现场准备和施工场外准备。为落实各项施工准备工作，加强检查和监督，应根据各项施工准备工作的内容、时间和人员，编制施工准备工作计划。

（2）施工总进度计划。施工总进度计划是根据施工部署中施工方案和工程项目的开展程序，对全工地所有单位工程做出时间上的安排。施工总进度计划在于确定各单位工程及全工地性工程的施工期限及开竣工日期，进而确定施工现场劳动力、材料、成品、半成品、施工机械的需要数量和调配情况，以及现场临时设施的数量、水电供应量及能源需求量等。科学、合理地编制施工总进度计划，是保证整个建设工程按期交付使用、充分发挥投资效益、降低建设工程成本的重要条件。

（3）单位工程施工进度计划。单位工程施工进度计划是在既定施工方案的基础上，根据规定的工期和各种资源供应条件，遵循各施工过程的合理施工顺序，对单位工程中的各施工过程做出时间和空间上的安排，并以此为依据，确定施工作业所必需的劳动力、施工机具和材料供应计划。合理安排单位工程施工进度，是保证在规定工期内完成符合质量要求的工程任务的重要前提，也为编制各种资源需要量计划和施工准备工作计划提供依据。

（4）分部、分项工程进度计划。分部、分项工程进度计划是针对工程量较大或施工技术比较复杂的分部、分项工程，在依据工程具体情况所确定的施工方案的基础上，对其各施工过程所做出的时间安排。

第二节　建筑工程项目进度计划的编制

一、工程项目进度计划

(一)工程项目进度计划的分类

(1)按对象分类。工程项目进度计划按对象分类,包括建设项目进度计划、单项工程进度计划、单位工程进度计划,以及分部、分项工程进度计划等。

(2)按项目组织分类。工程项目进度计划按项目组织分类,包括建设单位进度计划、设计单位进度计划、施工单位进度计划、供应单位进度计划、监理单位进度计划和工程总承包单位进度计划等。

(3)按功能分类。工程项目进度计划按功能进行分类,包括控制性进度计划和实施性进度计划。

(4)按施工时间分类。工程项目进度计划按施工时间分类,包括年度施工进度计划、季度施工进度计划、月度施工进度计划、旬施工进度计划和周施工进度计划。

(二)施工进度控制计划的内容和进度控制的作用

1.施工总进度计划包括的内容

(1)编制说明。主要包括编制依据、步骤、内容。

(2)施工进度总计划表。包括两种形式,一种为横道图,另一种为网络图。

(3)分期分批施工工程的开工、竣工日期,工期一览表。

(4)资源供应平衡表。为满足进度控制而需要的资源供应计划。

2.单位工程施工进度计划包括的内容

(1)编制说明。主要包括编制依据、步骤、内容。

(2)进度计划图。

(3)单位工程进度计划的风险分析及控制措施。单位工程施工进度计划的风险分析及控制措施指施工进度计划由于其他不可预见的因素,如工程变更、自然条件和拖欠工程款等无法按计划完成时而采取的措施。

3.施工项目进度控制的作用

(1)根据施工合同明确开工、竣工日期及总工期,并以施工项目进度总目标确定各分项目工程的开工、竣工日期。

(2)各部门计划都要以进度控制计划为中心安排工作。计划部门提出月、旬计划,劳动力计划,材料部门调验材料、构建,动力部门安排机具,技术部门制定施工组织与安排等均以施工项目进度控制计划为基础。

(3)施工项目控制计划的调整。由于主客观原因或者环境原因出现了不必要的提前或延误的偏差,要及时调整纠正,并预测未来进度状况,使工程按期完工。

(4)总结经验教训。工程完工后要及时提供总结报告,通过报告总结控制进度的经验方法,对存在的问题进行分析,提出改进意见,以利于以后的工作。

二、施工项目总进度计划

(一)施工项目总进度计划的编制依据

(1)施工合同。施工合同包括合同工期,分期分批工期的开工、竣工日期,有关工期提前、延误调整的约定等。

(2)施工进度目标。除合同约定的施工进度目标外,承包人可能有自己的施工进度目标,用以指导施工进度计划的编制。

(3)工期定额。工期定额作为一种行业标准,是在许多过去的工程资料统计基础上得到的。

(4)有关技术经济资料。有关技术经济资料包括施工地址、环境等资料。

(5)施工部署与主要工程施工方案。施工项目进度计划在施工方案确定后编制。

(6)其他资料。如类似工程的进度计划。

(二)施工项目总进度计划编制的基本要求

施工项目总进度计划是施工现场各项施工活动在时间和空间上的体现。正确地编制施工项目总进度计划是保证各项目以及整个建设工程按期交付使用、充分发挥投资效益、降低建筑工程成本的重要条件。

(1)编制施工项目总进度计划是根据施工部署中的施工方案和施工项目开展的程序,对整个工地的所有施工项目做出时间和空间上的安排。其作用在于确定各个建筑物及其主要工种、分项工程、准备工作和全工地性工程的施工期限及开工和竣工的日期,从而确定建筑施工现场劳动力、原材料、成品、半成品、施工机械的需要数量和调配情况,以及现场临时设施的数量、水电供应数量和能源、交通的需要数量等。

(2)编制施工项目总进度计划要求保证拟建工程在规定的期限内完成,发挥投资效益,并保证施工的连续性和均衡性,节约施工费用。

(3)根据施工部署中拟建工程分期分批的投产顺序,将每个系统的各项工程分别划出,在控制的期限内进行各项工程的具体安排。当建设项目的规模不大、各系统工程项目不多时,也可不按照分期分批投产顺序安排,而直接安排项目总进度计划。

(三)施工项目总进度计划的编制步骤

1.计算工程量

根据批准的工程项目一览表,按单位工程分别计算其主要实物工程量,工程量只需粗略地计算。工程量的计算可按初步设计(或扩大初步设计)图纸和有关定额手册或资料进行。常用的定额手册和资料有:

(1)每万元或每10万元投资工程量、劳动量及材料消耗扩大指标。

(2)概算指标和扩大结构定额。

(3)已建成的类似建筑物、构筑物的资料。

2.确定各单位工程的施工期限

各单位工程的施工期限应根据合同工期确定,同时还要考虑建筑类型、结构特征、施工方法、施工管理水平、施工机械化程度及施工现场条件等因素。

如果在编制施工总进度计划时没有合同工期，则应保证计划工期不超过工期定额。

3.确定各单位工程的开工、竣工时间和相互搭接关系

确定各单位工程的开工、竣工时间和相互搭接关系时主要应注意以下几点：

(1)尽量提前建设可供工程施工使用的永久性工程，以节省临时工程费用。

(2)急需和关键的工程先施工，以保证工程项目如期交工。对于某些技术复杂、施工周期较长、施工困难较多的工程，亦应安排提前施工，以利于整个工程项目按期交付使用。

(3)同一时期施工的项目不宜过多，以避免人力、物力过于分散。

(4)尽量做到均衡施工，以使劳动力、施工机械和主要材料的供应在整个工期范围内达到均衡。

(5)施工顺序必须与主要生产系统投入生产的先后次序相吻合。同时还要安排好配套工程的施工时间，以保证建成的工程能迅速投入生产或交付使用。

(6)注意主要工种和主要施工机械能连续施工。

(7)应注意季节对施工顺序的影响，不能因施工季节影响工期及工程质量。

(8)安排一部分附属工程或零星项目作为后备项目，用于调整主要项目的施工进度。

4.编制施工总进度计划

(1)编制初步施工总进度计划。施工总进度计划既可以用横道图表示，也可以用网络图表示。由于采用网络计划技术控制工程进度更加有效，所以人们更多地采用网络图来表示施工总进度计划。特别是电子计算机的广泛应用，为网络计划技术的推广和普及创造了更加有利的条件。

(2)编制正式施工总进度计划。初步施工总进度计划编制完成后，要对其进行检查。主要是检查总工期是否符合要求，资源使用是否均衡且其供应是否能得到保证。如果出现问题，则应进行调整。调整的主要方法是改变某些工程的起止时间或调整主导工程的工期。如果是网络计划，则可以利用电子计算机分别进行工期优化、费用优化及资源优化。当初步施工总进度计划经过调整符合要求后，即可编制正式的施工总进度计划。正式的施工总进度计划确定后，应根据它编制劳动力、材料、大型施工机械等资源的需用量计划，以便组织供应，保证施工总进度计划的实现。

三、单位工程施工进度计划

(一)单位工程施工进度计划的编制依据

(1)项目管理目标责任。这个目标既不是合同目标，也不是定额工期，而是项目管理的责任目标，不但有工期，而且有开工时间和竣工时间。

(2)施工总进度计划。单位工程施工进度计划必须执行施工总进度计划中所要求的开工、竣工时间及工期安排。

(3)施工方案。施工方案对施工进度计划有决定性作用。施工顺序就是施工进度计划的施工顺序，施工方法直接影响施工进度。

(4)主要材料和设备的供应能力。施工进度计划编制的过程中，必须考虑主要材料和机械设备的能力。机械设备既影响所涉及项目的持续时间、施工顺序，又影响总工期。

一旦进度确定,则供应能力必须满足进度的需要。

(5)施工人员的技术素质及劳动效率。施工人员技术素质的高低,影响着施工的速度和质量,技术素质必须满足规定要求。

(6)施工现场条件、气候条件、环境条件。

(7)已建成的同类工程的实际进度及经济指标。

(二)单位工程施工进度计划的编制要点

1.单位工程工作分解及其逻辑关系的确定

单位工程施工进度计划属于实时性计划,用于指导工程施工,所以其工作分解宜详细一些,一般要分解到分项工程,如屋面工程应进一步分解到找平层、隔气层、保温层、防水层等分项工程。工作分解应全面,不能遗漏,还应注意适当简化工作内容,避免分解过细、重点不突出。为避免分解过细,可考虑将某些穿插性分项工程合并到主要分项工程中去,如安装木门窗框可以并入砌墙工程,楼梯工程可以合并到主体结构各层钢筋混凝土工程。

对同一时间内由同一工程作业队施工的过程(不受空间及作业面限制的)可以合并,如工业厂房中的钢窗油漆、钢门油漆、钢支撑油漆、钢梯油漆合并为钢构件油漆一个工作;对于次要的、零星的分项工程可合并为“其他工程”;对于分包工程主要确定与施工项目的配合,可以不必继续分解。

2.施工项目工作持续时间的计算方法

施工项目工作持续时间的计算方法一般有经验估计法、定额计算法和倒排计划法三种。

(1)经验估计法。该方法是根据过去的经验进行估计,一般适用于采用新工艺、新技术、新结构、新材料等无定额可循的工程,先估计出完成该施工项目的最乐观时间、最保守时间和最可能时间三种施工时间,然后确定该施工项目的工作持续时间。

(2)定额计算法。该方法是根据施工项目需要的劳动量或机械台班量,以及配备的劳动人数或机械台数,来确定其工作持续时间。

(3)倒排计划法。倒排计划法是根据流水施工方式及总工期要求,先确定施工时间和工作班制,再确定施工班组人数或机械台数。如果计算出的施工人数或机械台数对施工项目来说过多或过少,应根据施工现场条件、施工工作面大小、最小劳动组合、可能得到的人数和机械等因素合理调整。如果工期太紧,施工时间不能延长,则可考虑组织多班组、多班制的施工。

3.单位工程施工进度计划的安排

首先找出并安排各个主要工艺组合,并按流水原理组织流水施工,将各个主要工艺组合进行合理安排,然后将搭接工艺组合及其他工作尽可能地与其平行施工或做最大限度的搭接施工。

在主要工艺组合中,先找出主导施工过程,确定各项流水参数,对其他施工过程尽量采用相同的流水参数。

(三)单位工程施工进度计划的编制程序

1.研究施工图和有关资料并调查施工条件

认真研究施工图、施工组织总设计对单位工程进度计划的要求。

2.划分工作项目

工作项目是包括一定工作内容的施工过程,是施工进度计划的基本组成单元。工作项目内容的多少、划分的粗细程度,应该根据计划的需要来确定。对于大型建设工程,经常需要编制控制性施工进度计划,此时工作项目可以划分得粗一些,一般只明确到分部工程即可。

3.确定施工顺序

(1)确定施工顺序是为了按照施工的技术规律和合理的组织关系,解决各工作项目之间在时间上的先后和搭接问题,以达到保证质量、安全施工、充分利用空间、争取时间、实现合理安排工期的目的。

(2)一般来说,施工顺序受施工工艺和施工组织两方面的制约。当施工方案确定之后,工作项目之间的工艺关系也就随之确定。如果违背这种关系,将不可能施工,或者导致工程质量事故和安全事故的出现,或者造成返工浪费。

(3)不同的工程项目,其施工顺序不同。即使是同一类工程项目,其施工顺序也难以做到完全相同。因此,在确定施工顺序时,必须根据工程的特点、技术组织要求以及施工方案等进行研究,不能拘泥于某种固定的顺序。

(4)计算工程量。工程量的计算应根据施工图和工程量计算规则,针对所划分的每一个工作项目进行。当编制施工进度计划时已有预算文件,且工作项目的划分与施工进度计划一致时,可以直接套用施工预算的工程量,不必重新计算。当某些项目有出入,但出入不大时,应结合工程的实际情况进行某些必要的调整。

(5)绘制施工进度计划图。绘制施工进度计划图,首先应选择施工进度计划的表达形式。目前,常用来表达建设工程施工进度计划的方法有横道图和网络图两种形式。

第三节 流水施工作业进度计划

一、流水施工概述

(一)流水施工的概念

流水施工是指所有施工过程按一定的时间间隔依次投入施工,各个施工过程陆续开工、陆续竣工,使同一施工过程的施工班组保持连续、均衡施工,不同的施工过程尽可能平行搭接施工的组织方式。

流水施工是一种科学、有效的工程项目施工组织方法。流水施工可以充分地利用工作时间和操作空间,减少非生产性劳动消耗,提高劳动生产率,保证工程施工连续、均衡、有节奏地进行,对提高工程质量、降低工程造价、缩短工期有着显著的作用。

(二)流水施工的优点

(1)专业化的生产可提高工人的技术水平,使工程质量相应提高。

(2)便于改善劳动组织,改进操作方法和施工机具,有利于提高劳动生产率。

(3)工人技术水平和劳动生产率的提高,可以减少用工量和施工临时设施的建造量,降低工程成本,提高利润水平。

(4)可以保证施工机械和劳动力得到充分、合理的利用。

(5)由于其工期短、效率高、用人少、资源消耗均衡,可以减少现场管理费和物资消耗,实现合理储存与供应,有利于提高项目经理部的综合经济效益。

(6)由于流水施工具有连续性,可减少专业工作的间隔时间,达到缩短工期的目的,并使拟建工程项目尽早竣工、交付使用发挥投资效益。

(三)流水施工原理的应用

流水施工是一种重要的施工组织方法,对施工进度与效益都能产生很大影响。

(1)在编制单位工程施工进度计划时,应充分运用流水施工原理进行组织安排。

(2)在组织流水施工时,应将施工项目中某些在工艺上和组织上有紧密联系的施工过程合并为一个工艺组合,一个工艺组合内的几项工作组织流水施工。

(3)一个单位工程可以归并成几个主要的工艺组合。

(4)不同的工艺组合通常不能平行搭接,必须待一个工艺组合中的大部分施工过程或全部施工过程完成之后,另一个工艺组合才能开始。

二、流水施工的基本组织方式

建筑工程的流水施工要有一定的节拍才能步调和谐、配合得当。流水施工的节奏是由流水节拍决定的。大多数情况下,各施工过程的流水节拍不一定相等,甚至一个施工过程本身在各施工段上的流水节拍也不相等。因此,形成了不同节奏特征的流水施工。

(一)有节奏流水施工

有节奏流水施工是指同一施工过程在各施工段上的流水节拍都相等的流水施工方式。根据不同施工过程之间的流水节拍是否相等,有节奏流水施工分为固定节拍流水施工和成倍节拍流水施工。

(1)固定节拍流水施工。固定节拍流水施工是指在有节奏流水施工中,各施工段的流水节拍都相等的流水施工,也称为等节奏流水施工或全等节拍流水施工。

(2)成倍节拍流水施工。成倍节拍流水施工分为加快的成倍节拍流水施工和一般的成倍节拍流水施工。①加快的成倍节拍流水施工是指在组织成为节拍流水施工时,按每个施工过程流水节拍之间的比例关系,成立相应数量的专业工作队而进行的流水施工,也称为等步距异节奏流水施工。②一般的成倍节拍流水施工是指在组织成为节拍流水施工时,每个施工过程成立一个专业工作队,由其完成各施工段任务的流水施工,也称为异步距异节奏流水施工。

(二)非节奏流水施工

非节奏流水施工是流水施工中最常见的一种,指在组织流水施工时,全部或部分施工过程在各个施工段上的流水节拍不相等的流水施工方式。

三、流水施工的表达方式

(一)横道图

横道图又称甘特图、条形图。作为传统的工程项目进度计划编制及表示方法,它通过日历形式列出项目活动工期及其相应的开始和结束日期,为反映项目进度信息提供的一种标准格式。工程项目横道图一般在左边按项目活动(工作、工序或作业)的先后顺序列出项目的活动名称。图右边是进度表,图上边的横栏表示时间,用水平线段在时间坐标下标出项目的进度线,水平线段的位置和长度反映该项目从开始到完工的时间。

横道图的编制方法如下:

(1)根据施工经验直接安排的方法。这是根据经验资料及有关计算,直接在进度表上画出进度线的方法。这种方法比较简单实用,但施工项目多时,不一定能得到最优计划方案。其一般步骤是:先安排主导分部工程的施工进度,再将其余分部工程尽可能配合主导分部工程,最大限度地合理搭接起来,使其相互联系,形成施工进度计划的初步方案。在主导分部工程中,应先安排主导施工项目的施工进度,力求其施工班组能连续施工,其余施工项目尽可能与它配合、搭接或平行施工。

(2)按工艺组合组织流水施工的方法。这种方法是将某些在工艺上有关系的施工过程归并为一个工艺组合,组织各工艺组合内部的流水施工,然后将各工艺组合最大限度地搭接起来组织流水施工。

(二)垂直图

垂直图中的横坐标表示流水施工的持续时间,纵坐标表示流水施工所处的空间位置,即施工段的编号。斜向线段表示施工过程或专业工作队的施工进度。

第四节　网络计划控制技术

一、网络计划应用

网络计划应用的基本概念如下:

(1)网络图。由箭头和节点组成的,用来表示工作流程的有向、有序的网状图形称为网络图。在网络图上加注工作时间参数而编成的进度计划,称为网络计划。

(2)基本符号。单代号网络图和双代号网络图的基本符号有两个,即箭线和节点。

箭线在双代号网络图中表示工作,在单代号网络图中表示工作之间的联系。节点在双代号网络图中表示工作之间的联系,在单代号网络图中表示工作。

在双代号网络图中还有虚箭线,它可以联系两项工作,同时分开两项没有关系的工作。

(3)线路。网络图中从起点节点开始,沿箭头方向顺序通过一系列箭线与节点,最后到达终点节点的通路称为线路。线路既可依次用该线路上的节点编号来表示,也可依次用该线路上的工作名称来表示。

(4)关键线路与关键工作。在关键线路法中,线路上所有工作的持续时间总和称为该线路的总持续时间。总持续时间最长的线路称为关键线路,关键线路的长度就是网络计划的总工期。

关键线路上的工作称为关键工作。在网络计划的实施过程中,关键工作的实际进度提前或拖后,均会对总工期产生影响。

(5)先行工作。相对于某工作而言,从网络图的第一个节点(起点节点)开始,顺箭头方向经过一系列箭线与节点到达该工作为止的各条通路上的所有工作,都称为该工作的先行工作。

(6)后续工作。相对于某工作而言,从该工作之后开始,顺箭头方向经过一系列箭线与节点到网络图最后一个节点(终点节点)的各条通路上的所有工作,都称为该工作的后续工作。

(7)平行工作。在网络图中,相对于某工作而言,可以与该工作同时进行的工作即为该工作的平行工作。

(8)紧前工作。在网络图中,相对于某工作而言,紧排在该工作之前的工作称为该工作的紧前工作。在双代号网络图中,工作与其紧前工作之间可能有虚工作存在。

(9)紧后工作。在网络图中,相对于某工作而言,紧排在该工作之后的工作称为该工作的紧后工作。在双代号网络图中,工作与其紧后工作之间也可能有虚工作存在。

二、网络计划

(一)双代号时标网络计划

(1)概念。双代号时标网络计划(简称时标网络计划)必须以水平时间坐标为尺度表示工作时间。时标的时间单位应根据需要在编制网络计划之前确定,可以是小时、天、周、月或季度等。

(2)表示方法。在时标网络计划中,以实箭线表示工作,实箭线的水平投影长度表示该工作的持续时间;以虚箭线表示虚工作,由于虚工作的持续时间为零,故虚箭线只能垂直画;以波形线表示工作与其紧后工作之间的时间间隔(以终点节点为完成节点的工作除外,当计划工期等于计算工期时,这些工作箭线中波形线的水平投影长度表示其自由时差)。

(3)关键线路。时标网络计划中的关键线路可从网络计划的终点节点开始,逆着箭线方向进行判定。凡自始至终不出现波形线的线路即为关键线路。

(二)单代号搭接网络计划

(1)概念。在网络计划中,只要其紧前工作开始一段时间后,即可进行本工作,而不需要等其紧前工作全部完成之后再开始,工作之间的这种关系称为搭接关系。为了简单、直接地表达工作之间的搭接关系,使网络计划的编制得到简化,便出现了搭接网络计划。

(2)表示方法。搭接网络计划一般都采用单代号网络图的表示方法,即以节点表示工作,以节点之间的箭线表示工作之间的逻辑顺序和搭接关系。

(3)搭接种类。搭接网络计划的搭接种类有结束到开始的搭接关系、开始到开始的搭接关系、结束到结束的搭接关系、开始到结束的搭接关系和混合搭接关系。

(4)关键线路。从搭接网络计划的终点节点开始，逆着箭线方向依次找出相邻两项工作之间时间间隔为零的线路就是关键线路。关键线路上的工作即为关键工作，关键工作的总时差最小。

(三)多级网络计划

多级网络计划系统，是指由处于不同层级且相互有关联的若干网络计划所组成的系统。在该系统中，处于不同层级的网络计划既可以进行分解，形成若干独立的网络计划；又可以进行综合，形成一个多级网络计划系统。

第五节　建筑工程项目进度计划的实施

一、工程项目进度计划实施的内容

实施施工进度计划，要做好三项工作，即编制年、季、月、旬、周进度计划和施工任务书，通过班组实施；记录现场实际情况；落实、跟踪、调整进度计划。

(一)编制年、季、月、旬、周进度计划和施工任务书

(1)施工组织设计中编制的施工进度计划是按整个项目(或单位工程)编制的，带有一定的控制性，但还不能满足施工作业的要求。实际作业时按年、季、月、旬、周进度计划和施工任务书执行。

(2)作业计划除依据施工进度计划编制外，还应依据现场情况及年、季、月、旬、周的具体要求编制。计划以贯彻施工进度计划、明确当期任务及满足作业要求为前提。

(3)施工任务书是一份计划文件，也是一份核算文件，又是原始记录。它把作业计划下达到班组，并将计划执行与技术管理、质量管理、成本核算、原始记录、资源管理等融合为一体。

(4)施工任务书一般由工长根据计划要求、工程数量、定额标准、工艺标准、技术要求、质量标准、节约措施、安全措施等为依据进行编制。

(5)施工任务书下达班组时，由工长进行交底。交底内容为：交任务、交操作规程、交施工方法、交质量、交安全、交定额、交节约措施、交材料使用、交施工计划、交奖罚要求等，做到任务明确、报酬预知、责任到人。

(6)施工班组接到任务书后，应做好分工，安排完成，执行中要保质量、保进度、保安全、保节约、保工效提高。任务完成后，班组自检，在确认已经完成后，向工长报请验收。工长验收时查数量、查质量、查安全、查用工、查节约，然后回收任务书，交作业队登记结算。

(二)记录现场实际情况

在施工中，如实记载每项工作的开始日期、工作进程和完成日期，记录每日完成数量、施工现场发生的情况、干扰因素的排除情况，可为计划实施的检查、分析、调整、总结提供原始资料。

(三)落实、跟踪、调整进度计划

(1)检查作业计划执行中的问题,找出原因,并采取措施解决。

(2)督促供应单位按进度要求供应资料。

(3)控制施工现场临时设施的使用。

(4)按计划进行作业条件准备。

(5)传达决策人员的决策意图。

二、工程项目进度计划实施的基本要求

工程项目进度计划实施的基本要求有:

(1)经批准的进度计划,应向执行者进行交底并落实责任。

(2)进度计划执行者应制定实施方案。

(3)在实施进度计划的过程中应进行下列工作:①跟踪检查,收集实际进度数据。②将实际数据与进度计划进行对比。③分析计划执行的情况。④对产生的进度变化采取相应措施进行纠正或调整。⑤检查措施的落实情况。⑥进度计划的变更必须及时与有关单位和部门沟通。

三、实施施工进度计划应注意的事项

(1)在施工进度计划实施的过程中,应执行施工合同对开工及延期开工、暂停施工、工期延误及工程竣工的承诺。

(2)跟踪形象进度,对工程量、产值及耗用人工、材料和机械台班等的数量进行统计,编制统计报表。

(3)实施好分包计划。

(4)处理好进度索赔。

四、施工项目进度计划的检查

(一)施工项目进度计划检查的内容

根据不同需要,可对施工项目进度计划进行日检查或定期检查。检查的内容包括:①进度管理情况。②进度偏差情况。③实际参加施工的人力、机械数量与计划数。④检查期内实际完成和累计完成的工程量。⑤窝工人数、窝工机械台班数及其原因分析。

(二)施工项目进度计划检查的方式

(1)定期、经常地收集由承包单位提交的有关进度报表资料。项目施工进度报表资料不仅是对工程项目实施进度控制的依据,同时也是核对工程进度的依据。在一般情况下,进度报表格式由监理单位提供给施工承包单位,施工承包单位按时填写完后提交给监理工程师核查。报表的内容根据施工对象及承包方式的不同而有所区别,但一般应包括工作的开始时间、完成时间、持续时间、逻辑关系、实物工程量和工作量,以及工作时差的利用情况等。承包单位若能准确地填报进度报表,监理工程师就能从中了解到建设工程的实际进展情况。

(2)由驻地监理人员现场跟踪检查建设工程的实际进展情况。为了避免施工承包单位超报已完工程量,驻地监理人员有必要进行现场实地检查和监督。可以每月或每半月检查1次,也可每旬或每周检查1次。如果在某一施工阶段出现不利情况,则需要每天检查。

(3)召开现场会议。除上述两种方式外,由监理工程师定期组织现场施工负责人召开现场会议,也是获得工程项目实际进展情况的一种方式。通过面对面的交谈,监理工程师可以从中了解到施工过程中存在的潜在问题,以便及时采取相应的措施加以预防。

(三)施工项目进度计划检查的方法

进度计划的检查方法主要是对比法,即实际进度与计划进度对比,发现偏差则进行调整或修改计划。常用的检查比较方法有下列几种。

1.横道图比较法

横道图比较法是指将项目实施过程中检查实际进度收集到的数据,经加工整理后直接用横道线平行绘于原计划的横道线处,进行实际进度与计划进度比较的方法。

采用横道图比较法,可以形象、直观地反映实际进度与计划进度的比较情况。横道图比较法可分为以下两种方法:

(1)匀速进展横道图比较法。匀速进展是指在工程项目中,每项工作在单位时间内完成的任务量都是相等的,即工作的进展速度是均匀的。完成的任务量可以用实物工程量、劳动消耗量或费用支出表示。为了便于比较,通常用上述物理量的百分比表示。

采用匀速进展横道图比较法的步骤如下:

①编制横道图进度计划。

②在进度计划上标出检查日期。

③将检查时收集到的实际进度数据经加工整理后按比例用涂黑的粗线标于计划进度的下方。

④对比分析实际进度与计划进度:

a.如果涂黑的粗线右端落在检查日期左侧,表明实际进度拖后。

b.如果涂黑的粗线右端落在检查日期右侧,表明实际进度超前。

c.如果涂黑的粗线右端与检查日期重合,表明实际进度与计划进度一致。

应该指出,该方法仅适用于工作从开始到结束的整个过程中,其进展速度均为固定不变的情况。如果工作的进展速度是变化的,则不能采用这种方法进行实际进度与计划进度的比较,否则会得出错误结论。

(2)非匀速进展横道图比较法。当工作在不同单位时间里的进展速度不等时,累计完成的任务量与时间的关系就不可能是线性关系。此时,应采用非匀速进展横道图比较法进行工作实际进度与计划进度的比较。

采用非匀速进展横道图比较法的步骤如下:

①编制横道图进度计划。

②在横道线上方标出各主要时间工作的计划完成任务量累计百分比。

③在横道线下方标出相应时间工作的实际完成任务量累计百分比。

④用涂黑粗线标出工作的实际进度,从开始之日标起,同时反映出该工作在实施过程

中的连续与间断情况。

⑤通过比较同一时刻实际完成任务量累计百分比和计划完成任务量累计百分比，判断工作实际进度与计划进度之间的关系：

a.如果同一时刻横道线上方累计百分比大于横道线下方累计百分比，表明实际进度拖后，拖欠的任务量为二者之差。

b.如果同一时刻横道线上方累计百分比小于横道线下方累计百分比，表明实际进度超前，超前的任务量为二者之差。

c.如果同一时刻横道线上、下方两个累计百分比相等，表明实际进度与计划进度一致。

2.S形曲线比较法

S形曲线比较法是以横坐标表示进度时间，纵坐标表示累计完成任务量，绘制出一条按计划时间累计完成任务量的S形曲线，将施工项目的各检查时间实际完成的任务量与S形曲线进行实际进度与计划进度相比较的一种方法。

从整个工程项目实际进展全过程来看，施工过程中单位时间投入的资源量一般是开始和结束时较少，中间阶段较多。与其相对应，单位时间完成的任务量也呈同样的变化规律。S形曲线比较法与横道图比较法不同，它不是在编制的横道图进度计划上进行实际进度。

随工程进展累计完成的任务量则应呈S形变化，因其形似英文字母“S”而得名。利用S形曲线比较法同横道图一样，是在图上直观地将工程项目实际进度与计划进度进行比较。一般情况下，进度控制人员在计划实施前绘制出计划S形曲线，在项目实施过程中，按规定时间将检查的实际完成任务情况绘制在与计划S形曲线的同一张图上，可得出实际进度S形曲线。

五、施工进度偏差分析

在建筑工程项目实施过程中，当通过实际进度与计划进度的比较，发现有进度偏差时，需要分析该偏差对后续工作及总工期的影响，从而采取相应的调整措施对原进度计划进行调整，以确保工期目标的顺利实现。进度偏差的大小及其所处的位置不同，对后续工作和总工期的影响程度是不同的，分析时需要利用网络计划中工作总时差和自由时差的概念进行判断。

(一)分析发生进度偏差的工作是否为关键工作

(1)在工程项目的施工过程中，若出现偏差的工作为关键工作，则无论偏差大小，都对后续工作及总工期产生影响，必须采取相应的调整措施。

(2)若出现偏差的工作不是关键工作，需要根据偏差值与总时差和自由时差的大小关系，确定对后续工作和总工期的影响程度。

(二)分析进度偏差是否大于总时差

(1)在工程项目施工过程中，若工作的进度偏差大于该工作的总时差，说明此偏差必将影响后续工作和总工期，必须采取相应的调整措施。

(2)若工作的进度偏差小于或等于该工作的总时差,说明此偏差对总工期无影响,但它对后续工作的影响程度,需要根据比较偏差与自由时差的情况来确定。

(三)分析进度偏差是否大于自由时差

(1)在工程项目施工过程中,若工作的进度偏差大于该工作的自由时差,说明此偏差对后续工作产生影响,该如何调整,应根据后续工作允许影响的程度而定。

(2)若工作的进度偏差小于或等于该工作的自由时差,则说明此偏差对后续工作无影响,因此原进度计划可以不做调整。

六、施工进度计划的调整

(一)施工进度计划调整的要求

(1)使用网络计划进行调整,应利用关键线路。

(2)调整后编制的施工进度计划应及时下达。

(3)施工进度计划调整应及时有效。

(4)利用网络计划进行时差调整,调整后的进度计划要及时向班组及有关人员下达,防止继续执行原进度计划。

(二)施工进度计划调整的内容

施工进度计划的调整,以施工进度计划检查结果进行,调整的内容包括:施工内容、工程量、起止时间、持续时间、工作关系、资源供应。

(三)施工进度计划调整的方法

(1)关键线路调整的方法。当关键线路的实际进度比计划进度提前时,首先要确定是否对原计划工期予以缩短。如果不缩短,可以利用这个机会降低资源强度或费用。方法是选择后续关键工作中资源占用量大的或直接费用高的予以延长,延长的长度不应超过已完成的关键工作提前的时间量。当关键线路的实际进度比计划进度落后时,计划调整任务是采取措施把失去的时间补回来。

(2)非关键线路调整的方法。时差调整的目的是更充分地利用资源,降低成本,满足施工需要。时差调整的幅度不得大于计划总时差值。

(3)增减工作项目。增减工作项目均不应打乱原网络计划总的逻辑关系。由于增减工作项目,只能改变局部的逻辑关系,此局部改变不影响总的逻辑关系。增加工作项目,只是对原遗漏或不具体的逻辑关系进行补充;减少工作项目,只是对提前完成的工作项目或者不应设置而设置了的工作项目予以删除。只有这样才是真正调整而不是"重编"。增减工作项目之后重新计算时间参数。

(4)逻辑关系调整。施工方法或组织方法改变之后,逻辑关系也应调整。

(5)持续时间的调整。原计划有误或实现条件不充分时,方可调整。调整的方法是更新估算。

(6)资源调整。资源调整应在资源供应发生异常时进行。所谓异常,是指因供应满足不了需要(中断或强度降低)而影响计划工期的实现。

第六节　建筑施工项目进度计划控制总结

施工进度计划完成后，项目经理部要及时进行施工进度计划控制总结。

一、施工进度计划控制总结的依据

主要依据有：①施工进度计划；②施工进度计划执行的实际记录；③施工进度计划检查结果；④施工进度计划的调整自理资料。

二、施工进度计划控制总结的内容

（一）合同工期目标完成情况

合同工期主要指标计算式如下：

合同工期节约值＝合同工期－实际工期

指令工期节约值＝指令工期－实际工期

定额工期节约值＝定额工期－实际工期

计划工期提前率＝（计划工期－实际工期）/计划工期×100%

缩短工期的经济效益＝缩短一天产生的经济效益×缩短工期天数

分析缩短工期的原因，大致从以下方面着手：计划周密情况、执行情况、控制情况、协调情况、劳动效率。

（二）资源利用情况

资源利用情况所使用的指标计算式如下：

单方用工＝总用工数/建筑面积

劳动力不均衡系数＝最高日用工数/平均日用工数

节约工日数＝计划用工工日－实际用工工日

主要材料节约量＝计划材料用量－实际材料用量

主要机械台班节约量＝计划主要机械台班数－实际主要机械台班数

$$\text{主要大型机械节约率}=\frac{(\text{各种大型机械计划费之和}-\text{实际费之和})}{\text{各种大型机械计划费之和}\times 100\%}$$

资源节约的原因如下：计划积极可靠；资源优化效果好；按计划保证供应；认真制定并实施了节约措施；协调及时、省力。

（三）成本情况

成本情况主要指标计算式如下：

降低成本额＝计划成本－实际成本

降低成本率＝（降低成本额/计划成本额）×100%

节约成本的主要原因大致如下：计划积极可靠；成本优化效果好；认真制定并执行了节约成本措施；工期缩短；成本核算及成本分析工作效果好。

(四)施工进度控制经验

经验是指对成绩及其原因进行分析,为以后进度控制提供可借鉴的本质的、规律性的东西。分析进度控制的经验可以从以下四方面进行:①编制什么样的进度计划才能取得较大效益。②怎样优化计划更有实际意义。包括优化方法、目标、计算及电子计算机应用等。③怎样实施、调整与控制计划。包括记录检查、调整、修改、节约、统计等措施。④进度控制工作的创新。

(五)施工进度控制中存在的问题及分析

若施工进度控制目标没有实现,或在计划执行中存在缺陷,应对存在的问题进行分析,分析时可以定量计算,也可以定性分析。对产生问题的原因也要从编制和执行计划中去找。问题要找清,原因要查明,不能解释不清。遗留问题要到下一控制循环中解决。

施工进度中一般存在工期拖后、资源浪费、成本浪费、计划变化太大等问题,其原因一般包括计划本身的原因、资源供应和使用中的原因、协调方面的原因和环境方面的原因。

三、施工项目进度计划控制总结的编制方法

(1)在总结之前进行实际调查,取得原始记录中没有的情况和信息。
(2)提倡采用定量的对比分析方法。
(3)在计划编制和执行中,应认真积累资料,为总结提供信息准备。
(4)召开总结分析会议。
(5)尽量采用计算机储存资料进行计算、分析与绘图,以提高总结分析的速度和准确性。
(6)总结分析资料要分类归档。

第六章 建筑工程项目质量管理

第一节 建筑工程项目质量管理概述

一、建筑工程项目质量管理概念

(一)建筑工程项目质量的概念及特点

1.质量的概念

质量是指反映实体满足明确或隐含需要能力的特性的总和,国际化标准组织ISO9000族标准中对质量的定义是:质量是一组固有特性满足要求的程度。

质量的主体是"实体"。实体可以是活动或过程,如监理单位受业主委托实施建设工程监理或承包商履行施工合同的过程;也可以是活动或过程结果的有形产品,如已建成的厂房或者是无形产品,如监理规划等;还可以是某个组织体系,以及以上各项的组合。

"需要"通常被转化为有规定准则的特性,如适用性、可靠性、经济性、美观性及与环境的协调性等方面。在许多情况下,"需要"随时间、环境的变化而变化,这就要求定期修改反映这些"需要"的各项文件。

"明确需要"是指在合同、标准、规范、图纸、技术文件中已经做出明确规定的要求。"隐含需要"则应加以识别和确定:一是指顾客或社会对实体的期望;二是指被人们所公认的、不言而喻的、不必做出规定的需要,如住宅应满足人们最起码的居住需要,此即属于"隐含需要"。

获得令人满意的质量通常要涉及全过程各阶段众多活动的影响,有时为了强调不同阶段对质量的作用,可以称某阶段对质量的作用或影响,如"设计阶段对质量的作用或影响""施工阶段对质量的作用或影响"等。

2.建筑工程项目质量

建筑工程项目质量是国家现行的有关法律法规、技术标准、设计文件及工程合同中对建筑工程项目的安全、使用、经济、美观等特性的综合要求。工程项目一般是按照合同条件承包建设的,因此建筑工程项目质量是在"合同环境"下形成的。合同条件中对建筑工程项目的功能、使用价值及设计、施工质量等的明确规定都是业主的"需要",因而它们都是质量的内容。

(1)工程质量。工程质量是指能满足国家建设和人民需要所具备的自然属性。其通常包括适用性、可靠性、经济性、美观性和环境保护性等。

(2)工序质量。工序质量是指在生产过程中,人、材料、机具、施工方法和环境对装饰产品综合起作用的过程，这个过程所体现的工程质量称为工序质量。工序质量也要符合“设计文件”、建筑施工及验收规范的规定。工序质量是形成工程质量的基础。

(3)工作质量。工作质量并不像工程质量那样直观，其主要体现在企业的一切经营活动中，通过经济效果、生产效率、工作效率和工程质量集中体现出来。

工程质量、工序质量和工作质量是三个不同的概念，但三者有密切的联系。工程质量是企业施工的最终成果，其取决于工序质量和工作质量。工作质量是工序质量和工程质量的保证和基础，必须努力提高工作质量，以工作质量来保证和提高工序质量，从而保证和提高工程质量。提高工程质量是为了提高经济效益，为社会创造更多的财富。

3.建筑工程项目质量的特点

建筑工程项目质量的特点是由建筑工程项目的特点决定的。由于建筑工程项目具有单项性、一次性以及高投入性等特点，故建筑工程项目质量具有以下特点：

(1)影响因素多。设计、材料、机械、环境、施工工艺、施工方案、操作方法、技术措施、管理制度、施工人员素质等均直接或间接地影响建筑工程项目的质量。

(2)质量波动大。建筑工程建设因其具有复杂性、单一性，不像一般工业产品的生产那样有固定的生产流水线，有规范化的生产工艺和完善的检测技术，有成套的生产设备和稳定的生产环境，有相同系列规格和相同功能的产品，所以其质量波动大。

(3)质量变异大。影响建筑工程质量的因素较多，任一因素出现质量问题，均会引起工程建设系统的质量变异，造成建筑工程质量问题。

(4)质量具有隐蔽性。建筑工程项目在施工过程中，由于工序交接多、中间产品多、隐蔽工程多，若不及时检查并发现其存在的质量问题，事后看表面质量可能很好，但容易产生第二判断错误，即将不合格的产品认为是合格的产品。

(5)终检局限大。建筑工程项目建成后，不可能像某些工业产品那样，可以拆卸或解体来检查内在的质量，因此建筑工程项目终检验收时难以发现工程内在的、隐蔽的质量缺陷。

综上所述，对建筑工程质量更应重视事前、事中控制，防患于未然，将质量事故消灭于萌芽之中。

(二)建筑工程项目质量控制的分类

质量管理是在质量方面进行指挥、控制、组织、协调的活动。这些活动通常包括制定质量方针和质量目标以及质量策划、质量控制、质量保证与质量改进等一系列活动。质量控制是质量管理的一部分，是致力于满足质量要求的一系列活动，主要包括设定标准、测量结果、评价和纠偏。

建筑工程项目质量控制是指建筑工程项目企业为达到工程项目质量要求所采取的作业技术和活动。

建筑工程项目质量要求主要表现为工程合同、设计文件、技术规范规定的质量标准。因此，建筑工程项目质量控制就是为了保证达到工程合同规定的质量标准而采取的一系列措施、手段和方法。

建筑工程项目质量控制按其实施者的不同,可分为以下三个方面。

1.业主方面的质量控制

业主方面的质量控制包括以下两个层面的含义:

(1)监理方的质量控制。目前,业主方面的质量控制通常通过工程监理合同,委托监理单位对工程项目进行质量控制。

(2)业主方的质量控制。其特点是外部的、横向的控制。

工程建设监理的质量控制,是指监理单位受业主委托,为保证工程合同规定的质量标准对工程项目进行的质量控制。其目的是保证工程项目能够按照工程合同规定的质量要求达到业主的建设意图,并取得良好的投资效益。其控制依据除国家制定的法律法规外,主要是合同、设计图纸。在设计阶段及其前期的质量控制以审核可行性研究报告和设计文件、图纸为主,审核项目设计是否符合业主的要求。在施工阶段驻现场实地监理,检查是否严格按图施工,并达到合同文件规定的质量标准。

2.政府方面的质量控制

政府方面的质量控制是指政府监督机构的质量控制,其特点是外部的、纵向的控制。政府监督机构的质量控制是按城镇或专业部门建立有权威的工程质量监督机构,根据有关法规和技术标准对本地区(本部门)的工程质量进行监督检查。其目的是维护社会公共利益,保证技术性法规和标准贯彻执行。其控制依据主要是有关的法律文件和法定技术标准。在设计阶段及其前期的质量控制以审核设计纲要、选址报告、建设用地申请与设计图纸为主。在施工阶段以不定期的检查为主,审核是否违反城市规划,是否符合有关技术法规和标准的规定,对环境影响的性质和程度大小,有无防止污染、公害的技术措施。因此,政府质量监督机构根据有关规定,有权对勘察单位、设计单位、监理单位、施工单位的行为进行监督。

3.承建商方面的质量控制

承建商方面的质量控制是内部的、自身的控制。承建商方面的质量控制主要是施工阶段的质量控制,这是工程项目全过程质量控制的关键环节。其中心任务是通过建立健全有效的质量监督工程体系,来确保工程质量达到合同规定的标准和等级要求。

(三)建筑工程项目质量管理的原则

主要原则如下:①坚持“质量第一,用户至上”的原则;②坚持“以人为核心”的原则;③坚持“以预防为主”的原则;④坚持质量标准、严格检查和“一切用数据说话”的原则;⑤坚持贯彻科学、公正和守法的原则。

二、建筑工程项目的全面质量管理

(一)全面质量管理的概念

全面质量管理,是指为了获得使用户满意的产品,综合运用一整套质量管理体系、手段和方法所进行的系统管理活动。其特点是“三全”(全企业职工、全生产过程、全企业各个部门)、具有一整套科学方法与手段(数理统计方法及电算手段等),属于广义的质量观念。其与传统的质量管理相比有显著的成效,为现代企业管理方法中的一个重要分支。

全面质量管理的基本任务是建立和健全质量管理体系,通过企业经营管理的各项工作,以最低的成本、合理的工期生产出符合设计要求并使用户满意的产品。

全面质量管理的具体任务,主要有以下几个方面:①进行完善质量管理的基础工作;②建立和健全质量保证体系;③确定企业的质量目标和质量计划;④对生产过程各工序的质量进行全面控制;⑤严格把控质量检验工作;⑥开展群众性的质量管理活动,如质量管理小组活动等;⑦建立质量回访制度。

(二)全面质量管理的工作方法

全面质量管理的工作方法是 PDCA 循环工作法。PDCA 循环工作法把质量管理活动归纳为四个阶段,即计划阶段(Plan)、实施阶段(Do)、检查阶段(Check)和处理阶段(Action),其中共有八个步骤。

(1)计划阶段(P)。在计划阶段,首先要确定质量管理的方针和目标,并提出实现它们的具体措施和行动计划。计划阶段包括以下四个步骤:

第一步,分析现状,找出存在的质量问题,以便进行调查研究。

第二步,分析影响质量的各种因素,将其作为质量管理的重点对象。

第三步,在影响的诸多因素中找出主要因素,将其作为质量管理的重点对象。

第四步,制定改革质量的措施,提出行动计划并预计效果。

(2)实施阶段(D)。在实施阶段中,要按既定措施下达任务,并按措施去执行。这是 PDCA 循环工作法的第五个步骤。

(3)检查阶段(C)。检查阶段的工作是对执行措施的情况进行及时的检查,通过检查与原计划进行比较,找出成功的经验和失败的教训。这是 PDCA 循环工作法的第六个步骤。

(4)处理阶段(A)。处理阶段,就是对检查之后的各种问题加以处理。处理阶段可分为以下两个步骤:

第七步,总结经验,巩固措施,制定标准,形成制度,以便遵照执行。

第八步,将尚未解决的问题转入下一个循环。重新研究措施,制订计划,予以解决。

(三)质量保证体系

1.质量保证和质量保证体系的概念

(1)质量保证的概念。质量保证是指企业向用户保证产品在规定的期限内能正常使用。按照全面质量管理的观点,质量保证还包括上道工序提供的半成品保证满足下道工序的要求,即上道工序对下道工序实行质量保证。

质量保证体现了生产者与用户之间、上道工序与下道工序之间的关系。通过质量保证,将产品的生产者与使用者密切地联系在一起,促使企业按照用户的要求组织生产,达到全面提高质量的目的。

用户对产品质量的要求是多方面的,它不仅指交货时的质量,更主要的是在使用期限内产品的稳定性,以及生产者提供的维修服务质量等。因此,建筑装饰装修企业的质量保证，包括装饰装修产品交工时的质量和交工以后在产品的使用阶段所提供的维修服务质量等。

质量保证的建立，可以使企业内部各道工序之间、企业与用户之间有一条质量纽带，带动各方面的工作，为不断提高产品质量创造条件。

(2)质量保证体系的概念。质量保证不是生产的某一个环节问题，其涉及企业经营管理的各项工作，需要建立完整的系统。质量保证体系，就是企业为保证提高产品质量，运用系统的理论和方法建立的一个有机的质量工作系统。这个系统将企业各部门、生产经营各环节的质量管理职能组织起来，形成一个目标明确、责权分明、相互协调的整体，从而使企业的工作质量和产品质量紧密地联系在一起，生产过程与使用过程紧密地联系在一起，企业经营管理的各个环节紧密地联系在一起。

由于有了质量保证体系，企业便能在生产经营的各个环节及时地发现和掌握质量管理的目的。质量保证体系是全面质量管理的核心。全面质量管理实质上就是建立质量保证体系，并使其正常运转。

2.质量保证体系的内容

建立质量保证体系，必须与质量保证的内容相结合。建筑施工企业的质量保证体系的内容包括以下三部分：

(1)施工准备过程的质量保证。其主要内容有以下几项：

①严格审查图纸。为了避免设计图纸的差错给工程质量带来影响，必须对施工图纸进行认真审查。通过审查，及时发现错误，采取相应的措施加以纠正。

②编制好施工组织设计。编制施工组织设计之前，要认真分析企业在施工中存在的主要问题和薄弱环节，分析工程的特点，有针对性地提出防范措施，编制出切实可行的施工组织设计，以便指导施工活动。

③做好技术交底工作。在下达施工任务时，必须向执行者进行全面的质量交底，使执行人员了解任务的质量特性，做到心中有数，避免盲目行动。

④严格控制材料、构配件和其他半成品的检验工作。从原材料、构配件、半成品的进场开始，就应严格把好质量关，为工程施工提供良好的条件。

⑤施工机械设备的检查维修工作。施工前，要做好施工机械设备的检修工作，使机械设备经常保持良好的工作状态，不致发生故障，影响工程质量。

(2)施工过程的质量保证。施工过程是建筑工程产品质量的形成过程，是控制建筑产品质量的重要阶段。这个阶段的质量保证工作主要有以下几项：

①加强施工工艺管理。严格按照设计图纸、施工组织设计、施工验收规范、施工操作规程施工，坚持质量标准，保证各分项工程的施工质量。

②加强施工质量的检查和验收。按照质量标准和验收规程，对已完工的分部工程，特别是隐蔽工程，及时进行检查和验收。不合格的工程一律不得验收，促使操作人员重视问题，严把质量关。质量检查可采取群众自检、互检和专业检查相结合的方法。

③掌握工程质量的动态。通过质量统计分析，找出影响质量的主要原因，总结产品质

量的变化规律。统计分析是全面质量管理的重要方法,是掌握质量动态的重要手段。针对质量波动的规律,采取相应对策,防止质量事故发生。

(3)使用过程的质量保证。工程产品的使用过程是产品质量经受考验的阶段。施工企业必须保证用户在规定的期限内,正常地使用建筑产品。在这个阶段,主要有两项质量保证工作。

①及时回访。工程交付使用后,企业要组织对用户进行调查、回访,认真听取用户对施工质量的意见,收集有关资料,并对用户反馈的信息进行分析,从中发现施工质量问题,了解用户的要求,采取措施加以解决并为以后的工程施工积累经验。

②实行保修。对于施工原因造成的质量问题,建筑施工企业应负责无偿维修,取得用户的信任;对于设计原因或用户使用不当造成的质量问题,应当协助维修,提供必要的技术服务,保证用户正常使用。

3.质量保证体系的运行

在实际工作中,质量保证体系是按照 PDCA 循环工作法运行的。

4.质量保证体系的建立

建立质量保证体系,要求做好以下工作:

(1)建立质量管理机构。质量管理机构的主要任务是:统一组织、协调质量保证体系的活动;编制质量计划并组织实施;检查、督促各动态,协调各环节的关系;开展质量教育,组织群众性的管理活动。在建立综合性的质量管理机构的同时,还应设置专门的质量检查机构,负责质量检查工作。

(2)制订可行的质量计划。质量计划是实现质量目标和具体组织与协调质量管理活动的基本手段,也是企业各部门、生产经营各环节质量工作的行动纲领。企业的质量计划是一个完整的计划体系,既有长远的规划,又有近期的质量计划;既有企业总体规划,又有各环节、各部门具体的行动计划;既有计划目标,又有实施计划的具体措施。

(3)建立质量信息反馈系统。质量信息是质量管理的根本依据,它反映了产品质量形成过程的动态。质量管理就是根据信息反馈的问题,采取相应的措施,对产品质量形成过程实施控制。没有质量信息,也就谈不上质量管理。企业质量信息主要来自两部分:一是外部信息,包括用户、原材料和构配件供应单位、协作单位、上级组织的信息;二是内部信息,包括施工工艺、各分部分项工程的质量检验结果、质量控制中的问题等。企业必须建立一整套质量信息反馈系统,准确、及时地收集、整理、分析、传递质量信息,为质量管理体系的运转提供可靠的依据。

三、工程质量形成的过程与影响因素分析

(一)工程建设各阶段对质量形成的作用与影响

工程建设的不同阶段,对工程项目质量的形成有着不同的作用和影响。

(1)项目可行性研究阶段。项目可行性研究阶段是对与项目有关的技术、经济、社会、环境等各方面进行调查研究,分析论证各方案在技术上是否可行,在经济上是否合理,

以供决策者选择。项目可行性研究阶段对项目质量产生直接影响。

(2)项目决策阶段。项目决策是从两个及两个以上的可行性方案中选择一个更合理的方案。比较两个方案时,主要方案比较项目投资、质量和进度三者之间的关系。因此,决策阶段是影响工程建设质量的关键阶段。

(3)工程勘察、设计阶段。设计方案技术是否可行、在经济上是否合理、设备是否完善配套、结构是否安全可靠,都将决定建成后项目的使用功能。因此,设计阶段是影响建筑工程项目质量的决定性环节。

(4)工程施工阶段。工程施工阶段是根据设计文件和图样要求,通过相应的质量控制把质量目标和质量计划付诸实施的过程。施工阶段是影响建筑工程项目质量的关键环节。

(5)工程竣工验收阶段。工程竣工验收是对工程项目质量目标的完成程度进行检验、评定和考核的过程。竣工验收不认真,就无法实现规定的质量目标。因此,工程竣工验收是影响建筑工程项目的一个重要环节。

(6)使用保修阶段。保修阶段要对使用过程中存在的施工遗留问题及发现的新质量问题予以解决,最终保证建筑工程项目的质量。

(二)影响工程质量的因素

影响工程质量的因素归纳起来主要有五个方面,即人(Man)、材料(Material)、机械(Machine)、方法(Method)和环境(Environment),简称为“4M1E”因素。

1.人

人是指施工活动的组织者、领导者及直接参与施工作业活动的具体操作者。人员因素的控制就是对上述人员的各种行为进行控制。

2.材料

材料是指在工程项目建设中使用的原材料、成品、半成品、构配件等,其是工程施工的物质保证条件。

3.机械

(1)机械设备控制规定。①应按设备进场计划进行施工设备的准备。②现场的施工机械应满足施工需要。③应对机械设备操作人员的资格进行确认,无证或资格不符合的严禁上岗。

(2)施工机械设备的质量控制。施工机械设备的选用必须结合施工现场条件、施工方法工艺、施工组织和管理等各种因素综合考虑。

4.方法

施工方案的选择必须结合工程实际,做到能解决工程难题、技术可行、经济合理、加快进度、降低成本、提高工程质量。其具体包括:确定施工流向、确定施工程序、确定施工顺序、确定施工工艺和施工环境。

5.环境

环境条件是指对工程质量特性起重要作用的环境因素。影响施工质量的环境较多,主要有以下几项:①自然环境,如气温、雨、雪、雷、电、风等。②工程技术环境,如工程地质、水文、地形、地下水位、地面水等。③工程管理环境,如质量保证体系和质量管理工作制度。④工程作业环境,如作业场所、作业面等,以及前道工序为后道工序所提供的操作环境。⑤经济环境,如地方资源条件、交通运输条件、供水供电条件等。

环境因素对施工质量的影响有复杂性、多变性的特点,必须具体问题具体分析。如气象条件变化无穷,温度、湿度、酷暑、严寒等都直接影响工程质量。在施工现场应建立文明施工和文明生产的环境,保持材料堆放整齐、道路畅通、工作环境清洁、施工顺序井井有条。

四、施工承包单位资质的分类

(1)施工总承包企业。获得施工总承包资质的企业,可以对工程实行施工总承包或者对主体工程实行施工承包,施工总承包企业可以将承包的工程全部自行施工,也可以将非主体工程或者劳务作业分包给具有相应专业承包资质或者劳务分包资质的其他建筑业企业。施工总承包企业的资质按专业类别共分为12个资质类别,每一个资质类别又可分为特级、一级、二级、三级。

(2)专业承包企业。获得专业承包资质的企业,可以承接施工总承包企业分包的专业工程或者建设单位按照规定发包的专业工程。专业承包企业可以对所承接的工程全部自行施工,也可以将劳务作业分包给具有相应劳务分包资质的劳务分包企业。专业承包企业资质按专业类别共分为60个资质类别,每一个资质类别又可分为一级、二级、三级。

(3)劳务分包企业。获得劳务分包资质的企业,可以承接施工总承包企业或者专业承包企业分包的劳务作业。劳务承包企业有13个资质类别。

第二节　建筑工程施工质量管理体系

一、质量管理体系的基础

(一)质量管理体系的理论说明

质量管理体系能够帮助增进顾客满意度。

顾客要求产品具有满足其需求和期望的特性,这些需求和期望在产品规范中表述,并集中归结为客户要求。顾客要求可以由顾客以合同方式规定或由组织自己确定。在任何情况下,顾客最终确定产品的可接受性。因为顾客的需求和期望是不断变化的,这就促使组织持续地改进其产品和过程。

质量管理体系方法鼓励组织分析顾客要求,规定相关的过程,并使其持续受控,以提供顾客能接受的产品。

质量管理体系能提供持续改进的框架,以增加使顾客和其他相关方满意的可能性。质量管理体系还就组织能够提供持续满足要求的产品,向组织及其顾客提供信任。

(二)质量管理体系的方法

建立和实施质量管理体系的方法包括以下步骤:①确定顾客和其他相关方的需求和期望;②建立组织的质量方针和质量目标;③确定实现质量目标必需的过程和职责;④确定和提供实现质量目标必需的资源;⑤规定测量每个过程的有效性和高效率的方法;⑥应用这些测量方法确定每个过程的有效性和效率;⑦确定防止不合格并消除产生原因的措施;⑧在建立和应用过程中以持续改进质量管理体系。

(三)质量方针和质量目标

建立质量方针和质量目标为组织提供了关注的焦点。两者确定了预期的结果,并帮助组织利用其资源达到这些结果。质量方针为建立和评审质量目标提供了框架。质量目标需要与质量方针和持续改进的承诺相一致,并是可测量的。质量目标的实现对产品质量、作业有效性和财务业绩都有积极的影响,因此对相关方的满意和信任也产生积极影响。

(四)最高管理者在质量管理体系中的作用

最高管理者通过其领导活动可以创造一个员工充分参与的环境,质量管理体系能够在这种环境中有效运行。

基于质量管理原则,最高管理者可发挥以下作用:①制定并保持组织的质量方针和质量目标。②在整个组织内促进质量方针和质量目标的实现,以增强员工的意识、积极性和参与程度。③确保整个组织关注顾客要求。④确保实施适宜的过程,以满足顾客和其他相关方要求并实现质量目标。⑤确保建立、实施和保持一个有效的质量管理体系,以实现这些质量目标。⑥确保获得必要资源。⑦定期评价质量管理体系。⑧决定有关质量方针和质量目标的措施。⑨决定质量管理体系的措施。

(五)质量管理体系评审

最高管理者的一项任务是对质量管理体系关于质量方针和质量目标的适宜性、充分性、有效性和效率进行定期、系统的评审。这些评审可包括考虑修改质量方针和目标的需求,以响应相关方需求期望的变化。评审包括确定采取措施的需求。

二、质量管理的八项原则

(1)以顾客为关注焦点。组织(从事一定范围生产经营活动的企业)依存于顾客。组织应理解顾客当前和未来的需求,满足顾客要求并争取超越顾客的期望。

(2)领导作用。领导者确立本组织统一的宗旨和方向,并营造和保持员工充分参与实现组织目标的内部环境。因此,领导在企业的质量管理中起着决定性作用。只有领导重视,各项质量活动才能有效开展。

(3)全员参与。各级人员都是组织之本,只有全员充分参与,才能使他们的才干为组织带来收益。产品质量是产品形成过程中全体人员共同努力的结果,其中也包含为他们提供支持的管理、检查、行政人员的贡献。企业领导应对员工进行质量意识等各方面的教育,激发他们的积极性和责任感,为其能力、知识、经验的提高提供机会,发挥创造精神,鼓励持续改进,给予必要的物质和精神奖励,使全员积极参与,为达到让顾客满意的目标而奋斗。

(4)过程方法。将相关的资源和活动作为过程进行管理,可以更高效地得到期望的结果。任何使用资源进行生产的活动和将输入转化为输出的一组相关联的活动都可视为过程。

(5)管理的系统方法。将相互关联的过程作为系统加以识别、理解和管理,有助于组织提高实现其目标的有效性和效率。不同企业应根据自己的特点,建立资源管理、过程实现、测量分析改进等方面的关联关系,并加以控制,即采用过程网络的方法建立质量管理体系,实施系统管理。

(6)持续改进。持续改进总体业绩是组织的一个永恒目标,其作用在于增强企业满足质量要求的能力,包括产品质量、过程及体系的有效性和效率的提高。持续改进是增强和满足质量要求能力的循环活动,使企业的质量管理走上良性循环的轨道。

(7)基于事实的决策方法。有效的决策应建立在数据和信息分析的基础上,数据和信息分析是事实的高度提炼。以事实为依据做出决策,可防止决策失误。为此,企业领导应重视数据信息的收集、汇总和分析,以便为决策提供依据。

(8)与供方互利的关系。组织与供方是相互依存的,建立双方的互利关系可以增强双方创造价值的能力。供方提供的产品是企业提供产品的一个组成部分。处理好与供方的关系,是涉及企业能否持续、稳定提供顾客满意产品的重要问题。因此,对供方不能只讲控制,不讲合作互利,特别是关键供方,更要建立互利关系,这对企业与供方都有利。

三、质量管理体系的建立程序

依据《质量管理体系 基础和术语》(GB/T 19000—2016),建立一个新的质量管理体系或更新、完善现行的质量管理体系,一般应按照下列程序进行:

(1)企业领导决策。企业主要领导要下决心走质量效益型的发展道路,有建立质量管理体系的迫切需要。建立质量管理体系是企业内部多部门参加的一项全面性的工作,如果没有企业主要领导亲自领导、实践和统筹安排,是很难做好这项工作的。因此,领导真心实意地要求建立质量管理体系,是建立健全质量管理体系的首要条件。

(2)编制工作计划。工作计划包括培训教育、体系分析、职能分配、文件编制、配备仪器仪表设备等内容。

(3)分层次教育培训。组织学习《质量管理体系 基础和术语》(GB/T 19000—2016),结合本企业的特点,了解建立质量管理体系的目的和作用,详细研究与本职工作有直接联系的要素,提出控制要素的办法。

(4)分析企业特点。结合建筑业企业的特点和具体情况,确定采用哪些要素和采用程度。确定的要素要对控制工程实体质量起主要作用,能保证工程的适用性和符合性。

(5)落实各项要素。企业在选好合适的质量管理体系要素后,要进行二级要素展开,制订实施二级要素所必需的质量活动计划,并把各项质量活动落实到具体部门或个人。

企业在领导的亲自主持下，合理地分配各级要素与活动，使企业各职能部门都明确各自在质量管理体系中应担负的责任、应开展的活动和各项活动的衔接办法。分配各级要素与活动的一个重要原则就是：责任部门只能是一个，但允许有若干个配合部门。

在各级要素和活动分配落实后，为了便于实施、检查和考核，还要把工作程序文件化，即把企业的各项管理标准、工作标准、质量责任制、岗位责任制形成与各级要素和活动相对应的有效运行的文件。

(6)编制质量管理体系文件。质量管理体系文件按其作用，可分为法规性文件和见证性文件两类。质量管理体系的法规性文件是用以规定质量管理工作的原则，阐述质量管理体系的构成，明确有关部门和人员的质量职能，规定各项活动的目的要求、内容和程序的文件。在合同环境下，这些文件是供方向需方证实质量管理体系实用性的证据。质量管理体系的见证性文件是用以表明质量管理体系的运行情况和证实其有效性的文件(如质量记录、报告等)。这些文件记录了各质量管理体系要素的实施情况和工程实体质量的状态，是质量管理体系运行的见证。

四、质量管理体系的运行和改进

保持质量管理体系的正常运行和持续使用有效，是企业质量管理的一项重要任务，是质量管理体系发挥实际效能、实现质量目标的主要阶段。质量管理体系的运行是执行质量管理体系文件、实现质量目标、保持质量管理体系持续有效和不断优化的过程。质量管理体系的有效运行是依靠体系的组织机构进行组织协调、实施质量监督、开展信息管理、运行质量管理体系审核和评审实现的。由于客户的要求不断变化，组织需要对其质量管理体系进行一种持续的改进活动，以增强满足要求的能力。为了进行质量管理体系的持续改进，可采用“PDCA”循环的模式方法。

五、质量管理体系的认证

(一)质量管理体系认证的概念

质量管理体系认证由具有第三方公正地位的认证机构依据质量管理体系的要求、标准，审核企业质量管理体系要求的符合性和实施的有效性，进行独立、客观、科学、公正的评价，得出结论。若通过，则办理认证证书和认证标志，但认证标志不能用于具体的产品上。获得质量管理体系认证资格的企业可以申请特定产品的认证。

(二)质量管理体系认证的实施阶段

1.质量管理体系认证过程

质量管理体系认证过程总体上可分为以下四个阶段：

(1)认证申请。组织向其自愿选择的某个体系认证机构提出申请，并按该机构要求提交申请文件，包括企业质量手册等。体系认证机构根据企业提交的申请文件，决定是否受理申请，并通知企业。按惯例，机构不能无故拒绝企业的申请。

(2)体系审核。体系认证机构指派数名国家注册审核人员实施审核工作，包括审查企业的质量手册,到企业现场查证实际执行情况,并提交审核报告。

(3)审批与注册发证。体系认证机构根据审核报告,经审查决定是否批准认证。对批准认证的企业颁发体系认证证书,并将企业的有关情况注册公布,准予企业以一定方式使用体系认证标志。证书有效期通常为三年。

(4)监督。在证书有效期内,体系认证机构每年对企业进行至少一次的监督与检查,查证企业有关质量管理体系的保证情况。一旦发现企业有违反有关规定的事实证据,即对该企业采取措施,暂停或撤销该企业的体系认证。

2.维持与监督管理内容

获准认证后的质量管理体系,维持与监督管理内容包括以下方面:

(1)企业通报。认证合格的企业质量体系在运行中出现较大变化时,需向认证机构通报,认证机构接到通报后,视情况采取必要的监督检查措施。

(2)监督检查。认证机构对认证合格单位质量维持的情况进行监督性现场检查,包括定期和不定期的监督检查。定期检查通常是每年一次,不定期检查视需要临时安排。

(3)认证注销。注销是企业的自愿行为。在企业体系发生变化或证书有效期届满时未提出重新申请等情况下,认证持证者提出注销的,认证机构予以注销,并收回体系认证证书。

(4)认证暂停。认证暂停是认证机构对获认证企业质量体系发生不符合认证要求情况时采取的警告措施。认证暂停期间企业不得用体系认证证书做宣传。企业在采取纠正措施满足规定条件后,认证机构撤销认证暂停;否则,将撤销认证注册,收回合格证书。

(5)认证撤销。当获证企业发生下列情况时,认证机构应做出撤销认证的决定:①质量体系严重不符合规定的;②在认证暂停的规定期限内未予以整改的;③发生其他构成撤销体系认证资格的。

若企业不服可提出申诉。撤销认证的企业一年后可重新提出认证申请。

(6)复评。认证合格有效期满前,如企业愿继续延长,可向认证机构提出复评申请。

(7)重新换证。在认证证书有效期内,出现体系认证标准变更,体系认证范围变更、体系认证证书持有者变更的,可按规定重新更换。

第三节　建筑工程施工质量控制

一、施工准备阶段的质量控制

施工准备阶段的质量控制是指项目正式施工活动开始前,对各项准备工作及影响质量的各种因素和有关方面进行的质量控制。施工准备是为保证施工生产正常进行而必须事先做好的工作。施工准备工作不仅在工程开工前要做好,而且贯穿于整个施工过程。施工准备的基本任务就是为施工项目建立一切必要的施工条件,确保施工生产顺利进行,确保工程质量符合要求。

(一)技术资料、文件准备质量控制

工程施工前,应准备好以下技术资料与文件:

(1)质量管理相关法规、标准。国家及政府有关部门颁布的有关质量管理方面的法律法规,规定了工程建设参与各方的质量责任和义务,质量管理体系建立的要求、标准,质量问题处理的要求,质量验收标准等,这些是进行质量控制的重要依据。

(2)施工组织设计或施工项目管理规划。施工组织设计或施工项目管理规划是指导施工准备和组织施工的全面性技术经济文件,要对其进行两方面的控制:①选定施工方案后,制定施工进度过程中必须考虑施工顺序、施工流向,主要分部、分项工程的施工方法,特殊项目的施工方法和技术措施能否保证工程质量。②制订施工方案时,必须进行技术经济比较,使工程项目满足符合性、有效性和可靠性要求,实现施工工期短、成本低、安全生产、效益好的目标。

(3)施工项目所在地的自然条件及技术经济条件调查资料。

(4)工程测量控制资料。施工现场的原始基准点、基准线、参考标高及施工控制网等数据资料,是施工前进行质量控制的基础性工作,这些数据资料是进行工程测量控制的重要内容。

(二)设计交底质量控制

工程施工前,由设计单位向施工单位有关人员进行设计交底,其主要内容包括:

(1)设计意图:设计思想、设计方案比较、基础处理方案、结构设计意图、设备安装和调试要求、施工进度安排等。

(2)自然条件:地形、地貌、气象、工程地质及水文地质等。

(3)施工图设计依据:初步设计文件,规划、环境等要求,设计规范。

(4)施工注意事项:对基础处理的要求,对建筑材料的要求,采用新结构、新工艺的要求,施工组织和技术保证措施等。

(三)图纸研究和审核

通过研究和会审图纸,可以广泛听取使用人员、施工人员的正确意见,弥补设计上的不足,提高设计质量;可以使施工人员了解设计意图、技术要求、施工难点,为保证工程质量打好基础。

图纸研究和审核的主要内容包括:①对设计者的资质进行认定。②设计是否满足抗震、防火、环境卫生等要求。③图纸与说明是否齐全。④图纸中有无遗漏、差错或相互矛盾之处,图纸表示方法是否清楚并符合标准要求。⑤地质及水文地质等资料是否充分、可靠。⑥所需材料来源有无保证,能否替代。⑦施工工艺、方法是否合理,是否切合实际,是否便于施工,能否保证质量要求。⑧施工单位是否具备施工图及说明书中涉及的各种标准、图册、规范、规程等。

(四)物质准备质量控制

(1)材料质量控制的内容。材料质量控制的内容主要包括材料质量的标准,材料的性能,材料的取样、试验方法,材料的适用范围和施工要求等。

(2)材料质量控制的要求。①掌握材料信息,优选供货厂家。②合理组织材料供应,

确保施工正常进行。③合理地组织材料使用,减少材料的损失。④加强材料检查验收,严把材料质量关。⑤重视材料的使用认证,以防错用或使用不合格的材料。

(3)材料的选择和使用。材料的选择和使用不当,均会严重影响工程质量,甚至造成质量事故。因此,必须针对工程特点,根据材料的性能、质量标准、适用范围和对施工的要求等方面进行综合考虑,慎重地选择和使用材料。

(五)组织准备

建立项目组织机构、集结施工队伍,对施工队伍进行入场教育等。

(六)施工现场准备

控制网、水准点、标桩的测量;"五通一平";生产、生活临时设施等的准备;组织机具、材料进场;拟订有关试验、试制和技术进步项目计划;编制季节性施工措施;制定施工现场管理制度等。

(七)择优选择分包商并对其进行分包培训

分包商是直接的操作者,只有他们的管理水平和技术实力提高了,工程才能达到既定的质量目标,因此要着重对分包队伍进行技术培训和质量教育,帮助分包商提高管理水平。对分包班组长及主要施工人员,按不同专业进行技术、工艺、质量综合培训,未经培训或培训不合格的分包队伍不允许进场施工。要责成分包商建立责任制,并将项目的质量保证体系贯彻落实到各自的施工质量管理中,督促其对各项工作的落实。

二、施工阶段的质量控制

建筑生产活动是一个动态过程,质量控制必须伴随着生产过程进行。施工过程中的质量控制就是对施工过程在进度、质量、安全等方面进行全面控制。

(一)工序质量控制

工序是基础,直接影响工程项目的整体质量。因此,要求施工作业人员应按规定,经考核后持证上岗。施工管理人员及作业人员应按操作规程、作业指导书和技术交底文件进行施工。工序质量包含工序活动质量和工序效果质量。工序活动质量是指每道工序的投入质量是否符合要求;工序效果质量是指每道工序完成的工程产品是否达到有关质量标准。

工序的检验和试验应符合过程检验和试验的规定,对查出的质量缺陷按不合格控制程序及时处理,对验证中发现不合格产品和过程应按规定进行鉴别、标志、记录、评价、隔离和处置。不合格处置应根据不合格的严重程度,按返工、返修或让步接受、降级使用、拒收或报废四种情况进行处理。构成等级质量事故的不合格,应按国家法律、行政法规进行处置。对返修或返工后的产品,应按规定重新进行检验和试验。进行不合格让步接受时,项目经理应向发包人提出书面让步申请,记录不合格程度和返修的情况,双方签字确认让步接受协议和接受标准。对影响建筑主体结构安全和使用功能的不合格,应邀请发包人代表或监理工程师、设计方共同确定处理方案,报建设主管部门批准。检验人员必须按规定保存不合格控制的记录。

(二)质量控制点的设置

选择保证质量难度大、对质量影响大或是发生质量问题时危害大的对象作为质量控制点。主要有以下几个方面：

(1)关键的分部、分项及隐蔽工程，如框架结构中的钢筋工程、大体积混凝土工程、基础工程中的混凝土浇筑工程等。

(2)关键的工程部位，如民用建筑的卫生间、关键工程设备的设备基础等。

(3)施工中的薄弱环节，即经常发生或容易发生质量问题的施工环节，或在施工质量控制过程中无把握的环节，如一些常见的质量通病(渗水、漏水问题)。

(4)关键的作业，如混凝土浇筑中的振捣作业、钻孔灌注桩中的钻孔作业。

(5)关键作业中的关键质量特性，如混凝土的强度、回填土的含水量、灰缝的饱满度等。

(6)采用新技术、新工艺、新材料的部位或环节。

(三)施工过程中的质量检查

在施工过程中，施工人员是否按照技术交底、施工图纸、技术操作规程和质量标准的要求实施，直接影响工程产品的质量。

(1)施工操作质量的巡视检查。

(2)工序质量交接检查。严格执行“三检”制度，即自检、互检和交接检。各工序按施工技术标准进行质量控制，每道工序完成后应进行检查。各专业工种相互之间应进行交接检验，并做记录。未经监理工程师检查认可，不得进行下道工序施工。

(3)隐蔽验收检查。隐蔽验收检查，是指将其他工序施工所隐蔽的分项、分部工程，在隐蔽前所进行的检查验收。实践证明，坚持隐蔽验收检查，是避免质量事故的重要措施。隐蔽工程未验收签字，不得进行下道工序施工。隐蔽工程验收后，要办理隐蔽签证手续，列入工程档案。

(4)工程施工预检。预检是指工程在未施工前所进行的预先检查。预检是确保工程质量，防止发生偏差，造成重大质量事故的有力措施。其内容包括：①建筑工程位置。检查标准轴线桩和水平桩。②基础工程。检查轴线、标高、预留孔洞、预埋件的位置。③砌体工程。检查墙身轴线、楼房标高、砂浆配合比及预留孔洞位置尺寸。④钢筋混凝土工程。检查模板尺寸、标高、支撑预埋件、预留孔等，检查钢筋型号、规格、数量、锚固长度、保护层等，检查混凝土配合比、外加剂、养护条件等。⑤主要管线。检查标高、位置、坡度和管线的综合。⑥预制构件安装。检查构件位置、型号、支撑长度和标高。⑦电气工程。检查变电、配电位置，高低压进出口方向，电缆沟位置、标高、送电方向。预检后要办理预检手续，未经预检或预检不合格，不得进行下一道工序施工。

(四)工程变更

工程项目任何形式上、质量上、数量上的变动，都称为工程变更，它既包括了工程具体项目的某种形式上、质量上、数量上的改动，也包括了合同文件内容的某种改动。

(五)成品保护

在工程项目施工中，某些部位已完成，而其他部位还正在施工，对已完成部位或成品，不采取妥善的措施加以保护，就会造成损伤，影响工程质量，也会造成人、财、物的浪费和拖延工期;更为严重的是,有些损伤难以恢复原状,而成为永久性的缺陷。加强成品保护,要从两个方面着手,首先应加强教育,提高全体员工的成品保护意识;其次,要合理安排施工顺序,采取有效的保护措施。成品保护的措施包括:①护。即提前保护,防止对成品的污染及损伤。②包。即进行包裹,防止对成品的污染及损伤。③盖。即表面覆盖,防止堵塞、损伤。④封。即局部封闭。

(六)现场质量检查的方法

现场质量检查的方法主要有目测法、实测法和试验法等。

1.目测法

目测法即凭借感官进行检查,也称观感质量检验。其手段可概括为“看”“摸”“敲”“照”四个字。看,就是根据质量标准要求进行外观检查。例如,清水墙面是否洁净,喷涂的密实度和颜色是否良好、均匀,工人的操作是否规范,内墙抹灰的大面及口角是否平直,混凝土外观是否符合要求等。摸,就是通过触摸手感进行检查、鉴别。例如,油漆的光滑度,浆活是否牢固、不掉粉等。敲,就是运用敲击工具进行音感检查。例如,对地面工程、装饰工程中的水磨石、面砖、石材饰面等,均应进行敲击检查。照,就是通过人工光源或反射光照射,检查难以看到或光线较暗的部位。例如,管道井、电梯井等内的管线、设备安装质量,装饰吊顶内连接及设备安装质量等。

2.实测法

实测法就是通过实测数据与施工规范、质量标准的要求及允许偏差值进行对照,以此判断质量是否符合要求。其手段可概括为“靠”“量”“吊”“套”四个字。靠,就是用直尺、塞尺检查墙面、地面、路面等的平整度。量,就是指用测量工具和计量仪表等检查断面尺寸、轴线、标高、湿度、温度等的偏差。例如,大理石板拼缝尺寸与超差数量、摊铺沥青拌和料的温度、混凝土坍落度的检测等。吊,就是利用托线板以及线锤吊线检查垂直度。例如,砌体垂直度检查、门窗的安装等。套,就是以方尺套方,辅以塞尺检查。例如,对阴阳角的方正、踢脚线的垂直度、预制构件的方正、门窗口及构件的对角线检查等。

3.试验法

试验法是指通过必要的试验手段对质量进行判断的检查方法。

(1)理化试验。工程中常用的理化试验包括物理力学性能方面的检验和化学成分及其含量的测定等两个方面。力学性能的检验如各种力学指标的测定,包括抗拉强度、抗压强度、抗弯强度、抗折强度、冲击韧性、硬度、承载力等。各种物理性能方面的测定,如密度、含水量、凝结时间、安定性及抗渗、耐磨、耐热性能等。化学成分及其含量的测定,如钢筋中的磷、硫含量,混凝土中粗集料中的活性氧化硅成分,以及耐酸,耐碱、抗腐蚀性等。此外,根据规定,有时还需进行现场试验,例如,对桩或地基的静载试验、下水管道的通水试验、压力管道的耐压试验、防水层的蓄水或淋水试验等。

(2)无损检测。利用专门的仪器、仪表从表面探测结构物、材料、设备的内部组织结构或损伤情况。常用的无损检测方法有超声波探伤、X 射线探伤、γ 射线探伤等。

三、竣工验收阶段的质量控制

验收阶段的质量控制是指各分部分项工程都已经全部施工完毕后的质量控制。质量控制的主要工作有收尾工作、竣工资料的准备、竣工验收的预验收、竣工验收、工程质量回访。

(一)收尾工作

收尾工作的特点是零星、分散、工程量小、分布面广,如不及时完成,将会直接影响项目的验收及投产使用。因此,应编制项目收尾工作计划并限期完成。项目经理和技术员应对竣工收尾计划执行情况进行检查,对于重要部位要做好记录。

(二)竣工资料的准备

竣工资料是竣工验收的重要依据。承包人应按竣工验收条件的规定,认真整理工程竣工资料。竣工资料包括以下内容:①工程项目开工报告。②工程项目竣工报告。③图纸会审和设计交底记录。④设计变更通知单。⑤技术变更核定单。⑥工程质量事故发生后的调查和处理资料。⑦水准点位置、定位测量记录、沉降及位移观测记录。⑧材料、设备、构件的质量合格证明资料。⑨试验、检验报告。⑩隐蔽工程验收记录及施工日志。⑪竣工图。⑫质量验收评定资料。⑬工程竣工验收资料。

交付竣工验收的施工项目必须有与竣工资料目录相符的分类组卷档案。竣工资料的整理应注意以下几点:①工程施工技术资料的整理应始于工程开工,终于工程竣工,真实记录施工全过程,不能事后伪造。②工程质量保证资料的整理应按专业特点,根据工程的内在要求进行分类组卷。③工程检验评定资料的整理应按单位工程、分部工程、分项工程划分的顺序,分别组卷。④竣工资料按各省、自治区、直辖市的要求组卷。

(三)竣工验收

(1)竣工验收的依据:①批准的设计文件、施工图纸及说明书。②双方签订的施工合同。③设备技术说明书。④设计变更通知书。⑤施工验收规范及质量验收标准。

(2)竣工验收。承包人确认工程竣工、具备竣工验收各项要求,并经监理单位认可签署意见后,向发包人提交“工程验收报告”。发包人收到“工程验收报告”后,应在约定的时间和地点,组织有关单位进行竣工验收。发包人组织勘察、设计、施工、监理等单位按照竣工验收程序,对工程进行核查后,应给出验收结论,并形成“工程竣工验收报告”,参与竣工验收的各方负责人应在“竣工验收报告”上签字并盖单位公章,对工程负责,如发现质量问题,也便于追查责任。

(四)工程质量回访

工程交付使用后,应定期进行回访,按质量保证书承诺及时解决出现的质量问题。

1.回访

回访属于承包人为使工程项目正常发挥功能而制订的工作计划、程序和质量体系。通过回访了解工程竣工交付使用后,用户对工程质量的意见,促进承包人改进工程质量管理,为顾客提供优质服务。全部回访工作结束后应提出“回访服务报告”,收集用户对工程质量的评价,分析质量缺陷的原因,总结正、反两方面的经验和教训,采取相应的对策措施,加强施工过程质量控制,改进施工项目管理。

2.保修

业主与承包人在签订工程施工承包合同时,根据不同行业、不同的工程情况协商制定的建筑工程保修书,对工程保修范围、保修时间、保修内容进行约定。《建设工程项目管理规范》(GB/T 50326—2017)规定:保修期自竣工验收合格之日起计算,在正常使用条件下,建设工程的最低保修期限为:

(1)基础设施工程、房屋建筑的地基基础工程和主体结构工程,为设计文件规定的该工程的合理使用年限。

(2)屋面防水工程、有防水要求的卫生间和房间及外墙面的防渗漏,保修期为五年。

(3)供热与供冷系统,为两个采暖期、供冷期。

(4)电气管线、给水排水管道、设备安装和装修工程,保修期为两年。

(5)其他项目的保修期限由发包方与承包方约定。

根据国务院公布的条例,发包人和承包人在签署"工程质量保修书"时,应约定在正常使用条件下的最低保修期限。保修期限应符合下列原则:①条例已有规定的,应按规定的最低保修期限执行。②条例中没有明确规定的,应在工程"质量保修书"中具体约定保修期限。③保修期应自竣工验收合格之日起计算,保修有效期限至保修期满。

第四节　建筑工程项目质量控制的统计分析方法

一、统计调查表法

统计调查表法又称统计调查分析法,它是利用专门设计的统计表对质量数据进行收集、整理和粗略分析质量状态的一种方法。

在质量活动中,利用统计调查表收集数据,其优点为简便灵活、便于整理、实用有效。它没有固定格式,可根据需要和具体情况,设计出不同的统计调查表。常用的有以下几种:①分项工程作业质量分布调查表;②不合格项目调查表;③不合格原因调查表;④施工质量检查评定用调查表。

统计调查表同分层法结合起来应用,可以更好、更快地找出问题的原因,以便采取改进的措施。如采用统计调查表法对地梁混凝土外观质量和尺寸偏差进行调查。

二、分层法

分层法又称分类法,是将调查收集的原始数据,根据不同的目的和要求,按某一性质进行分组、整理的分析方法。常用的分层标志有以下六种:①按操作班组或操作者分层;②按使用机械设备型号分层;③按操作方法分层;④按原材料供应单位、供应时间或等级分层;⑤按施工时间分层;⑥按检查手段、工作环境分层。

分层法是质量控制统计分析方法中最基本的一种方法。其他统计方法一般都要与分层法配合使用,如排列图法、直方图法、控制图法、相关图法等。通常,首先利用分层法将原始数据分门别类,然后进行统计分析。

三、排列图法

排列图法是利用排列图寻找影响质量主次因素的一种有效方法。排列图又称帕累托图或主次因素分析图，是由两个纵坐标、一个横坐标、几个连起来的直方形和一条曲线所组成的。左侧的纵坐标表示产品频数，右侧的纵坐标表示累计频率，横坐标表示影响质量的各个因素或项目，按影响质量程度的大小从左到右排列，底宽相同，直方形的高度表示该因素影响的大小。

四、因果分析图法

因果分析图法是利用因果分析图来系统整理分析某个质量问题（结果）与其影响因素之间的关系，采取相应措施，解决存在的质量问题的方法。因果分析图也称为特性要因图，其又因形状被称为树枝图或鱼刺图。

（1）因果分析图的基本形式如图 6-1 所示。

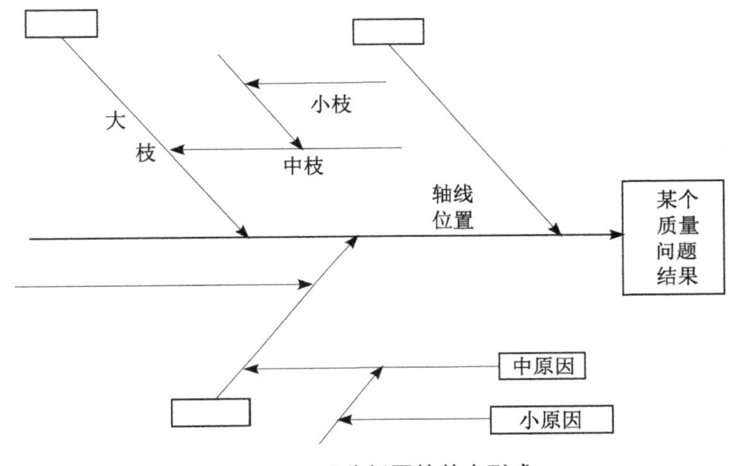

图 6-1　因果分析图的基本形式

从图 6-1 中可以看出，因果分析图由质量特性（质量结果，指某个质量问题）、要因（产生质量问题的主要原因）、枝干（指表示不同层次的原因的一系列箭线）、主干（指较粗的直接指向质量结果的水平箭线）等组成。

（2）因果分析图的绘制。因果分析图的绘制步骤与图中箭头方向相反，是从“结果”开始将原因逐层分解的，具体步骤如下：①明确质量问题-结果。作图时首先由左至右画出一条水平主干线，箭头指向一个矩形框，框内注明研究的问题，即结果。②分析确定影响质量特性的大方面的原因。一般来说，影响质量的因素有五大方面，即人、机械、材料、方法和环境。另外，还可以按产品的生产过程进行分析。③将每种大原因进一步分解为中原因、小原因，直至可以对分解的原因采取具体措施加以解决。④检查图中的所列原因是否齐全，可以对初步分析结果广泛征求意见，并作必要补充及修改。⑤选出影响大的关键因素，作出标记“△”，以便重点采取措施。

五、直方图法

直方图法即频数分布直方图法，它是将收集到的质量数据进行分组整理，绘制成频数分布直方图，用以描述质量分布状态的一种分析方法，所以又称为质量分布图法。通过对直方图的观察与分析,可以了解产品质量的波动情况,掌握质量特性的分布规律,以便对质量状况进行分析判断、评价工作过程能力等。

六、相关图法

相关图又叫散布图,不同于其他各种方法,它不是对一种数据进行处理和分析,而是对两种测定数据之间的相关关系进行处理、分析和判断。

(一)相关图质量控制的原理

使用相关图,就是通过绘图、计算与观察,判断两种数据之间究竟是什么关系,建立相关方程,从而通过控制一种数据达到控制另一种数据的目的。正如掌握了在弹性极限内钢材的应力和应变的正相关关系(直线关系),就可以通过控制拉伸长度(应变)而达到提高钢材强度的目的一样(冷拉的原理)。

(二)相关图质量控制的作用

(1)通过对相关关系的分析、判断,可以得到对质量目标进行控制的信息。

(2)质量结果与产生原因之间的相关关系,有时从数据上比较容易看清,但有时很难看清,这就有必要借助于相关图进行相关分析。

(三)相关图控制的关系

(1)质量特性和影响因素之间的关系,如混凝土强度与温度的关系。

(2)质量特性与质量特性之间的关系,如混凝土强度与水泥强度等级之间的关系、钢筋强度与钢筋混凝土强度之间的关系等。

(3)影响因素与影响因素之间的关系,如混凝土密度与抗渗能力之间的关系、沥青的黏结力与沥青的延伸率之间的关系等。

第五节　建筑工程质量事故及处理

由于影响建筑工程质量的因素众多而且复杂多变,建筑工程在施工过程中难免会出现各种各样不同程度的质量问题,甚至是质量事故。质量管理人员应当区分工程质量不合格、质量问题和质量事故,掌握处理工程质量问题的方法和程序以及质量事故的处理程序。

一、建筑工程质量问题及处理

(一)建筑工程质量问题的成因

建筑工程质量问题的成因错综复杂,而且一项质量问题往往是由多种原因所引起的,但归纳其基本的因素主要有以下几个方面:

(1)违背建设程序。建设程序是工程项目建设过程及其客观规律的反映。不按建设程序办事,如边设计边施工、不经竣工验收便交付使用等,常常是导致工程质量问题的重要原因。

(2)违反法规行为。如无证设计、无证施工、越级设计、越级施工、工程招标投标中的不公平竞争、超常的低价中标、非法分包、转包、挂靠,擅自修改设计等,势必会严重影响工程质量。

(3)地质勘探失真。如地质勘察不符合规定要求,地质勘察报告不详细、不准确、不能全面反映实际地基情况等,均会导致采用不恰当或错误的基础方案,造成地基不均匀沉降、失稳,使上部结构或墙体开裂、破坏,或引发建筑物倾斜、倒塌等工程质量问题。

(4)设计差错。如盲目套用其他工程设计图纸、采用不正确的结构方案、设计计算错误等,都会引起工程质量问题。

(5)施工与管理不到位。如不按图纸施工或未经设计单位同意擅自修改设计;图纸未经会审,仓促施工;施工组织管理紊乱,不熟悉图纸,盲目施工;施工方案考虑不周,施工顺序颠倒;技术交底不清,违章作业;疏于质量检查、验收等,这些均会导致工程质量问题。

(6)使用不合格的材料、制品及设备。如钢筋、水泥、外加剂、砌块等原材料,预拌混凝土、预拌砂浆等半成品材料,使用不合格的预制构件、配件,以及使用有质量缺陷的建筑设备等,必然会造成工程质量问题。

(7)自然环境因素。是指空气温度、湿度、暴雨、大风、洪水、雷电、日晒等,均可能成为工程质量问题的诱因。

(8)使用不当。对建筑物或设施使用不当也易造成质量问题。如未经校核验算就任意对建筑物加层,任意拆除承重结构部位,任意在结构物上开槽、打洞,削弱承重结构截面等,都会引起工程质量问题。

(二)建筑工程质量问题的处理

当发生工程质量问题时,应当按以下程序进行处理:

(1)判定质量问题的严重程度。对于可以通过返修或返工弥补的,可签发监理通知,责成施工单位写出质量问题调查报告,提出处理方案,并填写监理通知回复单。监理工程师审核后,做出批复,必要时需经建设单位、设计单位认可,对处理结果应重新进行检验。

(2)对于需要加固补强的质量问题以及存在的质量问题影响下道工序、分项工程质量的情况,监理工程师应签发工程暂停令,责令施工单位停止存在质量问题的部位、与其有关联的部位以及下道工序的施工,必要时应要求施工单位采取防护措施。监理工程师应责成施工单位提交质量问题调查报告,由设计单位提出处理方案,并在征得建设单位同意后,批复施工单位处理。对处理的结果应当重新进行检验。

(3)施工单位接到监理通知后,应在监理工程师的组织参与下,尽快进行质量问题调查,并编写调查报告。调查报告应全面、详细、客观、准确。调查报告主要包括以下内容:①与质量问题有关的工程情况;②发生质量问题的时间、地点、部位、性质、现状及发展变化等情况;③调查中的有关数据和资料;④原因分析与判断;⑤是否需要采取临时防护措施;⑥质量问题处理补救的建议方案;⑦涉及的有关人员、责任,预防类似质量问题再次出现的措施等。

(4)监理工程师审核、分析质量问题调查报告,判断、确认质量问题产生的原因。

(5)在分析原因的基础上,认真审核、签认质量问题处理方案。

(6)指令施工单位按既定的处理方案实施处理并进行跟踪检查。

(7)监理工程师在质量问题处理完毕后,组织有关人员对处理结果进行严格的检查、鉴定和验收,并写出质量问题处理报告,报建设单位、监理单位存档。

质量问题处理报告的内容主要包括:①对处理过程的描述;②调查与核查的情况,包括有关数据、资料;③原因分析结果;④处理的依据;⑤审核认可的质量问题处理方案;⑥实施处理中的有关原始数据、验收记录和资料;⑦对处理结果的检查、鉴定和验收结论;⑧质量问题处理结论。

二、建筑工程质量事故的特点、分类

(一)建筑工程质量事故的特点

1.复杂性

建筑工程的特点是:产品固定,生产流动;产品多样,结构类型不一;露天作业多,自然条件复杂多变;材料品种、规格多,材料性能各异;多工种、多专业交叉施工,相互干扰大;工艺要求不同,施工方法各异,技术标准多样等。因此,影响工程质量的因素繁多,造成质量事故的原因错综复杂,即使是同一类质量事故,其原因却可能多种多样或截然不同。例如,就墙体开裂质量事故而言,其产生的原因就可能是:设计计算有误,承载力不足引起开裂;结构构造不良引起开裂;地基不均匀,沉降引起开裂;冷缩及干缩应力引起开裂;冻胀力引起开裂;施工质量低劣、偷工减料或材质不良引起开裂等。所以,对质量事故的性质、原因进行分析时,必须对质量事故发生的背景进行认真调查,结合具体情况仔细判断。

2.严重性

建筑工程项目一旦出现质量事故,其影响较大。轻者影响施工顺利进行,拖延工期,增加工程费用;严重者则会留下隐患,成为危险的建筑,影响施工功能或不能使用;更严重的还会引起建筑物的失稳、倒塌,造成人身伤亡及财产的巨大损失。所以,对于建筑工程质量事故问题不能掉以轻心,必须高度重视,加强对工程建设的监督管理,防患于未然,力争将事故消灭于萌芽之中,以确保建筑物的安全使用。

3.可变性

许多建筑工程的质量问题出现后,其质量状态并非稳定于发现时的初始状态,而是有可能随着时间的推移而不断地发展、变化。例如,地基基础或桥墩的超量沉降可能随上部荷载的持续作用而继续发展;混凝土结构出现的裂缝可能随环境温度的变化而变化,或随荷载的变化及荷载作用时间而变化等。因此,有些在初始阶段并不严重的质量问题,如不能及时进行处理,有可能发展成严重的质量事故。

4.多发性

建筑工程中有些质量事故,往往在一些工程中经常发生,从而成为多发性的质量通病,例如,预制构件裂缝、悬挑梁板断裂、钢屋架失稳等。因此,要及时分析原因、总结经验,采取有效的预防措施。

(二)建筑工程质量事故的分类

1.按事故造成的后果分类

(1)未遂事故。发现质量问题后及时采取措施,未造成经济损失、延误工期或其他不良后果者,均属于未遂事故。

(2)已遂事故。凡出现不符合质量标准或设计要求,造成经济损失、工期延误或其他不良后果者,均构成已遂事故。

2.按事故的责任分类

(1)指导责任事故。这是指工程实施指导或管理失误所造成的质量事故,例如,由于追求进度赶工、放松或不按质量标准进行作业控制和检验、降低施工质量标准等。

(2)操作责任事故。这是指在施工过程中,实施操作者不按规程或标准实施操作所造成的质量事故,例如,浇筑混凝土时随意加水调整混凝土坍落度、混凝土拌和物产生了离析现象仍浇筑入模、土方填压施工未按要求控制土料含水量及压实遍数等。

3.按事故产生的原因分类

(1)技术原因引发的质量事故。这是指在工程项目实施中设计、施工在技术上失误所造成的质量事故,例如,结构设计计算错误,地质情况估计错误,盲目采用技术上不成熟、实际应用中未充分验证其可靠性的新技术,采用不适宜的施工方法或工艺等。

(2)管理原因引发的质量事故。这是指管理上的不完善或失误所引发的质量事故,例如,施工单位的质量管理体系不完善、质量管理措施落实不力,检测仪器设备因管理不善而失准,导致进料检验不准等原因引起的质量问题。

(3)社会、经济原因引发的质量事故。这主要是指社会上存在的不正之风、经济犯罪等干扰工程建设的错误行为所导致的质量事故,例如,盲目追求利润而置工程质量于不顾;在建筑市场上压价投标,中标后则依靠违法手段或修改方案追加工程款,或偷工减料;层层转包,或违法分包工程等。这些都是导致工程质量事故的不可忽视的原因,应当给以充分重视。

4.按施工造成损失的程度分类

(1)一般质量事故。凡具备下列条件之一者为一般质量事故:直接经济损失在5 000元(含5 000元)以上,不满50 000元的;影响使用功能和工程结构安全,造成永久质量缺陷的。

(2)严重质量事故。凡具备下列条件之一者为严重质量事故:直接经济损失在50 000元(含50 000元)以上,不满100 000元的;影响使用功能和工程结构安全,存在重大质量隐患的;事故性质恶劣或造成两人以下重伤的。

(3)重大质量事故。凡具备下列条件之一者为重大质量事故,属于建筑工程重大事故范畴:工程倒塌或报废;由于质量事故,造成人员死亡或重伤3人以上;直接经济损失在100 000元以上。

三、建筑工程质量事故的处理

工程质量事故发生后,必须对事故进行调查与处理。

(1)暂停质量事故部位和与其有关联部位的施工。工程质量事故发生后,总监理工程师应签发工程暂停令,要求施工单位停止进行质量缺陷部位和与其有关联部位及下道工序的施工,并要求施工单位采取必要的措施,防止事故扩大并保护好现场。同时,要求质量事故发生单位迅速按类别和等级向相应的主管部门上报,并于24 h内写出书面报告。

质量事故报告的主要内容包括事故发生的单位名称、工程名称、部位、时间、地点，事故概况和初步估计的直接损失，事故发生原因的初步分析，事故发生后所采取的措施，其他相关的各种资料。

(2)监理方应配合事故调查组进行调查。监理工程师应积极协助事故调查组的工作，客观地提供相应证据。若监理方无责任，监理工程师可应邀参加调查组，参与事故调查；若监理方有责任，则应予以回避，但应配合调查组工作。

(3)在事故调查的基础上进行事故原因分析，正确判断事故原因。事故原因分析是确定事故处理措施方案的基础。正确的处理来源于对事故原因的正确判断，只有对调查中所得到的调查资料、数据进行详细、深入的分析，才能找出造成事故的真正原因。

(4)在事故原因分析的基础上，研究确定事故处理方案。监理工程师接到质量事故调查组提出的技术处理意见后，可组织相关单位研究，并责成相关单位完成技术处理方案，而后予以审核签认。质量事故技术处理方案，一般应委托原设计单位提出，由其他单位提供的技术处理方案，应经原设计单位同意签认。技术处理方案的制订，应征求建设单位的意见。技术处理方案必须依据充分，应在质量事故的部位、原因全部查清的基础上确定，必要时应委托法定工程质量检测单位进行质量鉴定或请专家论证，以确保技术处理方案的可靠和可行，保证结构的安全和使用功能。事故处理方案应经监理工程师审查同意后，报请建设单位和相关主管单位核查、批准。

(5)施工单位按批复的处理方案实施处理。技术处理方案核签后，由监理工程师指令施工单位按批复的处理方案实施处理。监理工程师应要求施工单位对此制定详细的施工方案，必要时应编制监理实施细则，对工程质量事故技术处理的施工质量进行监理，对技术处理过程中的关键部位和关键工序应进行旁站监理，并会同设计单位、建设单位及有关单位等共同检查认可。

(6)对质量事故处理完工部位重新检查、鉴定和验收。施工单位对质量事故处理完毕后应进行自检并报验结果，监理工程师应组织有关人员对处理结果进行严格的检查、鉴定和验收。事故单位编写“质量事故处理报告”交监理工程师审核签认，并提交建设单位，而后上报有关主管部门。

“质量事故处理报告”的内容主要包括工程质量事故的情况，质量事故的调查情况及事故原因分析，事故调查报告中提出的事故防范及整改措施意见，质量事故处理方案及技术措施，质量事故处理中的有关原始数据、记录、资料，事故处理后检查验收情况，给出质量事故结论意见。

第七章　绿色施工管理

第一节　绿色施工管理基本知识

绿色施工是指在保证质量、安全等基本要求的前提下，通过科学管理和技术进步，最大限度地节约资源，减少对环境的负面影响，实现“四节一环保”（节能、节材、节水、节地和环境保护）的建筑工程施工活动。绿色施工要求以资源的高效利用为核心，以环境保护优先为原则，追求高效、低耗、环保，统筹兼顾，实现经济、社会、环境综合效益最大化的施工模式。在工程项目的施工阶段推行绿色施工，其主要包括选择绿色施工方法、采取节约资源措施、预防和治理施工污染、回收与利用建筑废料四个方面内容。

要实现绿色施工，实施和保证绿色施工管理尤为重要。绿色施工管理主要包括组织管理、规划管理、目标管理、实施管理、评价管理五大方面。以传统施工管理为基础，文明施工、安全管理为辅助，实现绿色施工目标为目的，在技术进步的同时，完善包含绿色施工思想的管理体系和方法，用科学的管理手段实现绿色施工。

绿色建筑是综合运用当代建筑学、生态学及其他技术科学的成果，把住宅建造成一个小型生态系统，为居住者提供生机盎然、自然气息浓厚、方便舒适并节省能源、没有污染的居住环境。“绿色”并非一般意义的立体绿化、屋顶花园，而是对环境无害的一种标志。绿色生态建筑是指这种建筑能够在不损害生态环境的前提下，提高人们的生活质量及当代与后代的环境质量，其“绿色”的本质是物质系统的首尾相接，无废无污、高效和谐、开放式闭合性良性循环。通过建立起建筑物内外的自然空气、水分、能源及其他各种物资的循环系统来进行“绿色”建筑的设计，并赋予建筑物以生态学的文化和艺术内涵。在生态建筑中，可通过采用智能化系统来监控环境的空气、水、土的温湿度；自动通风；加湿、喷灌、监控管理“三废”（废水、废气、废渣）的处理等，并实现节能。绿色施工以打造绿色建筑为落脚点，不仅仅局限于绿色建筑的性能要求，更侧重于过程控制。没有绿色施工，建造绿色建筑就成为空谈。绿色施工是综合人与生态于一体的理念。必须是高效的、环境友好的、人身安全的、资源节约的，按照社会未来发展方向，坚持天人合一的基本理念，实施高效型建筑，确保人身安全，构建安全舒适的环境，努力节约资源。

一、加强绿色施工的管理

（一）材料循环利用

循环利用是指改变了建筑垃圾的性状，作为一种新材料在工程中的使用。从浪费型社会转向一个材料循环利用的社会，有助于以多种方式使生活标准有广泛的提高。材料回收利用有以下优点：在环境方面，减少能源的利用可以降低二氧化碳的排放、酸雨和过量开采矿石所造成的环境破坏。从经济上来说，材料的回收利用可以节约能源，减少垃圾占地的面积,也降低了收集和处理垃圾的费用。从社会观点来看,材料的回收利用可减少废弃物。正因为材料的回收利用可节省能源和资金,并提供就业机会,因此它也就完全适宜于未来的世界经济——那时,资本和能源是昂贵的,劳动力相对来说是充裕的。就国家安全来说,一个材料回收利用的社会是不易于遭受原料输入中断的影响的。然而更为重要的是,进口能源的国家对材料回收利用更感兴趣,因为这样可以减少能源消耗。建筑企业可以在这方面加大研发力度,可以作为资源加工利用。对于砂石等固体废弃物,也可加工成各种墙体材料、再生混凝土骨料等。施工现场解决了建筑垃圾,为绿色施工创造条件。

(二)应用高性能混凝土

目前,高性能混凝土的研究已显示出了水泥混凝土提高耐久性、延长使用寿命的潜力。而开发直接有益于生态环境的生态混凝土,更为混凝土行业的发展提出了新的思路。利用各种工业废渣和农业废弃物生产新型建筑材料,也是建材产业消纳废渣的重要途径,极具广阔前景。墙体材料生产可大量消纳和利用工业废渣及农业废弃物替代天然资源制造环保利废型墙体材料,如利用煤矸石、粉煤灰、电石渣、炉渣等工业废渣和农业废弃物生产各种新型墙体材料、屋面材料、保温材料,利用各种工业石膏(包括排烟脱硫石膏)生产纸面石膏板,利用蔗渣等植物纤维生产纤维板等。建材产业在利用煤矸石、粉煤灰生产新型墙体材料方面已取得十分喜人的成果。我国以每年 3 亿 t 的速度增长的工业废渣,目前已堆积 70 多亿 t,仅堆积占用土地就达 6.7 万 hm^2,每年还排放上亿吨的二氧化碳等有害气体。如将这些工业废渣用于生产新型墙材,可生产环保、节能、保温的新型墙材近 50 000亿块,能满足我国建筑行业 6~7 年的墙材需求,退耕还田 6.7 万 hm^2,而且具有极为广泛的节能效果。综合利用建筑垃圾是让资源循环再生、保护耕地和生态环境的有效途径。在建筑垃圾利用方面,建材行业大有作为,是未来发展循环经济的一项重要内容。随着我国城市改造规模的日益扩大,城市建筑垃圾的堆存量将越来越大。建筑垃圾大多为固体废弃物,经处理后可作为再生资源重新利用。从理论上说,目前 75% 的建筑垃圾都可以循环利用。如砖石、混凝土等废料经破碎后,可以代替砂和骨料,用于生产砂浆、混凝土和其他建材产品,其中的钢筋可以挑选出回炉,达到资源多层次循环利用的目的。

(三)预拌砂浆的应用

一般情况下,预拌砂浆或预拌混凝土,由于骨料含水量不同以及搅拌方法不同,其性能也显著不同。如果砂子处于表面几乎没有水的干燥状态,那么刚搅拌好的砂浆,内部由于产生许多小气泡,泌水显著上浮,甚至会在砂浆或混凝土容器底部产生分离和沉降。SEC 混凝土使骨料表面达到适当的含水量,与水泥拌和在一起时,水泥粒子黏附在砂的表面造粒,形成水灰比小的皮壳。这个皮壳的水灰比调整到 15%~35%,以后即使再加水增加混凝土的流动性,骨料表面上的水泥浆皮壳也不会剥离。我国部分地区已实现了预拌混凝土的推广,极大地消除了原材料现场加工所带来的污染,保证了混凝土的质量。但是预拌砂浆的推广工作还未有效开展,建议借鉴上海、北京等地相对成熟的先进经验,逐步消除现场选料、拌料的落后生产施工现象。

(四)推广清水混凝土技术

清水混凝土是指建筑物混凝土一次成型后不必二次抹灰找平的技术。利用结构本身造型的横竖线条或几何外形取得简单、大方而又明朗的立面效果,或在混凝土场面上造成凹凸花纹而具装饰性。有两种做法:一种是用模板或衬于模板内的衬模浇筑混凝土,颜色既可是混凝土本色,亦可掺矿物颜料;另一种是浇筑混凝土后制作饰面,即于平模浇筑混凝土后铺一层砂浆,用手工或机具做出线型、花饰、质感。一方面减少施工现场抹灰的湿作业带来的污染,另一方面也极大消除了抹灰后带来的质量通病。

(五)建立完善的激励机制

“激情点燃成功之火”,员工缺乏激情,企业死水一潭。而员工的激情又是通过激励产生的,没有激励就没有动力,激情无法生成。俗话说:没有规矩不成方圆。规矩可称为原则,它是某种规律性东西的外在表现。实施激励也一样,必须遵循适当的原则,才能充分发挥激励的作用。对绿色施工落实好的单位要进行表彰奖励,特别是施工单位,要在评选优质工程和以后的工程招标投标中以加分的形式体现出来,充分调动企业的积极性;对绿色施工贯彻落实不好的单位要予以通报批评并予以处罚,以不良记录等形式体现出来。建立一套完善的激励机制,实施大胆的人才激励手段,既重精神激励也重物资激励,才是企业保持旺盛活力的不竭之源。

二、绿色施工的特点

绿色施工是在传统施工的基础上按科学发展观对传统施工体系进行了创新和提升,其特点主要有:

(1)绿色施工追求科学发展观提出的“高效、低耗、环保”的综合效益。要求做到经济效益、社会效益、环境保护三者有机统一,当三者发生矛盾时,必须以环保优先为原则。

(2)在技术上,绿色施工提倡应用可促进生态系统良性循环、不污染环境、高效、节能和节水的建筑技术,以人为本,将科技和生活紧密联系。

(3)在施工过程中,绿色施工要求在节约资源、节约材料、节约用水、节约施工临时用地、节约能源的同时,对建筑副产物再利用,实现产业的再循环。

总的来说,绿色施工是以绿色技术为手段、绿色经济为基础、绿色环境为目标、绿色成本控制为目的的管理模式,是高效率、环境好、适应性的改变地方生态而又不破坏地方生态的施工模式。

(一)绿色施工中的成本控制

建筑施工企业通过使用环境工程技术、新能源技术、新材料技术、运筹管理科学、信息管理技术、智能控制技术和国内外同行及相关行业的成果和经验,制定技术先进、经济合理的价值工程原理方案,最终实现施工项目成本控制。

1.遵循减物质化生产原则

减物质化生产原则是一种物料和能耗最少的人类生产活动的规划和管理,是循环经济的必然要求。具体包括:

(1)减量化原则。是要求用较少的原料和能源投入来达到既定的生产目的或消费目的,进而从经济活动的源头就注意节约资源和减少污染。

(2)再使用原则。是要求制造商应该尽量延长产品的使用期,并且包装容器能够以初始的形式被反复、长期使用。

(3)循环再生利用原则。要求生产出来的物品在完成其使用功能后能重新变成可以利用的资源。

2.实施先进合理的施工方法

先进合理的施工方法对于施工成本的控制作用很明显,优选施工方法是提高施工效率、缩短工期、降低施工成本、降低能源和材料消耗的关键措施。

(1)合理使用能源。施工现场能源结构包括煤、天然气、液化气、电、汽油、柴油等。施工现场的能源管理能保证能源的利用达到最高程度、消耗降低至最低程度,减少浪费,提高效益。

①节约电能:降低用电量,节约电能,在施工机械及工地办公室的电器等闲置时关掉电源。安装节能灯具和设备,利用声光传感器控制照明灯具,采用节电型的施工设备,合理安排施工时间。

②保养设备:对设备进行定期维护,保证设备运转正常,降低能源消耗。实时检测机器的运转情况,确保没有机械的空放。

③完善操作:优先采用技术成熟、能源消耗低的工艺设备进行操作,同时配备技术娴熟的专业操作人员进行相关操作。

(2)合理使用资源:①合理使用土地资源。土地是一种特殊的资源,不可再生。充分利用地上地下空间,如多建高层建筑、地铁、地下公路等。在设施的布置中要节约并合理使用土地,尽量减少施工用地。土地使用后尽量还原和修缮,不留任何地质灾害隐患。②合理使用建筑材料。在工程施工中尽量使用生态建筑材料。生态建筑材料是指材料在生命周期各阶段节约资源、节省能源,可循环再生,无环境污染或很少污染的材料。在保证材料质量的基础上做到物尽其用,避免人为因素的浪费。

(3)妥善处理建筑垃圾:在绿色施工中,应对建筑垃圾的产生、排放、收集、运输、利用、处置的全过程进行统筹规划,并做到建筑垃圾的开发和利用。工程施工过程中每日均生产大量废物。大量未处理的垃圾露天堆放或简易填埋,占用大量宝贵土地并污染环境。关于对建筑垃圾的处理,我国政府提出要通过“三化”措施(减量化、资源化、无害化),将其对环境的影响降低到最低程度。

施工过程中的具体做法有:①尽可能防止和减少建筑垃圾的产生。②垃圾封闭,对生产的垃圾尽可能通过回收和资源化利用,减少垃圾处理处置。③对垃圾的流向进行有效控制,严禁垃圾无序倾倒。④在施工过程中要注意选择环保型材料和设备,防止二次污染。

(二)绿色施工的推广

根据中国建筑业绿色施工的发展现状,我国建筑业大力推行绿色施工应从以下几个方面着手:

(1)加强法律、政策引导。科学系统的法规、制度体系是推动绿色施工及其技术应用的关键,在人们的思想意识尚未达到理性的自觉时,需要靠政府部门的参与和引导及切合实际的法规。制定有前瞻性的市场规则和法规体系,例如,可建立绿色施工责任制、施工单位的社会承诺保证机制、社会各界共同参与监督的制约机制;可将承包商运用绿色施工技术的程度作为工程评标和评优的依据;可进一步完善施工中的保险与索赔制度,为绿色施工创造良好的运行环境。这样才能形成一个自上而下的强大推动力,激发自下而上的积极呼应。

(2)实施清洁生产。所谓清洁生产,是指不断采取改进设计、使用清洁的能源和原料、采用先进的工艺技术与设备、改善管理、综合利用等措施,从源头削减污染,提高资源利用效率,减少或者避免生产、服务和产品使用过程中污染物的产生和排放,以减轻或者消除对人类健康和环境的危害。施工单位在不牺牲建筑产品工程质量、成本、功能的前提下,最大限度地减少施工废弃物,更加注重绿色环保意识。

(3)建立对应的评价体系。完善的"绿色施工"评价体系应该伴随行业的发展应运而生。目前国内外研究利用寿命周期评价、环境工程评估等开展绿色建筑评价,对建筑业的可持续发展具有重要意义。这些评价尽管也涉及施工过程,但大多仍以规划设计阶段为主,因此建立针对施工阶段的可操作性强的绿色施工评价体系是对整个项目实施阶段监控评价体系的完善。

第二节　绿色施工组织管理

建立绿色施工管理体系就是绿色施工管理的组织策划设计,以制定系统、完整的管理制度和绿色施工的整体目标。在这一管理体系中有明确的责任分配制度,并指定绿色施工管理人员和监督人员。

绿色施工要求建立公司和项目两级绿色施工管理体系。

一、绿色施工管理体系

(一)公司绿色施工管理体系

施工企业应该建立以总经理为第一责任人的绿色施工管理体系,一般由总工程师或副总经理作为绿色施工牵头人,负责协调人力资源管理部门、成本核算管理部门、工程科技管理部门、材料设备管理部门、市场经营管理部门等管理部室。

(1)人力资源管理部门:负责绿色施工相关人员的配置和岗位培训;负责监督项目部绿色施工相关培训计划的编制和落实以及效果反馈;负责组织国内和本地区绿色施工新政策、新制度在全公司范围内的宣传等。

(2)成本核算管理部门:负责绿色施工直接经济效益分析。

(3)工程科技管理部门:负责全公司范围内所有绿色施工创建项目在人员、机械、周转材料、垃圾处理等方面的统筹协调;负责监督项目部绿色施工各项措施的制定和实施;负责项目部相关数据收集的及时性、齐全性与正确性,并在全公司范围内及时进行横向对比后将结果反馈到项目部;负责组织实施公司一级的绿色施工专项检查;负责配合人力资源管理部门做好绿色施工相关政策制度的宣传并负责落实在项目部贯彻执行等。

(4)材料设备管理部门:负责建立公司《绿色建材数据库》和《绿色施工机械、机具数据库》并随时进行更新;负责监督项目部材料限额领料制度的制定和执行情况;负责监督项目部施工机械的维修、保养、年检等管理情况。

(5)市场经营管理部门:负责对绿色施工分包合同的评审,将绿色施工有关条款写入合同。

(二)项目绿色施工管理体系

绿色施工创建项目必须建立专门的绿色施工管理体系。项目绿色施工管理体系不要求采用一套全新的组织结构形式,而是建立在传统的项目组织结构的基础上,要求融入绿色施工目标,并能够制定相应责任和管理目标以保证绿色施工开展的管理体系。

项目绿色施工管理体系要求在项目部成立绿色施工管理机构,作为总体协调项目建设过程中有关绿色施工事宜的机构。这个机构的成员由项目部相关管理人员组成,还可包含建设项目其他参与方,如建设方、监理方、设计方的人员。同时要求实施绿色施工管理的项目必须设置绿色施工专职管理员,要求各个部门任命相关的绿色施工联络员,负责本部门所涉及的与绿色施工相关的职能。

二、绿色施工责任分配

(一)公司绿色施工责任分配

(1)总经理为公司绿色施工第一责任人。

(2)总工程师或副总经理作为绿色施工牵头人负责绿色施工专项管理工作。

(3)以工程科技管理部门为主,其他各管理部室负责与其工作相关的绿色施工管理工作,并配合协助其他部室工作。

(二)项目绿色施工责任分配

(1)项目经理为项目绿色施工第一责任人。

(2)项目技术负责人、分管副经理、财务总监以及建设项目参与各方代表等组成绿色施工管理机构。

(3)绿色施工管理机构开工前制定绿色施工规划,确定拟采用的绿色施工措施并进行管理任务分工。

(4)管理任务分工,其职能主要分为四个:决策、执行、参与和检查。一定要保证每项任务都有管理部门或个人负责决策、执行、参与和检查。

(5)项目主要绿色施工管理任务分工表制定完成后,每个执行部门负责填写“绿色施工措施规划表”报绿色施工专职管理员,绿色施工专职管理员初审后报项目部绿色施工管理机构审定,作为项目正式指导文件下发到每一个相关部门和人员。

(6)在绿色施工实施过程中,绿色施工专职管理员应负责各项措施实施情况的协调和监控。同时在实施过程中,针对技术难点、重点,可以聘请相关专家作为顾问,保证实施顺利。

第三节　绿色施工规划管理

一、绿色施工图纸会审

绿色施工开工前应组织绿色施工图纸会审,也可在设计图纸会审中增加绿色施工部分，从绿色施工“四节一环保”的角度，结合工程实际，在不影响质量、安全、进度等基本要求的前提下对设计进行优化，并保留相关记录。

现阶段绿色施工处于发展阶段，工程的绿色施工图纸会审应该有公司一级管理技术人员参加，在充分了解工程基本情况后，结合建设地点、环境、条件等因素提出合理性设计变更申请，经相关各方同意会签后，由项目部具体实施。

二、绿色施工总体规划

（一）公司规划

在确定某工程要实施绿色施工管理后，公司应对其进行总体规划，规划内容包括：

（1）材料设备管理部门从《绿色建材数据库》中选择距工程 500 km 范围绿色建材供应商数据供项目选择。从《绿色施工机械、机具数据库》中结合工程具体情况，提出机械设备选型建议。

（2）工程科技管理部门收集工程周边在建项目信息，对工程临时设施建设需要的周转材料、临时道路路基建设需要的碎石类建筑垃圾以及在工程如有前期拆除工序而产生的建筑垃圾就近处理等提出合理化建议。

（3）根据工程特点，结合类似工程经验，对工程绿色施工目标设置提出合理化建议和要求。

（4）对绿色施工要求的执证人员、特种人员提出配置要求和建议，对工程绿色施工实施提出基本培训要求。

（5）在全司范围内（有条件的公司可以在一定区域范围内），从绿色施工“四节一环保”的基本原则出发，统一协调资源、人员、机械设备等，以求达到资源消耗最少、人员搭配最合理、设备协同作业程度最高、最节能的目的。

（二）项目规划

在进行绿色施工专项方案编制前，项目部应对以下因素进行调查并结合调查结果做出绿色施工总体规划。

1.工程建设场地内原有建筑分布情况

（1）原有建筑需拆除：要考虑对拆除材料的再利用。

（2）原有建筑需保留，但施工时可以使用：结合工程情况合理利用。

（3）原有建筑需保留，施工时严禁使用并要求进行保护：要制定专门的保护措施。

2.工程建设场地内原有树木情况

（1）需移栽到指定地点：安排有资质的队伍合理移栽。

（2）需就地保护：制定就地保护专门措施。

（3）需暂时移栽，竣工后移栽回现场：安排有资质的队伍合理移栽。

3.工程建设场地周边地下管线及设施分布情况

制定相应的保护措施，并考虑施工时是否可以借用，以避免重复施工。

4.竣工后规划道路的分布和设计情况

施工道路的设置尽量跟规划道路重合，并按规划道路路基设计进行施工，避免重复施工。

5.竣工后地下管网的分布和设计情况

特别是排水管网,建议一次性施工到位,施工中提前使用,避免重复施工。

6.本工程是否同为创绿色建筑工程

如果是,考虑某些绿色建筑设施,如雨水回收系统等提前建造,施工中提前使用,避免重复施工。

7.距施工现场 500 km 范围内主要材料分布情况

虽然有公司提供的材料供应建议,但项目部仍需要根据工程预算材料清单,对主要材料的生产厂家进行摸底调查,距离太远的材料考虑运输能耗和损耗,在不影响工程质量、安全、进度、美观等前提下,可以提出设计变更建议。

8.相邻建筑施工情况

施工现场周边是否有正在施工或即将施工的项目,从建筑垃圾处理、临时设施周转材料衔接、机械设备协同作业、临时或永久设施共用、土方临时堆场借用甚至临时绿化移栽等方面考虑是否可以合作。

9.施工主要机械来源

根据公司提供的机械设备选型建议,结合工程现场周边环境,规划施工主要机械的来源,尽量减少运输能耗,以最高效使用为基本原则。

10.其他

(1)设计中是否有某些构配件可以提前施工到位,在施工中运用,避免重复施工。

例如,高层建筑中消防主管提前施工并保护好,用作施工消防主管,避免重复施工;地下室消防水池在施工中用作回收水池,循环利用楼面回收水等。

(2)卸土场地或土方临时堆场:考虑运土时对运输路线环境的污染和运输能耗等,距离越近越好。

(3)回填土来源:考虑运土时对运输路线环境的污染和运输能耗等,在满足设计要求前提下,距离越近越好。

(4)建筑、生活垃圾处理:联系好回收和清理部门。

(5)构件、部品工厂化的条件:分析工程实际情况,判断是否可能采用工厂化加工的构件或部品;调查现场附近钢筋、钢材集中加工成型,结构部品化生产,装饰装修材料集中加工,部品生产的厂家条件。

三、绿色施工专项方案

在进行充分调查后,项目部应对绿色施工制定总体规划,并根据规划内容编制绿色施工专项施工方案。

(一)绿色施工专项方案主要内容

绿色施工专项方案是在工程施工组织设计的基础上,对绿色施工有关的部分进行具体细化,其主要内容应包括:①绿色施工组织机构及任务分工。②绿色施工的具体目标。③绿色施工针对“四节一环保”的具体措施。④绿色施工拟采用的“四新”技术措施。⑤绿色施工的评价管理措施。⑥工程主要机械、设备表。⑦绿色施工设施购置(建造)计划清单。⑧绿色施工具体人员组织安排。⑨绿色施工社会经济环境效益分析。⑩施工现场平面布置图等。

（1）绿色施工针对“四节一环保”的具体措施，可以参照《建筑工程绿色施工评价标准》（GB/T 50640—2010）和《绿色施工导则》的相关条款，结合工程实际情况，选择性采用。

（2）绿色施工拟采用的“四新”技术措施可以是《建筑业十项新技术》、“建设事业推广应用和限制禁止使用技术公告”、“全国建设行业科技成果推广项目”以及本地区推广的先进适用技术等，如果是未列入推广计划的技术，则需要另外进行专家论证。

（3）主要机械、设备表需列清楚设备的型号、生产厂家、生产年份等相关资料，以方便审查方案时判断是否为国家或地方限制、禁止使用的机械设备。

（4）绿色施工设施购置（建造）计划清单，仅包括为实施绿色施工专门购置（建造）的设施，对原有设施的性能提升，应只计算增值部分的费用；多个工程重复使用的设施，应计算其分摊费用。

（5）绿色施工具体人员组织安排应具体到每一个部门、每一个专业、每一个分包队伍的绿色施工负责人。

（6）施工现场平面布置图应考虑动态布置，以达到节地的目的，多次布置的应提供每一次的平面布置图，布置图上要求将噪声监测点、循环水池、垃圾分类回收池等绿色施工专属设施标注清楚。

（二）绿色施工专项方案审批要求

绿色施工专项方案要求严格按项目、公司两级审批。一般由绿色施工专职施工员进行编制，项目技术负责人审核后，报公司总工程师审批，只有审批手续完整的方案才能用于指导施工。

绿色施工专项方案有必要时，考虑组织进行专家论证。

第四节　绿色施工目标管理

绿色施工必须实施目标管理。目标管理实际上属于绿色施工实施管理的一部分，但由于其重要性，因此将其单独成节，做详细介绍。

一、绿色施工目标值的确定

绿色施工的目标值应根据工程拟采用的各项措施，结合《绿色施工导则》、《建筑工程绿色施工评价标准》（GB/T 50640—2010）、《建筑工程绿色施工规范》（GB/T 50905—2014）等相关条款，在充分考虑施工现场周边环境和项目部以往施工经验的情况下确定。

目标值应该从粗到细分为不同层次，可以是总目标下规划若干分目标，也可以将一个一级目标拆分成若干二级目标，形式可以多样，数量可以多变，每个工程的目标值应该是一个科学的目标体系，而不仅是简单的几个数据。

绿色施工目标体系确定的原则是：因地制宜、结合实际、容易操作、科学合理。

因地制宜，目标值必须是结合工程所在地区实际情况制定的。

结合实际，目标值的设置必须充分考虑工程所在地的施工水平、施工实施方的实力和施工经验等。

容易操作,目标值必须清晰、具体,一目了然。在实施过程中,方便收集对应的实际数据与其对比。

科学合理,目标值应该是在保证质量、安全的基本要求下,针对“四节一环保”提出的合理目标,在“四节一环保”的某个方面相对传统施工方法有更高要求的指标。

项目实施过程中的绿色施工目标控制采用动态控制的原理。

动态控制的具体方法是在施工过程中对项目目标进行跟踪和控制。收集各个绿色施工控制要点的实测数据,定期将实测数据与目标值进行比较。当发现实施过程中的实际情况与计划目标发生偏离时,及时分析偏离原因,确定纠正措施,采取纠正行动。对纠正后仍无法满足的目标值,进行论证分析,及时修改,设立新的更适宜的目标值。

在工程建设项目实施中如此循环,直至目标实现。项目目标控制的纠偏措施主要有组织措施、管理措施、经济措施和技术措施等。

二、绿色施工目标管理内容

绿色施工的目标管理按“四节一环保”及效益六个部分进行,应该贯穿到施工策划、施工准备、材料采购、现场施工、工程验收等各个阶段的管理和监督之中。

现阶段项目绿色施工各项指标的具体目标值结合《绿色施工导则》、《建筑工程绿色施工评价标准》(GB/T 50640—2010)、《建筑工程绿色施工规范》(GB/T 50905—2014)等相关条款,结合工程实际选择性设置,其中参考目标数据是根据相关规范条款和实际施工经验提出,仅作参考。

绿色建筑的实体形成于施工过程之中,建筑施工模式就成了建造绿色建筑、生态建筑的关键所在。在此情况下,在建设领域践行科学发展观,发展资源节约型和环境友好型施工模式——“绿色施工”成为必然。绿色施工是以可持续发展观为指导,以“四节一环保”为目标、绿色技术为手段、绿色管理为保障,实现经济效益、社会效益和生态环境效益均衡的施工模式。本书提出绿色管理目标体系,以生态环境保护为前提,构建绿色施工目标规划模型,便于量化绿色施工的效果,指导绿色施工实施。

三、绿色施工的属性和目标

传统施工以追求工期为主要目标,节约资源和保护环境处于从属地位,当工期与节约资源和环保发生冲突时,往往不惜以浪费资源(拼设备、拼材料、拼人力)和破坏环境(严重污染、破坏地貌和植被等)为代价保证工期的实现。显然,传统的施工模式不能适应科学发展观的要求,绿色施工模式成为施工阶段发展的必然趋势,成为施工企业可持续发展、良性循环的必然选择。绿色施工并不是完全独立于传统施工体系之外,是在传统施工模式上按科学发展观要求进行的创新和提升。

(一)绿色施工的属性

绿色施工要达到实现环境目标前提下技术先进、经济合理,主要包括技术属性、经济属性和环境属性。

传统施工模式主要考虑技术性和经济性;绿色施工除考虑技术和经济性能外,还考虑与生态环境协调性，贯穿于施工的整个生命周期。生态环境协调性是绿色施工与传统施工的本质区别，也是绿色施工三属性中最重要的一个要素。

因此，绿色施工是传统施工的进化与升级，只有从全生命周期角度将技术先进性、经济合理性及环境协调性融合为一个整体，才能取得绿色施工的效果，获得真正的绿色建筑。

1.环境属性

生态系统提供给我们赖以生存的物质和条件，也提供给我们可以效仿的设计和制造可持续的人造系统模型。建设的过程是依赖于生态系统提供材料和服务的活动，建筑物、建筑环境和建筑过程都是生态系统的细部成分，因此与任何其他生态系统的元素一样，建筑业与自然环境相互依存。

绿色施工区别于传统施工的一个关键也是决定性的要素就是绿色施工的环境友好性，它是实现绿色的基础。任何建设项目的施工和运营都处于一定的自然环境中，不可避免地对生态环境产生影响，如建筑垃圾污染、噪声污染、污水等。所以，对自然生态环境的影响程度是决定建设项目施工是否绿色的主要方面。

2.经济属性

根据生态学的观点，自然环境资源能满足人类需要的形式和途径，具有相应的价值。传统施工模式忽视自然资源本身所具有的价值，这种资源“无价”或“廉价”的观点是造成不考虑绿色建材的理论根源。以可持续观点，从绿色的角度，建设项目的经济效益是在“充分考虑环境资源的合理的、完整的价值”前提下的经济效益，以这样的效益标准衡量建设项目绿色施工的经济性。

绿色施工的经济性包括两个方面的内容：绿色施工成本以及绿色施工收益。对绿色施工成本进行全生命周期分析，可进一步划分为建造成本和环境成本；绿色施工收入又可分为建造收入、社会收入、环境收入和业主收入。良好的经济性是绿色施工可持续发展、被社会认可的前提条件。

3.技术属性

技术是建造得以实现的基础，技术是手段。必须考虑自然生态系统和当地社会与文化方式条件下的技术应用。绿色施工的技术合理性强调在施工中采用适当的技术，从而保证在良好的环境、经济性能下，可靠、安全地实现建筑物的各项功能。技术应用的合理性，并不意味着绿色施工中所采用的技术越先进越好，而是综合考虑技术先进、经济合理、减少环境危害的基础上选取。

同时，建设项目按照生态规律利用自然资源和环境容量，把清洁技术和废弃物综合利用技术融为一体，实现建设项目实施的生态化。

（二）绿色施工目标

科学确定项目的目标，是实现项目有效控制与协调的重要基础和前提。绿色施工并不是孤立的目标，它与工程建设的质量、投资、工期等目标密切相关，它是全方位的施工管理。因此，绿色施工与企业全面质量管理密切相关。

绿色施工是一个目标，但它并不遥远，在实施的不同阶段中，这个目标可以被分解为有针对性的分目标，不同的经济水平、文化传统、资源条件下的实践都有各自不同的，但通过努力可以实现的现实目标，绿色施工理想的最终实现，有赖于每一个切实可行的分目标的梯次完成,因此绿色施工应该是一个处在不断发展过程中的目标群体。

工期、成本、质量是传统项目管理的三大目标,而绿色施工内涵要求必须把环保、节能、安全等目标添加进去,成为多目标的管理体系。绿色施工是在统筹分析的基础上,对目标体系进行优化,与传统粗放式施工相比,要充分体现绿色施工的优越性,使得工程项目建设更符合社会的要求。

我国施工企业对于工程项目的施工组织管理,从单项工程到分部工程到分项工程,其目标体系为 Y={Q,T,S,C}={质量,工期,安全,成本}。两两之间存在着相互影响、互为联系的关系。这种关系既有统一的一面,又有对立的一面。随着建筑市场竞争的日益加剧,早期作为企业负担的环境保护问题已经成为继质量、成本、进度、安全等四大竞争要素之后,与企业竞争力密切相关的第五种竞争要素。因此,绿色施工与环保要素形成了函数关系,将环境因素列为同等重要的位置。其中,质量目标,符合生态节能标准;工期目标,保证在规定工期内完成建设工作;成本目标,综合成本最优化;安全目标,保证项目建设过程安全;环保目标,在保证建设节能、节水、节电、节材的基础上,同时满足环保性和经济性的要求。

工程项目绿色管理在传统项目管理的目标体系之上,结合绿色管理的原则,建议在管理中增加保护环境、节约资源、注重人的感受这三个新的目标,形成工程项目绿色管理的目标体系。

绿色施工不仅要考虑项目所创造的经济价值,而且要从可持续发展的观点考虑施工过程中行为对生态环境和社会所造成的影响,从而带来环境生态效益和社会效益的损失。

第五节 绿色施工实施管理

绿色施工专项方案和目标值确定之后,进入到项目的实施管理阶段,绿色施工应对整个过程实施动态管理,加强对施工策划、施工准备、现场施工、工程验收等各阶段的管理和监督。

绿色施工的实施管理其实质是对实施过程进行控制,以达到规划所要求的绿色施工目标。通俗地说,就是为实现目的进行的一系列施工活动,作为绿色施工工程,在其实施过程中,主要强调以下几点。

一、建立完善的制度体系

"没有规矩,不成方圆"。绿色施工在开工前制定了详细的专项方案,确立了具体的各项目标,在实施工程中,主要是采取一系列的措施和手段,确保按方案施工,最终满足目标要求。

绿色施工应建立整套完善的制度体系,通过制度,既约束不绿色的行为,又确定应该采取的绿色措施,而且制度也是绿色施工得以贯彻实施的保障体系。

二、配备全套的管理表格

绿色施工的目标值大部分是量化指标,因此在实施过程中应该收集相应的数据,定期将实测数据与目标值进行比较,及时采取纠正措施或调整不合理目标值。

另外,施工管理是一个过程性活动,随着工程的竣工,很多施工措施将消失不见,为了考核绿色施工效果,见证绿色施工效益,及时发现存在的问题,要求针对每一个绿色施工管理行为制定相应的管理表格,并在施工中监督填制。

三、营造绿色施工氛围

目前,绿色施工理念还没有深入人心,很多人并没有完全接受绿色施工概念,绿色施工实施管理,首先应该纠正职工的思想,努力让每一个职工把节约资源和保护环境放到一个重要的位置上,让绿色施工成为一种自觉行为。要达到这个目的,结合工程项目特点,有针对性地对绿色施工做相应的宣传,通过宣传营造绿色施工的氛围非常重要。

绿色施工要求在现场施工标牌中增加环境保护的内容,在施工现场醒目位置设置环境保护标识。

四、增强职工绿色施工意识

施工企业应重视企业内部的自身建设,使管理水平不断提高,不断趋于科学合理,并加强企业管理人员的培训,提高他们的素质和环境意识。具体应做到以下两点:

(1)加强管理人员的学习,然后由管理人员对操作层人员进行培训,增强员工的整体绿色意识,增加员工对绿色施工的承担与参与。

(2)在施工阶段,定期对操作人员进行宣传教育,如黑板报和绿色施工宣传小册子等,要求操作人员严格按已制定的绿色施工措施进行操作,鼓励操作人员节约水电、节约材料、注重机械设备的保养、注意施工现场的清洁,文明施工,不制造人为污染。

五、借助信息化技术

绿色施工实施管理可以借助信息化技术作为协助实施手段,目前施工企业信息化建设越来越完善,已建立了进度控制、质量控制、材料消耗、成本管理等信息化模块,在企业信息化平台上开发绿色施工管理模块,对项目绿色施工实施情况进行监督、控制和评价等工作能起到积极的辅助作用。

六、绿色施工实施要点分析

(1)施工策划方案编制。绿色施工实施即为在施工中,根据策划方案的实际要求,对绿色施工的主要工作内容进行组织。基于此,绿色施工实施的首个要点就是完善施工策划。首先,需编制策划文件,常用方法主要有两种:①在对传统策划文件进行编制的前提下,对绿色施工方面的方案与技术进行交底。②将传统与绿色施工的策划文件进行整合,将绿色这一理念完全融入策划文件当中。即将二者融为一体,在执行传统做法的基础上,将绿色施工涉及的所有原则、思想统统融入到组织、部署等所有环节当中,此外还要对每个层面上的影响因素进行研究,并根据研究结果制定与之对应的方法和对策。

在制定相应的策划方案之前,需要充分考虑工程的实际情况,注重主要影响因素方面的分析工作,在最大程度上节省能源,减少环境污染,以此有效提升资源和能源的利用率,以此尽快落实“四节一环保”。

（2）节地与保低要点。在正式施工以前，需要对施工现场的实际情况进行充分的了解和掌握，合理利用现有的一切资源，保护既有建筑物、管网及道路，以免大规模重建造成浪费，此外，还需结合进度要求对劳动力进行计划，完善用地计划，以此减少占地与污染。

（3）节能要点。结合工程自然环境，充分运用一切可以使用的能源，比如风能、生物能以及太阳能等，而对于施工机械而言，这是施工能源消耗的主要项目，施工时，在满足现场协同要求的基础上，要确保所有机械均以满载的状况进行作业，减少空载率，设备运行时应确保施工机械具有较高的性能，为此必须做好策划工作。

（4）节水与保水。根据工程场地地下水情况与降水量，对地下水进行估算，查看是否存在无法使用的非传统性水源，同时还要结合需求制定相应的节水策略与保水策略。

（5）节省原材料。在确保施工质量的基础上，对材料使用进行优化，制定施工垃圾减排方案，最大程度地利用施工原材料。施工过程中所用的临时设备、运输基座等以及生产办公用房均满足重复利用要求，针对可以对施工造成一定影响的障碍设施，应进行全面的了解，并制定相应的措施，达到保护与减小影响的作用。

除此之外，基于绿色施工的策划方案还应对组织机构、人员分工以及指标管理等进行明确，其目标指标应尽量对现场数据进行采集，再由专人负责数据分析和处理工作，采集到的数据应及时向上级部门汇报，以及时对其进行分析处理和对比汇总。最后根据分析的结果对总体施工方案进行相应的调整和优化。

七、绿色施工实施难点分析

（1）协调管理。工程施工虽然主要由各个施工单位负责，但具体的施工必须满足设计方案提出的各项要求，需要与设计单位一起对施工及其过程中存在的问题进行分析，彼此保持良好的沟通和联系，以及时发现并解决施工中存在的各种问题。此外，在工程施工中会出现牵扯到施工方与业主间的利益和权力问题，所以施工协调管理是有一定难度的。

（2）材料的规划与管理。绿色施工实施过程中，应对原材料进行有效规划，进而确保施工顺利进行，但工程的规模往往较大，要求各类原材料必须提前到位，这就使得大量的原材料需要堆放在施工现场。在这种情况下，想要对原材料进行有效的管理是具有很大难度的，需要投入大量的人力、物力。

（3）防水施工。考虑到各类建筑工程所必须达到的长久性，防水施工至关重要。如果防水施工不到位，施工操作不当，则在施工阶段将有可能出现漏水等不良情况，这样一来，不仅会影响到用户的居住和使用，还不利于建筑的使用寿命。但对于建筑工程这种大规模的复杂体系而言，防水施工涉及多个方面，在实施过程中存在很大的难度。

八、绿色施工实施方法

（1）落实合理规划与统一管理。实施绿色施工时：①在开始施工之前，对施工现场的环境展开全面的调查，遵循因地制宜的基本原则，充分利用现有的各种环境来保证绿色施工顺利进行；②针对总体施工实施规划，确保施工可以实现统筹兼顾。通过合理且细致的施工规划，使所有的资源都可以得到良好的应用；③进行动态监控，针对绿色施工实施过程中出现的危机行为，应给予相应的处理，从而保证绿色施工顺利进行。

（2）创建完善的协调机制。创建完善的协调机制能对施工中存在的各种问题进行协调，确保施工方、业主等的自身利益可以达成一致，消除由于利益所引发的矛盾，以此有效保证绿色施工顺利实施。

（3）做好安全建设。绿色施工的根本目的在于保证建筑日后运营过程中具备抵御一切侵害的能力，始终保持良好的运行状态，为此，必须做好安全建设。只有确保建筑的寿命，才能真正实现绿色这一理念。因此，在施工过程中，应对建筑的防水、防火与防震等给予足够的重视，选取安全防护设施时，应充分考虑设施的经济性与整体性能，选取的材料不仅要符合工程要求，还要切实满足经济性要求，进而从根本上保证工程质量与建筑的寿命。

九、绿色施工对策分析

（一）提高"绿色施工"意识，完善管理体系

在我国绿色施工难以真正实现，正是源于人们对绿色施工的认识不够、理解不深，尤其是与绿色施工实施息息相关的工程建设各方。

目前开发建设单位是行业的主导者，他们有的是政府机关，有的是企事业单位，有的是房地产开发公司等，开发建设项目的初衷各有不同，对于绿色施工的认识程度不一，有的甚至不知道什么是绿色施工。但作为开发建设单位，首先考虑的就是要做到最短时间的投资效益最大化，与此同时，开发的工程项目也往往和当地经济建设的指标有着或多或少的联系，主要相关的各方更注重工程建设规模、进度、质量和运营效益。如果在项目开发和建设时期就没有绿色施工意识，甚至认为绿色施工就意味着增加成本，这些都是施工单位的事情，那么后果就会很严重，就会导致连锁反应。因为开发建设单位不重视或消极对待绿色施工，那么自然而然项目的开发方、规划方、设计方均会效仿。而施工单位在这种大环境下，也会认为不需要增加额外负担，只针对建设单位的招标条件和实际需求进行承诺和实现即可。再加上施工单位本身对绿色施工的理解也比较模糊，在实施项目时只做些表面工作，一旦绿色施工与工程建设的其他方面出现矛盾，那么可想而知，必然是绿色施工让路。

因此，绿色施工思想应在工程建设的各方去推广和贯彻，尤其应该建立在工程项目开发立项之初。如果在工程设计与施工招标文件中建设单位就能提出绿色施工的具体要求，那么作为设计单位和施工单位必然会做出明确响应和承诺，并拿出一个详细的、科学的计划和部署，将绿色施工列为项目的主要目标之一，与工期、成本、质量等同对待，这样才会有绿色施工的实际动力和需求。与此同时，在相关的规范、标准等内容里面，应强调绿色施工管理体系包含建设单位、设计单位和施工单位，将建设项目的各方都纳入进来，再加上上级行政部门的监督、检查和管理，这样才会提高各方对于绿色施工的重视程度，才会使绿色施工真正融入到工程建设中。

（二）提高绿色施工含金量，加大绿色施工的执行力度

目前建筑业各类奖项设置中只有很少的一些要求是涉及绿色施工的，比如设计类的

“绿色建筑创新奖”涉及的是绿色建筑。而建筑业大奖比如“鲁班奖”“詹天佑奖”“科技示范工程”等其中并不涉及绿色施工,甚至在一些地方性的奖项设置中也没有绿色施工的相关内容。

这些奖项对于建筑企业来说十分重要,有助于企业扩大声望、增强竞争力,甚至在企业申请资质等级时都是重要的参考内容。但是从这些奖项设置中可以看出,缺少绿色施工并不一定会降低企业的声望和竞争力,因此尽管政府在大力推广和倡导,但是相关政策的执行依然很缓慢,更不能引起建筑企业高层领导的充分重视。

虽然在 2012 年 4 月 25 日,中国建筑业协会绿色施工分会在北京成立,并且于 2013 年在全国建筑业中开展了绿色施工示范工程的评选,同时规定凡通过绿色施工示范工程验收的工程,申报中国建设工程“鲁班奖”(国家优质工程)或全国建筑业 AAA 级信用企业或安全文明工地等评优评价活动,在满足评选条件的基础上予以优先入选。但是,这一点点激励并不足以引起建筑企业高层领导的充分重视。要达到事半功倍的效果,只有把一些重要奖项的设置条件和绿色施工有机地结合,才可以实现。比如在结构奖项的评选内容中增加“基础施工阶段地下水资源保护措施”等内容;在建筑奖项的评定中,增加对节地、节电、节水、节材、环保等相关内容,增加对建筑垃圾的再利用等评定要求。只有绿色施工的内容真正融入到这些涉及社会影响和企业形象的奖项中,那么才能在工程中真正实现绿色施工。

(三)积极探索解决经济性障碍的可行性办法

绿色施工要求做到“既满足当代人的需要,又不对后代人构成危害”,这实际上是在一定技术经济条件下的一种均衡。实施绿色施工必须同时考虑技术因素和经济因素,做到技术上可行、经济上合理。但是在实行绿色施工时,一些对可持续发展有利的绿色施工技术的运用比如无声振捣、现代化隔离防护、节水节电新型设备等,这些是需要增加建筑成本的,但是施工单位的目标却是在规定的时间内以最低的成本以及最高的利润建成项目,这就导致了矛盾的产生。那么,只有几乎不增加施工费用,或者已经在合同中加以规定,或者在经济上对承包商有好处,这样承包商才会主动地去实施与绿色施工有关的工作,否则承包商是不会主动的。

因此,绿色施工能否顺利实施的关键就是解决绿色施工经济性差的障碍。以下是几种较为有效的方法:

(1)通过对绿色施工技术的改革和创新,降低应用成本。落后的施工技术和工艺是导致施工企业成本居高不下的原因之一,对于这些技术和工艺应限制和淘汰。施工企业应加大施工技术和工艺的改革和创新,开发出适合可持续发展的技术。这里要强调下,绿色施工技术并不是指高新技术,高新技术在推广上有一定的难度,而中等技术只要运用恰当,就能在实现技术提高的同时又有效地降低成本。在许多情况下,一种比传统工艺对环境更为有利的施工工艺反而更经济,至少在费用上是相等的。

(2)加强财政税收的经济杠杆作用。经济体制对于绿色施工的推广和促进来说,是十分有效的手段。在经济体制中,可以通过税收调节和政策支持,鼓励企业研究绿色施工技术及运用绿色施工方法。从世界范围看,控制污染的经济手段中有 50%是收费,30%是补贴,剩下的有预付金返还和排污权交易等。在一些发达国家,凡是新建或改建项目,只要有利于可持续发展的,最终效果能达到标准及以上的企业一般都能从政府优先得到建设项目、减税、奖励等优惠。

(3)推广 ISO14000 认证,提高企业管理水平。实施绿色施工,必须实现科学管理,提高企业管理水平。ISO14000 是国际标准化组织继 ISO9000 之后推出的第二个管理性系列标准,污染预防和持续改进是 ISO14000 的基本思想。要求企业建立环境管理体系,使其活动、产品和服务的每一个环节的环境影响最小化,并在自身的基础上不断改进。已获认证的企业普遍反映,通过构建并运行环境管理体系,能减少物耗、能耗,降低生产成本,提高了企业的经济效益,而且可以提高全体员工的环保意识,减少了环境污染,树立企业的良好形象,使企业在环境、经济和社会等各方面都取得显著效益,提高参与国际市场竞争的能力。因此,建筑企业应积极参与 ISO14000 环境管理标准认证,使绿色施工规范化、标准化,提高企业管理水平。

第六节　绿色施工评价管理

绿色施工管理体系中应该有自评价体系。根据编制的绿色施工专项方案,结合工程特点,对绿色施工的效果及采用的新技术、新设备、新材料和新工艺,进行自评价。自评价分项目自评价和公司自评价两级,分阶段对绿色施工实施效果进行综合评价,根据评价结果对方案、措施以及技术进行改进、优化。

一、绿色施工项目自评价

项目自评价由项目部组织,分阶段对绿色施工各个措施进行评价,自评价办法可以参照《建筑工程绿色施工评价标准》(GB/T 50640—2010)进行。

绿色施工自评价一般分三个阶段进行,即地基与基础工程、结构工程、装饰装修与机电安装工程阶段。原则上每个阶段不少于一次自评,且每个月不少于一次自评。

绿色施工自评价分四个层次进行:绿色施工要素评价、绿色施工批次评价、绿色施工阶段评价和绿色施工单位工程评价。

(一)绿色施工要素评价

绿色施工的要素按“四节一环保”分五大部分,绿色施工要素评价就是按这五大部分分别制表进行评价。

(1)施工阶段填“地基与基础工程”“结构工程”或“装饰装修与机电安装工程”。

(2)评价指标填“环境保护”“节材与材料资源利用”“节水与水资源利用”“节能与能源利用”“节地与土地资源保护”。

(3)采用的必要措施(控制项)指该评价指标体系内必须达到的要素,如果没有达到,一票否决。

(4)采用的可选措施(一般项)指根据工程特点,选用的该评价指标体系内可以做到的要素,根据完成情况给予打分,完全做到给满分,部分做到适当给分,没有做不得分。

(5)采用的加分措施(优选项)指根据工程特点选用的“四新”技术、经论证的创新技术以及较现阶段绿色施工目标有较大提高的措施,如建筑垃圾回收再利用率大于

50%等。

计分标准建议按100分制,必要措施(控制项)不计分,只判断合格与否;可选措施(一般项)根据要素难易程度、绿色效益情况等按100分进行分配,这部分分配在开工前应该完成;加分措施(优选项)根据选用情况适当加分。

(二)绿色施工批次评价

将同一时间进行的绿色施工要素评价进行加权统计,得出单次评价的总分。

(1)施工阶段与进行统计的“绿色施工要素评价表”一致。

(2)评价得分指“绿色施工要素评价表”中“采用的可选措施(一般项)”的总得分,不包括“采用的加分措施(优选项)”得分,该部分在评价结论处单独统计。

(3)权重系数根据“四节一环保”在施工中的重要性,参照《建筑工程绿色施工评价标准》(GB/T 50640—2010)给定。

(4)评价结论栏,控制项填是否全部满足。评价得分根据上栏实得分汇总得出;优选项将五张“绿色施工要素评价表”优选项累加得出。

(5)绿色施工批次评价得分等于评价得分加优选项得分。

(三)绿色施工阶段评价

将同一施工阶段内进行的绿色施工批次评价进行统计,得出该施工阶段的平均分。

(1)评价阶段分“地基与基础工程”“结构工程”“装饰装修与机电安装工程”,原则上每阶段至少进行一次施工阶段评价,且每个月至少进行一次施工阶段评价。

(2)阶段评价得分 G = 习批次评价得分 E/ 评价批次数 。

(四)绿色施工单位工程评价

将所有施工阶段的评价得分进行加权统计,得出本工程绿色施工评价的最后得分。

根据绿色施工阶段评价得分加权计算,权重系数根据三个阶段绿色施工的,参照《建筑工程绿色施工评价标准》(GB/T 50640—2010)确定。

绿色施工自评价也可由项目承建单位根据自身情况设计表格进行。

二、绿色施工公司自评价

在项目实施绿色施工管理过程中,公司应对其进行评价。评价由专门的专家评估小组进行,原则上每个施工阶段都应该进行至少一次公司评价。

公司评价的表格可以采用自行设计更符合项目管理要求的表格。但每次公司评价后,应该及时与项目自评价结果进行对比,差别较大的工程应重新组织专家评价,找出差距原因,制定相关措施。

绿色施工评价是推广绿色施工工作中的重要一环,只有真实、准确、及时地对绿色施工进行评价,才能了解绿色施工的状况和水平,发现其中存在的问题和薄弱环节,并在此基础上进行持续改进,使绿色施工的技术和管理手段更加完善。

三、绿色施工的评价方法

（一）绿色施工技术评价原则

（1）清洁生产原则。清洁生产是指既满足生产的需要，又可合理地使用自然资源和能源，并保护环境的实用生产方法和措施。它谋求将生产排放的废物减量化、资源化和无害化，以求减少环境负荷。

（2）减物质化原则。减物质化原则是指物料和能耗最少的人类生产活动的规划和管理原则，包括减量化原则、再使用原则、循环再生利用原则。减量化原则要求用较少的原料和能源投入来达到既定的生产目的或消费目的；再使用原则要求制造产品和包装容器能够以初始的形式被反复使用，而不是非常快地更新换代；循环再生利用原则要求生产出来的物品在完成其使用功能后能重新变成可以利用的资源，而不是不可恢复的垃圾。

（二）绿色施工技术评价指标体系

绿色施工技术评价指标体系主要由六个方面来进行施工方案的绿色评价：材料消耗量指标；能源消耗量指标；水资源消耗量；“三废”排放量；对周边环境安全影响；噪声、振动扰民。

（三）绿色施工评价的定性定量方法

常用的定性定量分析方法有专家评分法、敏感度分析法、灰关联度因素分析法、多因素模糊分析法、层次分析法、可靠性分析法等。

第八章　建筑工程职业健康安全与环境管理

第一节　建筑工程职业健康安全与环境管理概述

一、职业健康安全与环境管理的相关概念

(一)职业健康安全的概念

职业健康安全是指影响工作场所内员工、临时工作人员、合同方人员、访问者和其他人员健康安全的条件和因素。它包括为制定、实施、实现、评审和保持职业健康安全方针所需的组织结构、计划活动、职责、惯例、程序、过程和资源。影响职业健康安全的主要因素有:

(1)物的不安全状态。人机系统在生产过程中发挥一定作用的机械、物料、生产对象以及其他生产要素统称为物。物都具有不同形式、性质的能量,有出现能量意外释放,引发事故的可能性。由于物的能量可能释放引起事故的状态,称为物的不安全状态。这是从能量与人的伤害间的联系所给予的定义。如果从发生事故的角度来看,也可把物的不安全状态看作曾引起或可能引起事故的物的状态。

(2)人的不安全状态。不安全行为是人表现出来的,与人的心理特征相违背的非正常行为。人在生产活动中,曾引起或可能引起事故的行为,必然是不安全行为。人出现一次不安全行为,不一定就会发生事故,造成伤害。然而长期不安全状态,一定会导致事故。

(3)环境因素和管理缺陷。

(二)环境的概念

环境是指组织运行活动场所内部和外部环境的总和。活动场所不仅包括组织内部的工作场所,也包括与组织活动有关的临时、流动场所。

影响环境的主要因素有:①市场竞争日益加剧;②生产事故与劳动疾病增加;③生活质量的不断提高。

(三)建筑工程职业健康安全与环境管理的概念

职业健康安全管理是指为了实现项目职业健康安全管理目标,针对危险源和风险所采取的管理活动。

环境管理是指按照法律法规、各级主管部门和企业环境方针的要求,制定程序、资源、过程和方法。管理环境因素的过程包括控制现场的各种粉尘、废水、废气、固体废弃物、噪声、振动等对环境的污染和危害,节约建设资源等。

二、职业健康安全与环境管理的特点

(1)复杂性。建筑产品受不同外部环境影响的因素表现在:①多为露天作业,受气候

条件变化的影响大;②工程地质与水文条件的变化大;③工程的地理条件与当地社会、经济与资源供应的影响大。

(2)多样性。多样性是由建筑产品的多样性和生产的单件性决定的。

(3)协调性。协调性是由建筑产品生产的连续性及分工性决定的。

(4)不符合性。不符合性是由产品的委托性决定的。

(5)持续性。持续性是由建筑产品生产的阶段性决定的。

(6)经济性。产品的时代性和社会性决定了职业健康安全与环境管理的经济性。

三、职业健康安全与环境管理的目的与任务

(一)职业健康安全与环境管理的目的

工程项目职业健康与安全管理的目的是保护施工生产者的健康与安全,控制影响作业场所内员工、临时工作人员、合同方人员、访问者和其他有关部门人员健康和安全的条件和因素。职业健康安全具体包括作业安全和职业健康。

工程项目环境管理的目的是使社会经济发展与人类的生存环境相协调,控制作业现场的各种环境因素对环境的污染和危害,承担节能减排的社会责任。

(二)职业健康安全与环境管理的任务

职业健康安全与环境管理的任务是工程项目的设计和施工单位为达到项目职业健康安全与环境管理的目标而进行的管理活动,包括制定、实施、实现、评审和保持职业健康安全方针与环境方针所需的组织机构、计划活动、职责、惯例(法律法规)、程序、过程和资源。

建筑工程项目主要阶段职业健康安全与环境管理的任务如下:

(1)建筑工程项目决策阶段:办理各种有关安全与环境保护方面的审批手续。

(2)工程设计阶段:进行环境保护设施和安全设施的设计,防止因设计考虑不周而导致生产安全事故的发生或对环境造成不良影响。

(3)工程施工阶段:建设单位应自开工报告批准之日起 15 d 内,将保证安全施工的措施报送建设工程所在地的县级以上人民政府建设行政主管部门或其他有关部门备案。分包单位应接受总包单位的安全生产管理,若分包单位不服从管理而导致安全生产事故,分包单位承担主要责任。施工单位应依法建立安全生产责任制度,采取安全生产保障措施和实施安全教育培训制度。

(4)项目验收试运行阶段:项目竣工后,建设单位应向审批建设工程环境影响报告书、环境影响报告或者环境影响登记表的环境保护行政主管部门申请,对环保设施进行竣工验收。

四、建筑工程职业健康安全与环境管理体系

职业健康安全管理体系、环境管理体系与质量管理体系并列为三大管理体系,是目前世界各国广泛推行的先进的现代化生产管理方法。

(1)职业健康安全管理体系。职业健康安全管理体系是组织全部管理体系中专门管理健康安全工作的部分,包括制定、实施、实现、评审和保持职业健康安全方针所需的组织

机构、计划活动、职责、惯例(法律法规)程序、过程和资源。

(2)环境管理体系。环境管理体系是组织整个管理体系的一个组成部分,包括制定、实施、实现、评审和保持环境方针所需的组织机构、计划活动、职责、惯例(法律法规)、程序、过程和资源。

第二节　建筑工程项目施工安全生产管理

一、施工安全管理保证体系

施工安全管理的目的是安全生产,因此施工安全管理的方针也必须符合国家安全管理的方针,即“安全第一,预防为主”。“安全第一”就是指生产必须保证人身安全,充分体现了“以人为本”的理念。“预防为主”是实现安全第一的最重要手段和实施安全控制的基本思想,采取正确的措施和系统的方法进行安全控制,尽量把事故消灭在萌芽状态。

施工安全管理的工作目标,主要是避免或减少一般安全事故和轻伤事故,杜绝重大、特大安全事故和伤亡事故的发生,最大限度地确保施工中劳动者的人身和财产安全。能否达到这一施工安全管理的工作目标,关键是需要安全管理和安全技术来保证。实现该目标,必须建立施工安全保证体系。施工安全保证体系包括以下五个方面:

(1)施工安全的组织保证体系。施工安全的组织保证体系是负责施工安全工作的组织管理系统,一般包括最高权力机构、专职管理机构的设置和专兼职安全管理人员的配备。

(2)施工安全的制度保证体系。制度保证体系由岗位管理、措施管理、投入和物资管理以及日常管理组成。

(3)施工安全的技术保证体系。施工安全技术保证体系由专项工程、专项技术、专项管理、专项治理等构成,并且由安全可靠性技术、安全限控技术、安全保(排)险技术和安全保护技术四个安全技术环节来保证。

(4)施工安全的投入保证体系。施工安全的投入保证体系是确保施工安全应有与其要求相适应的人力、物力和财力投入,并发挥其投入效果的保证体系。其中,人力投入可在施工安全组织保证体系中解决,而物力和财力的投入则需要解决相应的资金问题。其资金来源为工程费用中的机械装备费、措施费(如脚手架费、环境保护费、安全文明施工费、临时设施费等)、管理费和劳动保险支出等。

(5)施工安全的信息保证体系。施工安全信息保证体系由信息工作条件、信息收集、信息处理和信息服务四部分组成。

二、施工安全管理的任务

施工企业的法人和项目经理分别是企业和项目部安全管理机构的第一责任人。施工安全管理的主要任务如下。

(一)设置安全管理机构

(1)企业安全管理机构的设置。企业应设置以法定代表人为第一责任人的安全管理机构,并根据企业的施工规模及职工人数设置专门的安全生产管理机构部门且配备专职安全管理人员。

(2)项目经理部安全管理机构的设置。项目经理部是施工现场第一线管理机构,应根据工程特点和规模,设置以项目经理为第一责任人的安全管理领导小组,其成员由项目经理、技术负责人、专职安全员、工长及各工种班组长组成。

(3)施工班组安全管理。施工班组要设置不脱产的兼职安全员,协助班组长搞好班组的安全生产管理。

(二)制订施工安全管理计划

(1)施工安全管理计划应在项目开工前编制,经项目经理批准后实施。

(2)对结构复杂、施工难度大、专业性强的项目,除制订项目总体安全技术保证计划外,还必须制定单位工程或分部、分项工程的安全施工措施。

(3)对高空作业、井下作业、水上和水下作业、深基础开挖、爆破作业、脚手架上作业、有毒有害作业、特种机械作业等专业性强的施工作业,以及从事电器、压力容器、起重机、金属焊接、井下瓦斯检验、机动车和船舶驾驶等特殊工种的作业,应制定单项安全技术方案和措施,并对管理人员和操作人员的安全作业资格、身体状况进行合格审查。

(4)实行总分包的项目,分包项目安全计划应纳入总包项目安全计划,分包人应服从总承包人的管理。

(三)施工安全管理控制

施工安全管理控制的对象是人力(劳动者)、物力(劳动手段、劳动对象)、环境(劳动条件、劳动环境)。其主要内容包括:

抓薄弱环节和关键部位,控制伤亡事故。在项目施工中,分包单位的安全管理是安全工作的薄弱环节,总包单位要建立健全分包单位的安全教育、安全检查、安全交底等制度。对分包单位的安全管理应层层负责,项目经理要负主要责任。

伤亡事故大多为高处坠落、物体打击、触电、坍塌、机械伤害和起重伤害等。

施工安全管理目标控制。施工安全管理目标由施工总包单位根据工程的具体情况确定。施工安全管理目标控制的主要内容如下:

六杜绝:杜绝因公受伤、死亡事故;杜绝坍塌伤害事故;杜绝物体打击事故;杜绝高处坠落事故;杜绝机械伤害事故;杜绝触电事故。

三消灭:消灭违章指挥;消灭违章作业;消灭“惯性事故”。

二控制:控制年负伤率;控制年安全事故率。

一创建:创建安全文明示范工地。

三、施工安全管理的基本要求

(1)必须取得安全生产许可证后方可施工。

(2)必须建立健全安全管理保障制度。

(3)各类施工人员必须具备相应的安全生产资格方可上岗。

(4)所有新工人必须经过三级安全教育,即施工人员进场作业前进行公司、项目部、作业班组的安全教育。

(5)特种作业人员必须经过专门培训,并取得特种作业资格。

(6)对查出的事故隐患要做到整改“五定”的要求：定整改责任人、定整改措施、定整改完成时间、定整改完成人和定整改验收人。

(7)必须把好安全生产的“七关”标准：教育关、措施关、交底关、防护关、文明关、验收关和检查关。

(8)施工现场所有安全设施应确保齐全，并符合国家及地方有关规定。

(9)施工机械必须经过安全检查验收，合格后方可使用。

(10)保证安全技术措施费用的落实，不得挪作他用。

四、施工安全技术措施

施工安全技术措施是指在施工项目生产活动中，针对工程特点，施工现场环境、施工方法、劳动组织、作业使用的机械、动力设备、变配电设施、架设工具以及各项安全防护设施等制定的确保安全施工的技术措施。施工安全技术措施应具有超前性、针对性、可靠性和可操作性。施工安全技术措施准备阶段及施工阶段的主要内容见表8-1和表8-2。

表8-1 施工准备阶段安全技术措施

项目	内容
技术准备	了解工程设计对安全施工的要求；调查工程的自然环境和施工环境对施工安全的影响；改扩建工程施工或与建设单位使用、生产发生交叉，可能造成双方伤害时，应签订安全施工协议，搞好施工与生产的协调，明确双方责任，共同遵守安全事项；在施工组织设计中制定切实可行的安全技术措施，并严格履行审批手续
物资准备	及时供应质量合格的安全防护用品(安全帽、安全带、安全网等)满足施工需要；保证特殊工种(电工、焊工、爆破工、起重工等)使用工器具质量合格、技术性能良好；施工机具、设备(起重机、卷扬机、电锯、平面刨、电气设备)等经安全技术性能检测合格，防护装置齐全，制动装置可靠，方可使用；施工周转材料须经认真挑选，不符合要求的严禁使用
施工现场准备	按施工总平面图要求做好现场施工准备；现场各种临时设施、库房，特别是炸药库、油库的布置，易燃易爆品存放都必须符合安全规定和消防要求；电气线路、配电设备符合安全要求，有安全用电防护措施；场内道路通畅，设交通标志，危险地带设危险信号及禁止通行标志，保证行人、车辆通行安全；现场周围和陡坡、沟坑处设围栏、防护板，现场入口处设警示标志。 塔式起重机等起重设备安置要与输电线路、永久或临设工程间有足够的安全距离，避免碰撞，以保证搭设脚手架、安全网的施工距离；现场设消防栓，或有足够的有效的灭火器材、设施
施工队伍准备	总包单位及分包单位都应持有施工企业安全资格审查认可证方可组织施工；新工人须经岗位技术培训、安全教育后，持合格证上岗；高、险、难作业工人须经身体检查合格，具有安全生产资格，方可施工作业；特殊工种作业人员，必须持有特种作业操作证方可上岗

表 8-2　施工阶段安全技术措施

项目	内容
一般工程	单项工程、单位工程均有安全技术措施,分部分项工程有安全技术具体措施,施工前由技术负责人向参加施工的有关人员进行安全技术交底,并应逐级签发和保存“安全交底任务单”。 安全技术应与施工生产技术统一,各项安全措施必须在相应的工序施工前落实好。例如,根据基坑、基槽、地下室开挖深度,土质类别,选择开挖方法,确定边坡的坡度并采取防止塌方的护坡支撑方案;脚手架及垂直运输设施的选用、设计、搭设方案和安全防护措施;施工洞口的防护方法和主体交叉施工作业区的隔离措施;场内运输道路及人行通道的布置;针对采用的新工艺、新技术、新设备、新结构制定专门的施工安全技术措施;在明火作业现场(焊接、切割、熬沥青等)的防火、防爆措施;考虑不同季节、气候对施工生产带来的不安全因素和可能造成的各种安全隐患,从技术上、管理上做好专门安全技术措施
特殊工程	对于结构复杂、危险性大的特殊工程,应编制单项安全技术措施,如爆破、大型吊装、沉箱、沉井、烟囱、水塔、特殊架设作业、高层脚手架、井架等安全技术措施

五、施工安全管理实务

(一)识别危险源

危险源指的是可能导致伤害或疾病、财产损失、工作环境破坏或这些情况组合的根源或状态。人们常讲“安全无小事”,实际上建筑业的施工活动和工作场所中危险源很多,存在的形式也较复杂,但归结起来有以下两大类:

第一类危险源:根据能量意外释放理论,能量或危险物质的意外释放是伤亡事故发生的物理本质。在建筑业施工中使用的燃油、油漆等易燃物质就存在能量,机械运转中的机械能、临时用电的电能、起重吊装及高空作业中的势能,都属于第一类的危险源。

第二类危险源:正常情况下,生产过程中能量或危险物质受到约束或限制不会发生意外的释放。但是,一旦这些约束或限制能量的措施失效,则将发生事故。导致能量或危险物质约束或限制措施失效的各种因素,称为第二类危险源。第二类危险源主要有以下三种情况:

(1)物的故障。物的故障是指机械设备、装置、零部件等由于性能低下而不能实现预定功能的现象。主要由于设计缺陷、使用不当、维修不及时,以及磨损、腐蚀、老化等原因所造成。例如,电线绝缘损坏发生漏电,管路破裂引起其中的有毒、有害介质泄漏等。

(2)人的失误。人的失误是指人的行为结果偏离了被要求的标准,不按规范要求操作以及人的不安全行为等原因造成事故。例如,合错了开关引起检修中的线路带电,非岗位操作人员操作机械等。

(3)环境因素。环境因素是指人和物存在的环境,即施工作业环境中的温度、湿度、噪声、照明、通风等方面的因素,会促使人的失误或物的故障发生。如潮湿环境会加速金属腐蚀而降低结构强度;工作场所强烈的噪声会影响人的情绪,分散人的注意力而发生失误等。

事故的发生往往是两类危险源共同作用的结果,第一类危险源是伤亡事故发生的能量主体,决定事故后果的严重程度;第二类危险源是事故发生的必要条件,决定事故发生的可能性。两类危险源互相联系、互相依存,前者为前提,后者为条件。

(二)确定项目的安全管理目标

按"目标管理"方法在以项目经理为首的项目管理系统内进行分解,从而确定每个岗位的安全管理目标,实现全员的安全责任控制。

(三)编制项目安全技术措施计划

编制项目安全技术措施计划(或施工安全方案),是指对施工过程中的危险源,用技术和管理手段加以消除和控制,并用文件化的方式表示。项目安全技术措施计划是进行工程项目安全控制的指导性文件,应该与施工设计图纸、施工组织设计和施工方案等结合起来实施。安全计划的主要内容包括工程概况、管理目标、组织机构与职责权限、规章制度、风险分析与控制措施、安全专项施工方案、应急准备与响应、资源配置与费用投入计划、教育培训和检查评价、验证与持续改进。

(四)落实和实施安全技术措施计划

应按照表 8-3 的要求实施施工安全技术措施计划,以减少相应的安全风险程度。

表 8-3 施工安全技术措施计划的实施方法和内容

方法	内容
一般安全施工责任制	在企业所规定的职责范围内,各个部门、各类人员对安全施工应负责任的制度,是施工安全技术措施计划的基础内容
安全教育	(1)开展安全生产的宣传教育; (2)把安全知识、安全技能、设备性能、操作规程、安全法规等作为安全教育的主要内容; (3)建立经常性的安全教育考核制度,要保存相应的考核证据; (4)电工、电焊工、架子工、司炉工、爆破工、机操工、起重工、机械司机、机动车辆司机等特殊工种工人,除一般安全教育外,还要经过专业安全技能培训,经考试合格持证后方可上岗; (5)采用新技术、新工艺、新设备施工和调换工作岗位时,也要进行安全教育,未经安全教育培训的人员不得上岗操作
安全技术交底	要求: (1)施工现场必须实行逐级安全技术交底制度,直至交底到班组全体作业人员; (2)技术交底必须具体、明确、可操作性强; (3)技术交底的内容应针对分部分项工程施工中给作业人员带来的潜在危害和存在问题; (4)应优先采用新的安全技术措施; (5)应将施工风险、施工方法、施工程序、安全技术措施(包括应急措施)等向工长、班组长进行详细交底; (6)及时向由多个作业队和多工种进行交叉施工的作业队伍进行书面交底; (7)保存书面安全技术交底签字记录
	内容: (1)明确工程项目的施工作业特点和危险源; (2)针对危险源的具体预防措施; (3)应注意的相关沟通事项; (4)相应的安全操作规程和标准; (5)发生事故应及时采取的应急措施

(五)应急准备与响应

施工现场管理人员应负责识别各种紧急情况,编制应急响应措施计划,准备相应的应急响应资源,发生安全事故时应及时进行应急响应。应急响应措施应有机地与施工安全措施相结合,以尽可能减少相应的事故影响和损失。特别应该注意防止在应急响应活动中发生可能的次生伤害。

(六)施工项目安全检查

施工项目安全检查的目的是消除安全隐患、防止事故、改善防护条件及提高员工安全意识,是安全管理工作的一项主要内容。

(1)安全检查的类型:①定期安全检查。建筑施工企业应建立定期分级安全检查制度,定期安全检查属全面性和考核性的检查,建筑工程施工现场应至少每旬开展一次安全检查工作,施工现场的定期安全检查应由项目经理亲自组织。②经常性安全检查。建筑工程施工应经常开展预防性的安全检查工作,以便及时发现并消除事故隐患,保证施工生产正常进行。施工现场经常性安全检查的方式主要有:现场专(兼)职安全生产管理人员及安全值班人员每天例行开展的安全巡视、巡查。现场项目经理、责任工程师及相关专业技术管理人员在检查生产工作的同时进行的安全检查。作业班组在班前、班中、班后进行的安全检查。③季节性安全检查。主要是针对气候特点(如雨期、冬期等)可能给安全生产造成的不利影响或带来的危害而组织的安全检查。④节假日安全检查。在节假日特别是重大或传统节假日前后和节日期间,为防止现场管理人员和作业人员思想麻痹、纪律松懈等进行的安全检查。⑤开工、复工安全检查。针对工程项目开工、复工之前进行的安全检查,主要是检查现场是否具备保障安全生产的条件。⑥专业性安全检查。由有关专业人员对现场某项专业安全问题或在施工生产过程中存在的比较系统性的安全问题进行的单项检查。这类检查专业性强,主要由专业工程技术人员、专业安全管理人员参加。⑦设备设施安全验收检查。针对现场塔式起重机等起重设备、外用施工电梯、龙门架及井架物料提升机、电气设备、脚手架、现浇混凝土模板支撑系统等设备设施在安装、搭设过程中或完成后进行的安全验收、检查。

(2)安全检查的主要内容:施工现场安全检查的重点是违章指挥和违章作业,做到主动测量,实施风险预防。检查后应编写安全检查报告,报告内容包括已达标项目、未达标项目、存在问题、原因分析、纠正和预防措施等。

六、建筑工程职业健康安全事故的分类

事故即造成死亡、疾病、伤害、损坏或其他损失的意外情况。职业健康安全事故分两大类型,即职业伤害事故与职业病。职业伤害事故是指因生产过程及工作原因或与其相关的其他原因造成的伤亡事故。

(一)按照事故发生的原因分类

按照我国规定,职业伤害事故分为20类,包括物体打击、车辆伤害、机械伤害、起重伤害、触电、淹溺、灼烫、火灾、高处坠落、坍塌、冒顶片帮、透水、放炮、火药爆炸、瓦斯爆炸、锅

炉爆炸、压力容器爆炸、其他爆炸、中毒和窒息、其他伤害(包含扭伤、跌伤、冻伤等)。建筑工程项目中常见的伤害事故主要有物体打击、起重伤害、机械伤害、触电、火灾、高空坠落、中毒和窒息、其他伤害等。

(二)按照事故的严重性分类

工程建设重大事故可分为四个等级:

(1)特别重大事故,是指造成30人以上死亡,或者100人以上重伤(包括急性工业中毒,下同),或者1亿元以上直接经济损失的事故。

(2)重大事故,是指造成10人以上30人以下死亡,或者50人以上100人以下重伤,或者5 000万元以上1亿元以下直接经济损失的事故。

(3)较大事故,是指造成3人以上10人以下死亡,或者10人以上50人以下重伤,或者1 000万元以上5 000万元以下直接经济损失的事故。

(4)一般事故,是指造成3人以下死亡,或者10人以下重伤,或者100万元以上1 000万元以下直接经济损失的事故。

(三)职业病

职业病是由于从事职业活动而产生的疾病,属经诊断因从事接触有毒有害物质或不良环境的工作而造成的急慢性疾病。卫生部列出了10大类职业病,包括尘肺、职业性放射性疾病、职业中毒、物理因素所致职业病、生物因素所致职业病、职业性皮肤病、职业性眼病、职业性耳鼻喉口腔疾病、职业性肿瘤和其他职业病等。

七、建筑工程职业健康安全事故的处理

(一)安全事故的处理原则

施工项目一旦发生安全事故,必须实施"四不放过"的原则,即事故原因未查清不放过;责任人员未受到处理不放过;事故责任人和周围群众没有受到教育不放过;事故制定的切实可行的整改措施未落实不放过。事故处理的"四不放过"原则要求对安全生产工伤事故必须进行严肃认真的调查处理,接受教训,防止同类事故重复发生。

(二)安全事故的处理程序

安全事故的处理程序见8-4。

表8-4 安全事故的处理程序

程序	内容
事故报告	施工单位事故报告要求: 生产安全事故发生后,受伤者或最先发现事故的人员应立即将发生事故的时间、地点、伤亡人数、事故原因等情况向施工单位负责人报告;施工单位负责人接到报告后,应在1 h内向事故发生地县级以上人民政府建设主管部门和有关部门报告

续表 8-4

程序	内容
事故报告	建设主管部门事故报告要求： 建设主管部门接到事故报告后，应依照下列规定上报事故情况，并通知安全生产监督管理部门、公安机关、劳动保障行政主管部门、工会和人民检察院： (1)较大事故、重大事故以及特别重大事故逐级上报至国务院建设主管部门； (2)一般事故逐级上报至省、自治区、直辖市人民政府建设主管部门； (3)建设主管部门依照本规定上报事故情况，应同时报告本级人民政府。 建设主管部门按照上述规定逐级上报事故情况时，每级上报的时间不得超过 2 h
	事故报告的一般内容： (1)事故发生的时间、地点和工程项目、有关单位名称； (2)事故的简要经过； (3)事故已经造成或者可能造成的伤亡人数和初步估计的直接经济损失； (4)事故的初步原因； (5)事故发生后采取的措施及事故控制情况； (6)事故报告单位或报告人员； (7)其他应报告的情况
事故调查	事故调查的内容： (1)事故发生单位概况； (2)事故发生经过和事故救援情况； (3)事故造成的人员伤亡和直接经济损失； (4)事故发生的原因和事故性质； (5)事故责任的认定和对事故责任者的处理建议； (6)事故防范和整改措施
事故处理	(1)施工单位的事故处理： 当事故发生后，事故发生单位应严格保护事故现场，做好标志，排除险情，采取有效措施抢救伤员和财产，防止事故蔓延扩大。 (2)建设主管部门的事故处理： ①建设主管部门应依据有关人民政府对事故的批复和有关法律法规的规定，对事故相关责任者实施行政处罚； ②建设主管部门应依照有关法律法规的规定，对事故负有责任的相关单位给予罚款、停业整顿、降低资质等级或吊销资质证书的处罚； ③建设主管部门应依照有关法律法规的规定，对事故发生负有责任的注册执业资格人员给予罚款、停止执业或吊销其注册执业资格证书的处罚

第三节　建筑工程现场文明施工和环境管理

一、建筑工程项目环境管理的定义

建筑工程项目环境管理是指按照法律法规、各级主管部门和企业环境方针的要求，制定程序、资源、过程和方法。管理环境因素的过程包括控制现场的各种粉尘、废水、废气、固体废弃物、噪声、振动等对环境的污染和危害，节约建设资源等。

建筑工程项目的环境管理主要体现在项目设计方案和施工环境的控制。项目设计方案在施工工艺的选择方面对环境的间接影响明显，施工过程则是直接影响工程建设项目环境的主要因素。保护和改善项目建设环境是保证人们身体健康、提升社会文明水平、改善施工现场环境和保证施工顺利进行的需要。文明施工是环境管理的一部分。

二、建筑工程项目环境管理的工作内容

项目经理部负责现场环境管理工作的总体策划和部署，建立项目环境管理组织机构，制定相应制度和措施，组织培训，使各级人员明确环境保护的意义和责任。项目经理部的工作应包括以下几个方面：

(1)项目经理部应按照分区划块原则，搞好项目的环境管理，进行定期检查，加强协调，及时解决发现的问题，实施纠正和预防措施，保持现场良好的作业环境、卫生条件和工作秩序，做到污染预防。

(2)项目经理部应对环境因素进行控制，制定应急准备和相应措施，并保证信息畅通，预防出现非预期的损害。在出现环境事故时，应消除污染，并制定相应措施，防止环境二次污染。

(3)项目经理部应保存有关环境管理的工作记录。

(4)项目经理部应进行现场节能管理，有条件时应规定能源使用指标。

三、建筑工程项目的环境管理

项目的环境管理应遵循下列程序。

(一)建立环境管理组织、制定环境管理方案

施工现场应成立以项目经理为第一责任人的施工环境管理组织。分包单位应服从总包单位环境管理组织的统一管理，并接受监督检查。施工现场应及时进行环境因素识别。具体包括与施工过程有关的产品、活动和服务中的能够控制和施加影响的环境因素，并应用科学方法评价、确定重要环境因素。根据法律法规、相关方要求和环境影响等确定施工现场环境管理的目标和指标，并结合施工图纸、施工方案策划相应的环境管理方案和环境保护措施。

(二)环境管理的宣传和教育

通过短期培训、上技术课、登黑板报、听广播、看录像、看电视等方法，进行企业全体员

工环境管理的宣传和教育工作。专业管理人员应熟悉、掌握环境管理的规定。

(三)现场环境管理的运行要求

(1)项目施工管理人员应结合施工要求,从制度上规定施工现场实施适宜的运行程序和方法。

(2)在与施工供应方和分包方的合作中,明确施工环境管理的基础要求,并及时与施工供应方和分包方进行沟通。

(3)按照施工总平面布置图设置各项临时设施。现场堆放的大宗材料、成品、半成品和机具设备不得侵占场内道路及环境防护等设施。

根据事先策划的施工环境管理措施落实施工现场的相关运行要求,具体要求包括:在施工作业过程中全面实施针对施工噪声、污水、粉尘、固体废弃物等排放和节约资源的环境管理措施;设置符合消防要求的消防设施,在容易发生火灾的地区施工,或者储存、使用易燃易爆器材时,应采取特殊的消防安全措施。

(4)及时实施施工环境信息的相互沟通和交流。针对内部和外部的重要环境信息进行评估,通过有效的信息传递预防环境管理的重大风险。

(四)应急准备和响应

施工现场应识别可能的紧急情况,制定应急措施,提供应急准备手段和资源。环境应急响应措施应与施工安全应急响应措施有机结合,以尽可能提高资源效率,减少相应的环境影响和损失。

(五)环境绩效监测和改进

施工现场及时实施环境绩效监测,根据监测结果,围绕污染预防改进环境绩效。

四、建筑工程项目的文明施工

文明施工是指保持施工现场良好的作业环境、卫生环境和工作秩序,主要包括:规范施工现场的场容,保持作业环境的整洁卫生;科学组织施工,使生产有序进行;减少施工对周围居民和环境的影响;遵守施工现场文明施工的规定和要求,保证职工的安全和身体健康。

现场文明施工的基本要求如下:

(1)施工现场必须设置明显的标牌,标明工程项目名称、建设单位、设计单位、施工单位、项目经理和施工现场总负责人的姓名、开工和竣工日期、施工许可证批准文号等。施工单位负责现场标牌的保护工作。

(2)施工现场的管理人员应佩戴证明其身份的证卡。

(3)应按照施工总平面布置图设置各项临时设施。现场堆放的大宗材料、成品、半成品和机具设备不得侵占场内道路及安全防护等设施。

(4)施工现场的用电线路、用电设施的安装和使用必须符合安装规范和安全操作规程,并按照施工组织设计进行架设,严禁任意拉线接电。施工现场必须设有保证施工安全要求的夜间照明;危险潮湿场所的照明以及手持照明灯具必须采用符合安全要求的电压。

(5)施工机械应按照施工总平面布置图规定的位置和线路设置,不得任意侵占场内道路。施工机械进场时须经过安全检查,经检查合格方能使用。施工机械操作人员必须按有关规定持证上岗,禁止无证人员操作机械。

(6)应保证施工现场道路畅通,排水系统处于良好的使用状态;保持场容场貌的整洁,随时清理建筑垃圾。在车辆、行人通行的地方施工,应设置施工标志,并对沟、井、坎、穴进行覆盖。

(7)施工现场的各种安全设施和劳动保护器具必须定期检查和维护,及时消除隐患,保证其安全有效。

(8)施工现场应设置各类必要的职工生活设施,并符合卫生、通风、照明等要求。职工的膳食、饮水供应等应符合卫生要求。

(9)应做好施工现场安全保卫工作,采取必要的防盗措施,在现场周边设立围护设施。

(10)应严格依照规定,在施工现场建立和执行防火管理制度,设置符合消防要求的消防设施,并保持完好的备用状态。在容易发生火灾的地区施工,或者储存、使用易燃易爆器材时,应采取特殊的消防安全措施。

五、建筑工程项目现场管理

项目现场管理应遵守以下基本规定:

(1)项目经理部应在施工前了解经过施工现场的地下管线,标出位置并加以保护,施工时发现文物、古迹、爆炸物、电缆等,应停止施工,保护现场,及时向有关部门报告,并按照规定处理。

(2)施工中项目经理部对施工需要停水、停电、封路而影响环境时,应经有关部门批准,事先告示。在行人、车辆通过的地方施工,应设置沟、井、坎、洞覆盖物和标志。

(3)现场的环境因素进行分析,对于可能产生的污水、废气、噪声、固体废弃物等污染源采取措施,进行控制。

(4)建筑垃圾和渣土,应堆放在指定地点,定期进行清理。装载建筑材料、垃圾或渣土的运输机械,应采取防止尘土飞扬、撒落或流溢的有效措施。施工现场应根据需要设置机动车辆冲洗设施,冲洗污水应进行处理。

(5)除符合规定的装置外,不得在施工现场熔化沥青和焚烧油毡、油漆,亦不得焚烧其他可产生有毒有害烟尘和恶臭气味的废弃物。项目经理部应按规定有效地处理有毒物质。禁止将有毒有害废弃物现场回填。

(6)施工现场的场容管理应符合施工平面图设计的合理安排和物料器具定位管理标准化的要求。

(7)项目经理部应依据施工条件,按照施工总平面图、施工方案和施工进度计划的要求,认真进行所负责区域的施工平面图的规划、设计、布置、使用和管理。

(8)现场的主要机械设备、脚手架、密封式安全网与围挡、模具,施工临时道路、各种管线、施工材料制品堆场及仓库、土方及建筑垃圾堆放区、变配电间、消火栓、警卫室,以及现场的办公、生产和生活临时设施等的布置,均应符合施工平面图的要求。

(9)现场入口处的醒目位置应公示下列内容:工程概况牌、安全纪律牌、防火须知牌、安全生产牌与文明施工牌、施工平面图、项目经理部组织机构图及主要管理人员名单。

(10)施工现场周边应按当地有关要求设置围挡和相关的安全预防设施。危险品仓库附近应有明显标志及围挡设施。

(11)施工现场应设置畅通的排水沟渠系统,保持场地道路的干燥坚实。

施工现场泥浆和污水未经处理不得直接排放。地面宜做硬化处理。有条件的可对施工现场进行绿化布置。

六、建筑工程项目的施工现场环境保护

(一)施工现场水污染的防治

(1)搅拌机前台、混凝土输送泵及运输车辆清洗处应设置沉淀池,废水未经沉淀处理不得直接排入市政污水管网,经二次沉淀后方可排入市政排水管网或回收用于洒水降尘。

(2)施工现场现制水磨石作业产生的污水,禁止随地排放。作业时要严格控制污水流向,在合理位置设置沉淀池,经沉淀后方可排入市政污水管网。

(3)施工现场气焊用的乙炔发生罐产生的污水严禁随地倾倒,要求专用容器集中存放并倒入沉淀池处理,以免污染环境。

(4)现场要设置专用的油漆油料库,并对库房地面做防渗处理,储存、使用及保管要采取措施并由专人负责,防止因油料泄漏而污染土壤、水体。

(5)施工现场的临时食堂,用餐人数在100人以上的,应设置简易有效的隔油池,使产生的污水经过隔油池后再排入市政污水管网。

(6)禁止将有害废弃物做土方回填,以免污染地下水和环境。

(二)施工现场大气污染的防治

(1)高层或多层建筑清理施工垃圾,使用封闭的专用垃圾道或采用容器吊运,严禁随意凌空抛撒造成扬尘。施工垃圾要及时清运,清运时,适量洒水减少扬尘。

(2)拆除旧建筑物时,应配合洒水,减少扬尘污染。

(3)施工现场要在施工前做好施工道路的规划和设置,可利用设计中永久性的施工道路。如采用临时施工道路,主要道路和大门口要硬化,包含基层夯实,路面铺垫焦渣、细石,并随时洒水,减少道路扬尘。

(4)散水泥和其他易飞扬的细颗粒散体材料应尽量安排库内存放,如露天存放应严密遮盖,运输和卸运时防止遗撒飞扬,以减少扬尘。

(5)生石灰的熟化和灰土施工要适当配合洒水,杜绝扬尘。

(6)在规划市区、居民稠密区、风景游览区、疗养区及国家规定的文物保护区内施工,施工现场要制定洒水降尘制度,配备专用洒水设备及指定专人负责,在易产生扬尘的季节,施工场地采取洒水降尘。

(三)施工现场噪声污染的防治

(1)人为噪声的控制。施工现场提倡文明施工,建立健全控制人为噪声的管理制度。尽量减少人为的噪声,增强全体施工人员防噪声扰民的自觉意识。

(2)强噪声作业时间的控制。凡在居民稠密区进行强噪声作业的,严格控制作业时

间，晚间作业不超过22:00，早晨作业不早于06:00，特殊情况确需连续作业（或夜间作业）的，应尽量采取降噪措施，事先做好周围群众的工作，并报有关主管部门备案后方可施工。

（3）强噪声机械的降噪措施。牵扯到产生强噪声的成品或半成品的加工、制作作业（如预制构件、木门窗制作等），应尽量在工厂、车间完成，减少因施工现场加工制作产生的噪声。尽量选用低噪声或备有消声降噪声设备的施工机械。施工现场的强噪声机械（如搅拌机、电锯、电刨、砂轮机等）要设置封闭的机械棚，以减少强噪声的扩散。

（4）加强施工现场的噪声监测。加强施工现场环境噪声的长期监测，采取专人管理的原则，根据测量结果填写建筑施工场地噪声测量记录表，凡超过标准的，要及时对施工现场噪声超标的有关因素进行调整，达到施工噪声不扰民的目的。

（四）施工现场固体废物的处理

施工现场常见的固体废物包括建筑渣土、废弃的散装建筑材料、生活垃圾、设备、材料等的包装材料和粪便。

固体废物的主要处理和处置方法有：①物理处理，包括压实浓缩、破碎、分选、脱水干燥等。②化学处理，包括氧化还原、中和、化学浸出等。③生物处理，包括好氧处理、厌氧处理等。④热处理，包括焚烧、热解、焙烧、烧结等。⑤固化处理，包括水泥固化法和沥青固化法等。⑥回收利用，包括回收利用和集中处理等资源化、减量化的方法。⑦处置，包括土地填埋、焚烧、储留池储存等。

第九章　环境保护管理体系与措施

第一节　绿色施工与环境管理的基本结构

一、绿色施工与环境管理概要

(一)绿色施工与环境管理的基本内容

绿色施工应符合国家的法律法规及相关的标准规范,实现经济效益、社会效益和环境效益的统一。实施绿色施工,应依据因地制宜的原则,贯彻执行国家、行业和地方相关的技术经济政策。

(1)可持续发展价值观,社会责任。

(2)实施绿色施工,应对施工策划、材料采购、现场施工、工程验收等各阶段进行控制,实施对整个施工过程的管理和监督。具体包括:①环境因素识别与评价。②环境目标指标。③环境管理策划。④环境管理方案实施。⑤检查与持续改进。

(3)绿色施工和环境管理是建筑全寿命周期中的重要阶段。

实施绿色施工和环境管理,应进行总体方案优化。在规划、设计阶段,应充分考虑绿色施工和环境管理的总体要求,为绿色施工和环境管理提供基础条件。

(二)绿色施工与环境管理的基本程序

绿色施工和环境管理程序主要包括组织管理、规划管理、实施管理、评价管理和人员安全与健康的配套管理五个方面。

(1)组织管理。建立绿色施工和环境管理体系,并制定相应的管理制度与目标。项目经理为绿色施工和环境管理第一责任人,负责绿色施工和环境管理的组织实施及目标实现,并指定绿色施工和环境管理人员及监督人员。

(2)规划管理。编制绿色施工和环境管理方案。该方案应在施工组织设计中独立成章,并按有关规定进行审批。

绿色施工和环境管理方案应包括以下内容:①环境保护措施。制定环境管理计划及应急救援预案,采取有效措施,降低环境负荷,保护地下设施和文物等资源。②节材措施。在保证工程安全与质量的前提下,制定节材措施。如进行施工方案的节材优化,建筑垃圾减量化,尽量利用可循环材料等。③节水措施。根据工程所在地的水资源状况,制定节水措施。④节能措施。进行施工节能策划,确定目标,制定节能措施。⑤节地与施工用地保护措施。制定临时用地指标、施工总平面布置规划及临时用地、节地措施等。

(3)实施管理。绿色施工和环境管理应对整个施工过程实施动态管理,加强对施工策划、施工准备、材料采购、现场施工、工程验收等各阶段的管理和监督。应结合工程项目的特点,有针对性地对绿色施工和环境管理做相应的宣传,通过宣传营造绿色施工和环境管理的氛围。

定期对职工进行绿色施工和环境管理知识培训,增强职工绿色施工和环境管理意识。

(4)评价管理。结合工程特点,对绿色施工和环境管理的效果及采用的新技术、新设备、新材料与新工艺进行自我评估。成立专家评估小组,对绿色施工和环境管理方案、实施过程至项目竣工进行综合评估。

(5)人员安全与健康的配套管理。制定施工防尘、防毒、防辐射等职业危害的措施,保障施工人员的长期职业健康。合理布置施工场地,保护生活及办公区不受施工活动的有害影响。

施工现场建立卫生急救、保健防疫制度,在安全事故和疾病疫情出现时提供及时救助。提供卫生、健康的工作与生活环境,加强对施工人员的住宿、膳食、饮用水等生活与环境卫生等管理,明显改善施工人员的生活条件。

(三)绿色施工与环境管理的依据

绿色施工与环境管理是依靠绿色施工与环境管理体系实施运行的。

二、绿色施工与环境管理体系

绿色施工与环境管理体系是实施绿色施工的基本保证。

施工企业应根据国际环境管理体系及绿色评价标准的要求建立、实施、保持和持续改进绿色施工与环境管理体系,确定如何实现这些要求,并形成文件。企业应界定绿色施工与环境管理体系的范围,并形成文件。

(一)环境方针

环境方针确定了实施与改进组织环境管理体系的方向,具有保持和改进环境绩效的作用。因此,环境方针应当反映最高管理者对遵守适用的环境法律法规和其他环境要求、进行污染预防和持续改进的承诺。环境方针是组织建立目标和指标的基础。环境方针的内容应当清晰明确,使内、外相关方能够理解。应当对方针进行定期评审与修订,以反映不断变化的条件和信息。方针的应用范围应当是可以明确的,并反映环境管理体系覆盖范围内活动、新产品和服务的特有性质、规模和环境影响。

应当就环境方针和所有为组织工作或代表它工作的人员进行沟通,包括和为它工作的合同方进行沟通。对合同方,不必拘泥于传达方针条文,可采取其他形式,如规则、指令、程序等,或仅传达方针中和它有关的部分。如果该组织是一个更大组织的一部分,组织的最高管理者应当在后者环境方针的框架内规定自己的环境方针,将其形成文件,并得到上级组织的认可。

(二)环境因素识别与评价

环境因素在ISO14001:2004中的定义是:一个组织的活动、产品或服务中能与环境发生相互作用的要素。简而言之,就是一个组织(企业、事业以及其他单位,包括法人、非法人单位)日常生产、工作、经营等活动、提供的产品以及在服务过程中那些对环境有益或者有害影响的因素。

（三）环境因素识别

环境因素提供了一个过程，供企业对环境因素进行识别，并从中确定环境管理体系应当优先考虑的那些重要环境因素。企业应通过考虑和它当前及过去的有关活动、产品和服务、纳入计划的或新开发的项目、新的或修改的活动以及产品和服务所伴随的投入和产出（无论是期望还是非期望的），以识别其环境管理体系范围内的环境因素。这一过程中应考虑到正常和异常的运行条件、关闭与启动时的条件，以及可合理预见的紧急情况。企业不必对每一种具体产品、部件和输入的原材料进行分析，而可以按活动、产品和服务的类别识别环境因素。

（1）三个时态。环境因素识别应考虑三种时态：过去、现在和将来。过去是指以往遗留的并会对目前的过程、活动产生影响的环境问题。现在是指当前正在发生，并持续到未来的环境问题。将来是指计划中的活动在将来可能产生的环境问题，如新工艺、新材料的采用可能产生的环境影响。

（2）三种状态。环境因素识别应考虑三种状态：正常、异常和紧急。正常状态是指稳定、例行性的，计划已做出安排的活动状态，如正常施工状态。异常状态是指非例行的活动或事件，如施工中的设备检修，工程停工状态。紧急状态是指可能出现的突发性事故或环保设施失效的紧急状态，如发生火灾事故、地震、爆炸等意外状态。

（3）八大类环境因素。环境因素识别应考虑八大类环境因素：①向大气排放的污染物。②向水体排放的污染物。③固体废弃物和副产品污染。④向土壤排放的污染物。⑤原材料与自然资源、能源的使用、消耗和浪费。⑥能量释放，如热、辐射、振动等污染。⑦物理属性，如大小、形状、颜色、外观等。⑧当地其他环境问题和社区问题（如噪声、光污染、绿化等）。

（4）识别环境因素的步骤：选择组织的过程（活动、产品或服务）、确定过程伴随的环境因素、确定环境影响。

（四）环境因素评价

环境因素评价简称环评，英文缩写 EIA，即 Environmental Impact Assessment，是指对规划和建设项目实施后可能造成的环境影响进行分析、预测和评估，提出预防或者减轻不良环境影响的对策和措施，进行跟踪监测的方法与制度。通俗来说，就是分析项目建成投产后可能对环境产生的影响，并提出污染防治对策和措施。

（五）环境目标指标

企业应确定绿色施工和环境管理的方针。

（1）最高管理者应确定本企业的绿色施工和环境管理方针，并在界定的绿色施工和环境管理体系范围内，确保该方针：①适合于组织活动、产品和服务的性质、规模和环境影响。②包括对持续改进和污染预防的承诺。③包括对遵守与其环境因素有关的适用法律法规和其他要求的承诺。④提供建立和评审环境目标和指标的框架。⑤形成文件，付诸实施，并予以保持。⑥传达到所有为组织或代表组织工作的人员。⑦可为公众所获取。

企业应对其内部有关职能和层次建立、实施并保持形成文件的环境目标和指标。如可行、目标和指标应可测量。目标和指标应符合环境方针，并包括对污染预防、持续改进和遵守适用的法律法规及其他要求的承诺企业在建立和评审目标和指标时,应考虑法律法规和其他要求,以及自身的重要环境因素。此外,还应考虑可选的技术方案,财务、运行和经营要求,以及相关方的观点。

(2)企业应制定、实施并保持一个或多个用于实现其目标和指标的方案,其中应包括:①规定组织内各有关职能和层次实现目标和指标的职责。②实现目标和指标的方法和时间表。③环境管理目标,即针对节能减排、施工噪声、扬尘、污水、废气排放、建筑垃圾处置、防火、防爆炸等设立管理目标和指标。

(3)与环境管理相关联的职业健康安全目标包括:①杜绝死亡事故、重伤和职业病的发生。②杜绝火灾、爆炸和重大机械事故的发生。③轻伤事故发生率控制在一定比例以内。④创建文明安全工地,按计划完成。⑤职业健康安全措施无重大失误、重要安全技术措施实施到位率达到一定比例。⑥安全防护设施安装验收合格后正确使用率、临时用电达标率达到一定比例。⑦特殊安全防护用品发放到位率、使用的安全防护用品按规定周期检测率达到一定比例。⑧其他。

(六)环境管理策划

(1)应围绕环境管理目标,策划分解年度目标。目标包括工程安全目标、环境目标指标、合同及中标目标、顾客满意目标等。

分支机构、项目经理部应根据企业的安全目标、环境目标指标和合同要求,策划并分解本项目的安全目标、环境目标指标。

各项目应按照项目—单位工程—分部工程—分项工程逐次进行分解,通过分项工序目标的实施,逐次上升,最终保证项目目标的实现。

企业总的环境目标,要逐年不断完善和改进。各级安全目标、环境目标指标必须与企业的环境方针保持一致,并且必须满足产品、适用法律法规和相关方要求的各项内容。目标指标必须形成文件,做出具体规定。

(2)企业应建立、实施并保持一个或多个程序,用来识别其环境管理体系覆盖范围内的活动、产品和服务中能够控制或施加影响的环境因素,此时应考虑已纳入计划的或新的开发、新的或修改的活动、产品和服务等因素;确定对环境具有或可能具有重大影响的因素(重要环境因素)。组织应将这些信息形成文件并及时更新。

(3)企业应确保在建立、实施和保持环境管理体系时,对重要的环境因素加以考虑。绿色施工与环境管理策划通常包括以下内容:①环境管理承诺。包括安全目标和环境管理目标。②环境方针。向公众宣传企业的环境方针和取得的环境绩效。③在追求环境绩效持续改进的过程中,塑造企业的绿色形象。④法律与其他要求。集合有关环境保护法律法规,发布本项目的环境保护法律法规清单。⑤项目可能出现的重大环境管理因素。⑥环境目标指标。对各种环境因素提出的具体达标指标。

(4)绿色施工和环境管理体系实施与运行。包括组织机构和职责、管理程序以及环境意识和能力培训等。

(5)重要环境因素控制措施。这是环境管理策划的主要内容,根据不同的施工阶段,从测量要求、机具使用、控制方法、人员安排等方面进行安排。

(6)应急准备和响应、检查和纠正措施、文件控制等。

(7)绿色施工与环境管理方案实施及效果验证。

(七)环境、职业健康安全管理方案

工程开工前,企业或项目经理部应编制旨在实现环境目标指标、职业健康安全目标的管理方案/管理计划。管理方案/管理计划的主要内容包括:①本项目(部门)评价出的重大环境因素或不可接受风险。②环境目标指标或职业健康安全目标。③各岗位的职责。④控制重大环境因素或不可接受风险方法及时间安排。⑤监视和测量。⑥预算费用等。

管理方案/管理计划由各单位编制,授权人员审批。各级管理者应为保证管理方案/管理计划的实施提供必需的资源。

企业内部各单位应对自身管理方案/管理计划的完成情况进行日常监控;在组织环境、安全检查时,应对环境、安全管理方案完成情况进行抽查。在环境、职业健康安全管理体系审核及不定期的监测时,对各单位管理方案/管理计划的执行情况进行检查。

当施工内容、外界条件或施工方法发生变化时,项目(部门)应重新识别环境因素和危险源、评价重大环境因素和职业健康安全风险,并修订管理方案/管理计划。管理方案/管理计划修改时,执行《文件管理程序》的有关规定。

(八)实施与运行

资源、作用、职责和权限的规定要求如下:

(1)管理者应确保为环境管理体系的建立、实施、保持和改进提供必要的资源。资源包括人力资源专项技能、组织的基础设施、技术和财力资源。

(2)为便于环境管理工作的有效开展,应对作用、职责和权限做出明确规定,形成文件,并予以传达。

(3)企业的最高管理者应任命专门的管理者代表,无论他们是否还负有其他方面的责任,应明确规定其作用、职责和权限,以便:①确保按照本标准的要求建立、实施和保持环境管理体系。②向最高管理者报告环境管理体系的运行情况以供评审,并提出改进建议。

环境管理体系的成功实施需要为组织或代表组织工作的所有人员的承诺。因此,不能认为只有环境管理部门才承担环境方面的作用和职责,事实上,企业内的其他部门,如运行管理部门、人事部门等,也不能例外。这一承诺应当始于最高管理者,他们应当建立组织的环境方针,并确保环境管理体系得到实施。作为上述承诺的一部分,是指定专门的管理者代表,规定他们对实施环境管理体系的职责和权限。对于大型或复杂的组织,可以有不止一个管理者代表。对于中、小型企业,可由一个人承担这些职责。最高管理者还应当确保提供建立、实施和保持环境管理体系所需的适当资源,包括企业的基础设施(例如建筑物)、通信网络、地下储罐、下水管道等。另一重要事项是妥善规定环境管理体系中的关键作用和职责,并传达到为组织或代表组织工作的所有人员。

(九)能力、培训和意识

企业应确保所有为它或代表它从事被确定为可能具有重大环境影响的工作的人员都具备相应的能力。该能力基于必要的教育、培训或经历。组织应保存相关的记录。

企业应确定与其环境因素和环境管理体系有关的培训需求并提供培训,或采取其他措施来满足这些需求。应保存相关的记录。

企业应建立、实施并保持一个或多个程序，使为它或代表它工作的人员都意识到：

(1)符合环境方针与程序和符合环境管理体系要求的重要性。

(2)他们工作中的重要环境因素和实际的或潜在的环境影响，以及个人工作的改进所能带来的环境效益。

(3)他们在实现与环境管理体系要求符合性方面的作用与职责。

(4)偏离规定的运行程序的潜在后果。

企业应当确定负有职责和权限代表其执行任务的所有人员所需的意识、知识、理解和技能。要求：

(1)其工作可能产生重大环境影响的人员，能够胜任所承担的工作。

(2)确定培训需求，并采取相应措施加以落实。

(3)所有人员了解组织的环境方针和环境管理体系，以及与他们工作有关的组织活动、产品和服务中的环境因素。

可通过培训、教育或工作经历，获得或提高所需的意识、知识、理解和技能。企业应当要求代表它工作的合同方能够证实他们的员工具有必要的能力和(或)接受了适当的培训。企业管理者应当确认保障人员(特别是行使环境管理职能的人员)胜任性所需的经验、能力和培训的程度。

(十)信息交流

企业应建立、实施并保持一个或多个程序，用于有关其环境因素和环境管理体系的；组织内部各层次和职能间的信息交流；与外部相关方联络的接收、形成文件和回应。

内部交流对于确保环境管理体系的有效实施至为重要。内部交流可通过例行的工作组会议、通信简报、公告板、内联网等手段或方法进行。

企业应当按照程序，对来自相关方的沟通信息进行接收、形成文件并做出响应。程序可包含与相关方交流的内容，以及对他们所关注问题的考虑。在某些情况下，对相关方关注的响应，可包含组织运行中的环境因素及其环境影响方面的内容。这些程序中，还应当包含就应急计划和其他问题，与有关公共机构的联络事宜。

企业在对信息交流进行策划时，一般还要考虑进行交流的对象、交流的主题和内容、可采用的交流方式等方面问题。

企业应决定是否应其重要环境因素与外界进行信息交流，并将决定形成文件。在考虑应环境因素进行外部信息交流时，企业应当考虑所有相关方的观点和信息需求。如果企业决定就环境因素进行外部信息交流，它可以制定一个这方面的程序。程序可因所交流的信息类型、交流的对象及企业的个体条件等具体情况的不同而有所差别。进行外部交流的手段可包括年度报告、通信简报、互联网和社区会议等。

(十一)文件

环境管理体系文件应包括：①环境方针、目标和指标。②对环境管理体系的覆盖范围的描述。③对环境管理体系主要要素及其相互作用的描述，以及相关文件的查询途径。④本标准要求的文件，包括记录。⑤企业为确保对涉及重要环境因素的过程进行有效策划、运行和控制所需的文件和记录。

文件的详尽程度,应当足以描述环境管理体系及其各部分协同运作的情况,并指示获取环境管理体系某一部分运行的更详细信息的途径。可将环境文件纳入组织所实施的其他体系文件中,而不强求采取手册的形式。对于不同的企业,环境管理体系文件的规模可能由于它们在以下方面的差别而各不相同:①组织及其活动、产品或服务的规模和类型。②过程及其相互作用的复杂程度。③人员的能力。

文件可包括环境方针、目标和指标,重要环境因素信息,程序,过程信息,组织机构图,内、外部标准,现场应急计划,记录。

对于程序是否形成文件,应当从下列方面考虑:不形成文件可能产生的后果,包括环境方面的后果用来证实遵守法律法规和其他要求的需要;保证活动一致性的需要;形成文件的益处,例如易于交流和培训,从而加以实施,易于维护和修订,避免含混和偏离,提供证实功能和直观性等,出于本标准的要求。

不是为环境管理体系所制定的文件,也可用于本体系,此时应当指明其出处。

(十二)文件控制

应对环境管理体系所要求的文件进行控制。记录是一种特殊的文件,应该按要求进行控制。企业应建立、实施并保持一个或多个程序,并符合以下规定:①在文件发布前进行审批,确保其充分性和适宜性。②必要时对文件进行评审和更新,并重新审批。③确保对文件的更改和现行修订状态做出标识。④确保在使用处能得到适用文件的有关版本。⑤确保文件字迹清楚,标识明确。⑥确保对策划和运行环境管理体系所需的外部文件做出标识,并对其发放予以控制。⑦防止对过期文件的非预期使用。如需将其保留,要做出适当的标识。

文件控制旨在确保企业对文件的建立和保持能够充分适应实施环境管理体系的需要。但企业应当把主要注意力放在对环境管理体系的有效实施及其环境绩效上,而不是放在建立一个烦琐的文件控制系统。

(十三)运行控制

企业应根据其方针、目标和指标,识别和策划与所确定的重要环境因素有关的运行,以确保它们通过下列方式在规定的条件下进行:①建立、实施并保持一个或多个形成文件的程序,以控制因缺乏程序文件而导致偏离环境方针、目标和指标的情况。②在程序中规定运行准则。③对于企业使用的产品和服务中所确定的重要环境因素,应建立、实施并保持程序,并将适用的程序和要求通报供方及合同方。

企业应当评价与所确定的重要环境因素有关的运行,并确保在运行中能够控制或减少有害的环境影响,以满足环境方针的要求、实现环境目标和指标。所有的运行,包括维护活动,都应当做到这一点。

(十四)应急准备和响应

企业应建立、实施并保持一个或多个程序,用于识别可能对环境造成影响的潜在的紧急情况和事故,并规定响应措施。

企业应对实际发生的紧急情况和事故做出响应,并预防或减少随之产生的有害环境影响。企业应定期评审其应急准备和响应程序。必要时对其进行修订,特别是当事故或紧急情况发生后。可行时,企业还应定期试验上述程序。

每个企业都有责任制定适合它自身情况的一个或多个应急准备和响应程序。组织在制定这类程序时,应当考虑现场危险品的类型,如存在易燃液体、储罐、压缩气体等,以及发生意外泄漏时的应对措施;对紧急情况或事故类型和规模的预测;处理紧急情况或事故的最适当方法;内、外部联络计划;把环境损害降到最低的措施;针对不同类型的紧急情况或事故的补救和响应措施;事故后考虑制定和实施纠正与预防措施的需要;定期试验应急响应程序;对实施应急响应程序人员的培训;关键人员和救援机构(如消防、泄漏清理等部门)名单,包括详细联络信息;疏散路线和集合地点;周边设施(如工厂、道路、铁路等)可能发生的紧急情况和事故;邻近单位相互支援的可能性。

(十五)检查及效果验证

企业应建立、实施并保持一个或多个程序,对可能具有重大环境影响的运行的关键特性进行例行监测和测量。程序中应规定将监测环境绩效、适用的运行控制、目标和指标符合情况的信息形成文件。

企业应确保所使用的监测和测量设备经过校准或验证,并予以妥善维护,且应保存相关的记录。一个企业的运行可能包括多种特性。例如,在对废水排放进行监测和测量时,值得关注的特点可包括生物需氧量、化学需氧量、温度和酸碱度。

对监测和测量取得的数据进行分析,能够识别类型并获取信息。这些信息可用于实施纠正和预防措施。

关键特性是指组织在决定如何管理重要环境因素、实现环境目标和指标、改进环境绩效时需要考虑的那些特性。

为了保证测量结果的有效性,应当定期或在使用前,根据测量标准对测量器具进行校准或检验。测量标准要以国家标准或国际标准为依据。如果不存在国家标准或国际标准,则应当对校验所使用的依据做出记录。

(十六)合规性评价

为了履行遵守法律法规要求的承诺,企业应建立、实施并保持一个或多个程序,以定期评价对适用法律法规的遵守情况。企业应保存对上述定期评价结果的记录。

企业应评价对其他要求的遵守情况。企业应保存上述定期评价结果的记录。

企业应当能证实它已对遵守法律法规要求(包括有关许可和执照的要求)的情况进行了评价。企业应当能证实它已对遵守其他要求的情况进行了评价。

(十七)持续改进

企业应建立、实施并保持一个或多个程序,用来处理实际或潜在的不符合,采取纠正措施和预防措施。程序中应规定以下方面的要求:

(1)识别和纠正不符合,并采取措施减少所造成的环境影响。

(2)对不符合进行调查,确定其产生原因,并采取措施避免再度发生。

(3)评价采取的措施,以预防不符合的需求;实施所制定的适当措施,以避免不符合的发生。

(4)记录采取的纠正措施和预防措施的结果。

(5)评审所采取的纠正措施和预防措施的有效性。所采取的措施应与问题和环境影响的严重程度相符。企业应确保对环境管理文件进行必要的更改。

企业在制定程序以执行本节的要求时,根据不符合的性质,有时可能只需制订少量的正式计划,即能达到目的;有时则有赖于更复杂、更长期的活动。文件的制定应当与这些措施的规模相适配。

(十八)记录控制

企业应根据需要,建立并保持必要的记录,用来证实对环境管理体系和本标准要求的符合,以及所实现的结果。

企业应建立、实施并保持一个或多个程序,用于记录的标识、存放、保护、检索、留存和处置。

环境记录包括抱怨记录,培训记录,过程监测记录,检查、维护和校准记录,有关的供方与承包方记录,偶发事件报告,应急准备试验记录,审核结果,管理评审结果,和外部进行信息交流的决定,适用的环境法律法规要求记录,重要环境因素记录,环境会议记录,环境绩效信息,对法律法规符合性的记录,和相关方的交流。

应当对保守机密信息加以考虑。环境记录应字迹清楚,标识明确,并具有可追溯性。

(十九)内部审核

企业应确保按照计划的时间间隔对管理体系进行内部审核。目的是:

(1)判定环境管理体系是否符合组织对环境管理工作的预定安排和本标准的要求;是否得到了恰当的实施和保持。

(2)向管理者报告审核结果。企业应策划、制定、实施和保持一个或多个审核方案,此时,应考虑相关运行的环境重要性和以前的审核结果。应建立、实施和保持一个或多个审核程序,用来规定、策划和实施审核及报告审核结果、保存相关记录的职责和要求,审核准则、范围、频次和方法。

对环境管理体系的内部审核,可由组织内部人员或组织聘请的外部人员承担,无论哪种情况,从事审核的人员都应当具备必要的能力,并处在独立的地位,从而能够公正、客观地实施审核。对于小型组织,只要审核员与所审核的活动无责任关系,就可以认为审核员是独立的。

(二十)管理评审

企业最高管理者应及时实施管理评审,以确保绿色施工与环境管理体系的适宜性、充分性和有效性。评审内容包括:①绿色施工与环境管理的方针、目标。②绿色施工与环境管理的运行情况。③相关方的满意程度。④法律法规的遵守情况。⑤方针、目标的实现程度。⑥资源提供的充分程度。⑦改进措施的需求。

管理评审应形成报告和及时发布,并实施相关改进措施。

第二节 绿色施工与环境管理责任

在绿色施工与环境管理的实施过程，绿色施工与环境管理责任是基本的管理内容。承担绿色施工和环境管理责任的所有企业应当：

(1)制定适宜的环境方针。

(2)识别其过去、当前或计划中的活动、产品和服务中的环境因素，以确定其中的重大环境影响。

(3)识别适用的法律法规和组织应该遵守的其他要求。

(4)确定优先事项并建立适宜的环境目标和指标。

(5)建立组织机构，制订方案，以实施环境方针，实现目标和指标。

(6)开展策划、控制、监测、纠正措施和预防措施、审核和评审活动，以确保对环境方针的遵循和环境管理体系的适宜性。

(7)有根据客观环境的变化做出修正的能力。

(8)完善符合上述环境管理过程需求的绿色施工与环境管理制度。

一、勘察设计单位的绿色施工与环境管理责任

(一)勘察设计单位应遵循的原则

绿色施工的基础是绿色设计。绿色建筑应坚持“可持续发展”的建筑理念。理性的设计思维方式和科学程序的把握，是提高绿色建筑环境效益、社会效益和经济效益的基本保证。绿色建筑除满足传统建筑的一般要求外，尚应遵循以下基本原则：

(1)关注建筑的全寿命周期。建筑从最初的规划设计到随后的施工建设、运营管理及最终的拆除，形成了一个全寿命周期。关注建筑的全寿命周期，意味着不仅在规划设计阶段充分考虑并利用环境因素，而且确保施工过程中对环境的影响最低，运营管理阶段能为人们提供健康、舒适、低耗、无害空间，拆除后又对环境危害降到最低，并使拆除材料尽可能再循环利用。

(2)适应自然条件，保护自然环境。充分利用建筑场地周边的自然条件，尽量保留和合理利用现有适宜的地形、地貌、植被和自然水系。①在建筑的选址、朝向、布局、形态等方面，充分考虑当地气候特征和生态环境。②建筑风格与规模和周围环境保持协调，保持历史文化与景观的连续性。③尽可能减少对自然环境的负面影响，如减少有害气体和废弃物的排放，减少对生态环境的破坏。

(3)创建适用与健康的环境。绿色建筑应优先考虑使用者的适度需求，努力创造优美和谐的环境；保障使用的安全，降低环境污染，改善室内环境质量；满足人们生理和心理的需求，同时为人们提高工作效率创造条件。

(4)实施资源节约与综合利用，减轻环境负荷。①通过优良的设计和管理，优化生产工艺，采用适用技术、材料和产品。②合理利用和优化资源配置，改变消费方式，减少对资源的占有和消耗。③因地制宜，最大限度利用本地材料与资源。④最大限度提高资源的利用效率，积极促进资源的综合循环利用。⑤增强耐久性能及适应性，延长建筑物的整体

使用寿命。⑥尽可能使用可再生的、清洁的资源和能源。

(二)绿色建筑规划设计技术要点

1.节地与室外环境

(1)建筑场地。①优先选用已开发且具城市改造潜力的用地。②场地环境应安全可靠,远离污染源,并对自然灾害有充分的抵御能力。③保护自然生态环境,充分利用原有场地上的自然生态条件,注重建筑与自然生态环境的协调。④避免建筑行为造成水土流失或其他灾害。

(2)节地。①建筑用地适度密集,适当提高公共建筑的建筑密度,住宅建筑立足创造宜居环境,确定建筑密度和容积率。②强调土地的集约化利用,充分利用周边的配套公共建筑设施,合理规划用地。③高效利用土地,如开发利用地下空间,采用新型结构体系与高强轻质结构材料,提高建筑空间的使用率。

(3)低环境负荷。①建筑活动对环境的负面影响应控制在国家相关标准规定的允许范围内。②减少建筑产生的废水、废气、废物的排放。③利用园林绿化和建筑外部设计以减少热岛效应。④减少建筑外立面和室外照明引起的光污染。⑤采用雨水回渗措施,维持土壤水生态系统的平衡。

(4)绿化。①优先种植乡土植物,采用少维护、耐候性强的植物,减少日常维护的费用。②采用生态绿地、墙体绿化、屋顶绿化等多样化的绿化方式,应对乔木、灌木和攀缘植物进行合理配置,构成多层次的复合生态结构,达到人工配置的植物群落自然和谐,并起到遮阳、降低能耗的作用。③绿地配置合理,达到局部环境内保持水土、调节气候、降低污染和隔绝噪声的目的。

(5)交通。①充分利用公共交通网络。②合理组织交通,减少人车干扰。③地面停车场采用透水地面,并结合绿化为车辆遮阴。

2.节能与能源利用

(1)降低能耗。利用场地自然条件,合理考虑建筑朝向和楼距,充分利用自然通风和天然采光,减少使用空调和人工照明。

①提高建筑围护结构的保温隔热性能,采用由高效保温材料制成的复合墙体和屋面及密封保温隔热性能好的门窗,采用有效的遮阳措施。

②采用用能调控和计量系统。

(2)提高用能效率。

①采用高效建筑供能、用能系统和设备。合理选择用能设备,使设备在高效区工作;根据建筑物用能负荷动态变化,采用合理的调控措施。

②优化用能系统,采用能源回收技术。考虑部分空间、部分负荷下运营时的节能措施;有条件时宜采用热、电、冷联供形式,提高能源利用效率;采用能量回收系统,如采用热回收技术;针对不同能源结构,实现能源梯级利用。

③使用可再生能源。充分利用场地的自然资源条件开发利用可再生能源,如太阳能、水能、风能、地热能、海洋能、生物质能、潮汐能以及通过热力等先进技术获取自然环境(如大气、地表水、污水、浅层地下水、土壤等)的能量。可再生能源的使用不应造成对环境和原生态系统的破坏以及对自然资源的污染。

(3)确定节能指标

①各分项节能指标。

②综合节能指标。

3.节水与水资源利用

节水规划:根据当地水资源状况,因地制宜地制订节水规划方案,如废水、雨水回用等,保证方案的经济性和可实施性。

1)提高用水效率

(1)按高质高用、低质低用的原则,生活用水、景观用水和绿化用水等按用水水质要求分别提供、梯级处理回用。

(2)采用节水系统、节水器具和设备,如采取有效措施,避免管网漏损,空调冷却水采用循环水处理系统,卫生间采用低水量冲洗便器、感应出水龙头或缓闭冲洗阀等,提倡使用免冲厕技术等。

(3)采用节水的景观和绿化浇灌设计,如景观用水不使用市政自来水,尽量利用河湖水、收集的雨水或再生水,绿化浇灌采用微灌、滴灌等节水措施。

2)雨污水综合利用

(1)采用雨水、污水分流系统,有利于污水处理和雨水的回收再利用。

(2)在水资源短缺地区,通过技术经济比较,合理采用雨水和废水回用系统。

(3)合理规划地表与屋顶雨水径流途径,最大程度降低地表径流,采用多种渗透措施增加雨水的渗透量。

3)确定节水指标

(1)各分项节水指标。

(2)综合节水指标。

4.节材与材料资源

(1)节材。①采用高性能、低材耗、耐久性好的新型建筑体系。②选用可循环、可回用和可再生的建筑材料。③采用工业化生产的成品,减少现场作业。④遵循模数协调原则,减少施工废料。⑤减少不可再生资源的使用。

(2)使用绿色建材。①选用蕴能低、高性能、高耐久性和本地建材,减少建材在全寿命周期中的能源消耗。②选用可降解、对环境污染少的建材。③使用原料消耗量少和采用废弃物生产的建材。④使用可节能的功能性建材。

5.室内环境质量

(1)光环境。①设计采光性能最佳的建筑朝向,发挥天井、庭院、中庭的采光作用,使天然光线能照亮人员经常停留的室内空间。②采用自然光调控设施,如采用反光板、反光镜、集光装置等,改善室内的自然光分布。③办公和居住空间,开窗能有良好的视野。④室内照明尽量利用自然光,如不具备自然采光条件,可利用光导纤维引导照明,以充分利用阳光,减少白天对人工照明的依赖。⑤照明系统采用分区控制、场景设置等技术措施,有效避免过度使用和浪费。⑥分级设计一般照明和局部照明,满足低标准的一般照明与符合工作面照度要求的局部照明相结合。⑦局部照明可调节,以利于使用者的健康和照明节能。⑧采用高效、节能的光源、灯具和电器附件。

（2）热环境。①优化建筑外围护结构的热工性能，防止因外围护结构内表面温度过高过低、透过玻璃进入室内的太阳辐射热等引起的不舒适感。②设置室内温度和湿度调控系统，使室内的热舒适度能得到有效的调控，建筑物内的加湿和除湿系统能得到有效调节。③根据使用要求合理设计温度可调区域的大小，满足不同个体对热舒适性的要求。

（3）声环境。①采取动静分区的原则进行建筑的平面布置和空间划分，如办公、居住空间不与空调机房、电梯间等设备用房相邻，减少对有安静要求房间的噪声干扰。②合理选用建筑围护结构构件，采取有效的隔声、减噪措施，保证室内噪声级和隔声性能符合《民用建筑隔声设计规范》（GB 50118—2010）的要求。③综合控制机电系统和设备的运行噪声，如选用低噪声设备，在系统、设备、管道（风道）和机房采用有效的减振、减噪、消声措施，控制噪声的产生和传播。

（4）室内空气品质。①对有自然通风要求的建筑，人员经常停留的工作和居住空间应能自然通风。可结合建筑设计提高自然通风效率，如采用可开启窗扇自然通风、利用穿堂风作用通风等。②合理设置风口位置，有效组织气流，采取有效措施防止串气、泛味，采用全部和局部换气相结合，避免厨房、卫生间、吸烟室等处的受污染空气循环使用。③使用可改善室内空气质量的新型装饰、装修材料。④设集中空调的建筑，宜设置室内空气质量监测系统，保证用户的健康和舒适。⑤采取有效措施防止结露和滋生霉菌。

二、施工单位的绿色施工与环境管理责任

施工单位应规定各部门的职能及相互关系（职责和权限），形成文件，予以沟通，以促进企业环境管理体系的有效运行。

（一）施工单位的绿色施工和环境管理责任

（1）建设工程实行施工总承包的，总承包单位应对施工现场的绿色施工负总责。分包单位应服从总承包单位的绿色施工管理，并对所承包工程的绿色施工负责。

（2）施工单位应建立以项目经理为第一责任人的绿色施工管理体系，制定绿色施工管理责任制度，定期开展自检、考核和评比工作。

（3）施工单位应在施工组织设计中编制绿色施工技术措施或专项施工方案，并确保绿色施工费用的有效使用。

（4）施工单位应组织绿色施工教育培训，增强施工人员绿色施工意识。

（5）施工单位应定期对施工现场绿色施工实施情况进行检查，做好检查记录。

（6）在施工现场的办公区和生活区应设置明显的节水、节能、节约材料等具体内容的警示标识，并按规定设置安全警示标志。

（7）施工前，施工单位应根据国家和地方法律法规的规定，制订施工现场环境保护和人员安全与健康等突发事件的应急预案。

（8）按照建设单位提供的设计资料，施工单位应统筹规划，合理组织一体化施工。

（二）总经理

（1）主持制订、批准和颁布环境方针及目标，批准环境管理手册。

（2）对企业环境方针的实现和环境管理体系的有效运行负全面和最终责任。

(3)组织识别和分析顾客及相关方的明确及潜在要求,代表企业向顾客及相关方做出环境承诺,并向企业传达顾客及相关方要求的重要性。

(4)决定企业发展战略和发展目标,负责规定和改进各部门的管理职责。

(5)主持对环境管理体系的管理评审,对环境管理体系的改进做出决策。

(6)委任管理者代表并听取其报告。

(7)负责审批重大工程(含重大特殊工程)合同评审的结果。

(8)确保环境管理体系运行中管理、执行和验证工作的资源需求。

(9)领导对全体员工进行环境意识的教育、培训和考核。

(三)管理者代表(环境主管领导)

(1)协助法人贯彻国家有关环境工作的方针、政策,负责管理企业的环境管理体系工作。

(2)主持制定和批准颁布企业程序文件。

(3)负责环境管理体系运行中各单位之间的工作协调。

(4)负责企业内部体系审核和筹备管理评审,并组织接受顾客或认证机构进行的环境管理体系审核。

(5)代表企业与业主或其他外部机构就环境管理体系事宜进行联络。

(6)负责向法人提供环境管理体系的业绩报告和改进需求。

(四)企业总工程师

(1)主持制订、批准环境管理措施和方案。

(2)对企业环境技术目标的实现和技术管理体系的运行负全面责任。

(3)组织识别和分析环境管理的明确及潜在要求。

(4)协助决定企业环境发展战略和发展目标,负责规定和改进各部门的管理职责。

(5)主持对环境技术管理体系的管理评审,对技术环境管理体系的改进做出决策。

(6)负责审批重大工程(含重大特殊工程)绿色施工的组织实施方案。

(五)企业职能部门

1.工程管理部门

(1)收集有关施工技术、工艺方面的环境法律法规和标准。

(2)识别有关新技术、新工艺方面的环境因素,并向企划部传递。

(3)负责对监视和测量设备、器具的计量管理工作。

(4)负责与设计结合,研发环保技术措施与实施方面的相关问题。

(5)负责与国家、北京市政府环境主管部门的联络、信息交流和沟通。

(6)负责组织环境事故的调查、分析、处理和报告。

2.采购部门

(1)收集关于物资方面的环境法律法规和标准,并传送给合约法律部。

(2)收集和发布环保物资名录。

(3)编制包括环保要求在内的采购招标文件及合同的标准文本。

(4)负责有关物资采购、运输、储存和发放等过程的环境因素识别,评价重要环境因素,并制定有关的目标、指标和环境管理方案/环境管理计划。

(5)负责有关施工机械设备的环境因素识别和制订有关的环境管理方案。

(6)负责由其购买的易燃、易爆物资及有毒有害化学品的采购、运输、入库、标识、存储和领用的管理,制定并组织实施有关的应急准备和响应措施。

(7)向供应商传达企业环保要求并监督实施。

(8)组织物资进货验证,检查所购物资是否符合规定的环保要求。

3.企业各级员工

(1)企业代表。①企业工会主席作为企业职业健康安全事务的代表,参与企业涉及职业健康安全方针和目标的制定、评审,参与重大相关事务的商讨和决策。②组织收集和宣传关于员工职业健康安全方面的法律法规,并监督行政部门按适用的法律法规贯彻落实。③组织收集企业员工意见和要求,负责汇总后向企业行政领导反映,并向员工反馈协商结果。④按企业和相关法律法规规定,代表员工适当参与涉及员工职业健康安全事件调查和协商处理意见,以维护员工合法权利。

(2)内审员。①接受审核组长领导,按计划开展内审工作,在审核范围内客观、公正地开展审核工作。②充分收集与分析有关的审核证据,以确定审核发现并形成文件,协助编写审核报告。③对不符合、事故等所采取的纠正行动、纠正措施实施情况进行跟踪验证。

(3)全体员工。①遵守本岗位工作范围内的环境法律法规,在各自岗位工作中,落实企业环境方针。②接受规定的环境教育和培训,提高环境意识。③参加本部门的环境因素、危险源辨识和风险评价工作,执行企业环境管理体系文件中的相关规定。④按规定做好节水、节电、节纸、节油与废弃物的分类回收处置,不在公共场所吸烟,做好工作岗位的自身防护,对工作中的环境、职业健康安全管理情况提出合理化建议。⑤特殊岗位的作业人员必须按规定取得上岗资格,遵章守法、按章作业。

(4)项目经理部。①认真贯彻执行适用的国家、行业、地方政策、法规、规范、标准和企业环境方针及程序文件和各项管理制度,全面负责工程项目的环境目标,实现对顾客和相关方的承诺。②负责具体落实顾客和上级的要求,合理策划并组织实施管理项目资源,不断改进项目管理体系,确保工程环境目标的实现。③负责组织本项目环境方面的培训,负责与项目有关的环境、信息交流、沟通、参与和协商,负责工程分包和劳务分包的具体管理,并在环境、职业健康安全施加影响。④负责参加有关项目的合同评审,编制和实施项目环境技术措施,负责新技术、新工艺、新设备、新材料的实施和作业过程的控制,特殊过程的确认与连续监控,工程产品、施工过程的检验和试验、标识及不合格品的控制,以增强顾客满意度。⑤负责收集和实施项目涉及的环境法律法规和标准,组织项目的适用环境、职业健康安全法律法规和其他要求的合规性评价,负责项目文件和记录的控制。⑥负责项目涉及的环境因素、危险源辨识与风险评价,制定项目的环境目标,编制和实施环境、职业健康安全管理方案和应急预案,实施管理程序、惯例、运行准则,实现项目环境、职业健康安全目标。⑦负责按程序、惯例、运行准则对重大环境因素和不可接受风险的关键参数或环节进行定期或不定期的检查、测量、试验,对发现的环境、职业健康安全的不符合项和事件严格处置,分析原因,制定、实施和验证纠正措施和预防措施,不断改善环境、职业健康安全绩效。⑧负责对项目测量和监控设备的管理,并按程序进行检定或校准,对计算机软件进行确认,组织内审不符合项整改,执行管理评审提出的相关要求,在“四新”技术推广中制定和实施环境、职业健康安全管理措施,持续改进管理绩效和效率。

(5)项目经理。

项目经理的绿色施工和环境责任包括:

①履行项目第一责任人的作用,对承包项目的节约计划负全面领导责任。

②贯彻执行安全生产的法律法规、标准规范和其他要求,落实各项责任制度和操作规程。

③确定节约目标和节约管理组织,明确职能分配和职权规定,主持工程项目节约目标的考核。

④领导、组织项目经理部全体管理人员负责对施工现场的可能节约因素的识别、评价和控制策划,并落实负责部门。

⑤组织制定节约措施,并监督实施。

⑥定期召开项目经理部会议,布置落实节约控制措施。

⑦负责对分包单位和供应商的评价与选择,保证分包单位和供应商符合节约型工地的标准要求。

⑧实施组织对项目经理部的节约计划进行评估,并组织人员落实评估和内审中提出的改进要求和措施。

⑨根据项目节约计划组织有关管理人员制定针对性的节约技术措施,并经常监督检查。

负责对施工现场临时设施的布置,对施工现场的临时道路、围墙合理规划,做到文明施工不铺张。

⑩合理利用各种降耗装置,提高各种机械的使用率和满载率。

⑪合理安排施工进度,最大限度发挥施工效率,做到工完料尽和质量一次成优。

⑫提高施工操作和管理水平,减少粉刷、地坪等非承重部位的正误差。

⑬负责对分包单位合同履约的控制,负责向进场的分包单位进行总交底,安排专人对分包单位的施工进行监控。

⑭实施现场管理标准化,采用工具化防护,确保安全不浪费。

(6)技术负责人。

项目技术负责人的绿色施工和环境责任包括:

①负责对已识别浪费因素进行评价,确定浪费因素,并制定控制措施、管理目标和管理方案,组织编制节约计划。

②编制施工组织设计,制定资源管理、节能降本措施,负责对能耗较大的施工操作方案进行优化。

③与业主、设计方沟通,在建设项目中推荐使用新型节能高效的节约型产品。

④积极推广新技术,优先采用节约材料效果明显的新技术。

⑤鼓励技术人员开发新技术、新工艺，建立技术创新激励机制。

⑥制定施工各阶段对新技术交底文本，并对工程质量进行检查。

(7)施工员。

项目施工员的绿色施工和环境责任包括：

①参与节约策划，按照节约计划要求，对施工现场生产过程进行控制。

②负责在上岗前和施工中对进入现场的从业人员进行节约教育和培训。

③负责对施工班组人员及分包方人员进行有针对性的技术交底，履行签字手续，并对规程、措施及交底执行情况经常检查，随时纠正违章作业。

④负责检查督促每项工作的开展和接口的落实。

⑤负责对施工过程中的质量监督，对可能引起质量问题的操作进行制止、指导、督促。

⑥负责进行工序间的验收，确保上道工序的问题不进入下一道工序。

⑦按照项目节约计划要求，组织各种物资的供应工作。

⑧负责供应商有关评价资料的收集，实施对供应商进行分析、评价，建立合格供应商名录。

⑨负责对进场材料按场容标准化要求堆放，杜绝浪费。

⑩执行材料进场验收制度，杜绝不合格产品流入现场。

⑪执行材料领用审批制度，限额领料。

(8)安全员。

项目安全员的绿色施工和环境责任包括：

①参与浪费因素的调查识别和节约计划的编制，执行各项措施。

②负责对施工过程的指导、监督和检查，督促文明施工、安全生产。

③实施文明施工"落手轻"工作业绩评价，发现问题及时处理，并向项目副经理汇报。安全员应指导和监督分包单位按照绿色施工和环境管理要求，做好以下工作：

执行安全技术交底制度、安全例会制度与班前安全讲话制度，并做好跟踪、检查、管理工作。

进行作业人员的班组级安全教育培训，特种作业人员必须持证上岗，并将花名册、特种作业人员复印件进行备案。(特种作业人员包括电工作业、金属焊接、气割作业、起重机械作业、登高架设作业、机械操作人员等。)

分包单位负责人及作业班组长必须接受安全教育，并签订相关的安全生产责任制。办理安全手续后方可组织施工。

工人入场一律接受三级安全教育，办理相关安全手续后方可进入现场施工，如果分包人员需要变动，必须提出计划报告，按规定进行教育，考核合格后方可上岗。

特种作业人员的配置必须满足施工需要，并持有有效证件，有效证件必须与操作者本人相符合。

工人变换工种时，要通知总包方对转场或变换工种人员进行安全技术交底和教育，分包方要进行转场和转换工种教育。

第三节　施工环境因素及其管理

一、施工环境因素识别

（一）环境因素的识别

对环境因素的识别与评价通常要考虑以下方面：①向大气的排放。②向水体的排放。③向土地的排放。④原材料和自然资源的使用。⑤能源使用。⑥能量释放（如热、辐射、振动等）。⑦废物和副产品。⑧物理属性（如大小、形状、颜色、外观等）。

除对它能够直接控制的环境因素外，企业还应当对它可能施加影响的环境因素加以考虑。

例如它所使用的产品和服务中的环境因素，以及它所提供的产品和服务中的环境因素。以下提供了一些对这种控制和影响进行评价的指导。不过，在任何情况下，对环境因素的控制和施加影响的程度都取决于企业自身。

应当考虑的与组织的活动、产品和服务有关的因素，如：①设计和开发。②制造过程。③包装和运输。④合同方和供方的环境绩效和操作方式。⑤废物管理。⑥原材料和自然资源的获取和分配。⑦产品的分销、使用和报废。⑧野生环境和生物多样性。

对企业所使用产品的环境因素的控制和影响，因不同的供方和市场情况而有很大差异。例如，一个自行负责产品设计的组织，可以通过改变某种输入原料有效地施加影响；而一个根据外部产品规范提供产品的组织在这方面的作用就很有限。

一般说来，组织对它所提供的产品的使用和处置（例如用户如何使用和处置这些产品），控制作用有限。可行时，它可以考虑通过让用户了解正确的使用方法和处置机制来施加影响。完全地或部分地由环境因素引起的对环境的改变，无论其有益还是有害，都称之为环境影响。环境因素和环境影响之间是因果关系。

在某些地方，文化遗产可能成为组织运行环境中的一个重要因素，因而在理解环境影响时应当加以考虑。由于一个企业可能有很多环境因素及相关的环境影响，应当建立判别重要环境的准则和方法。唯一的判别方法是不存在的，原则是所采用的方法应当能提供一致的结果，包括建立和应用评价准则，例如有关环境事务、法律法规问题，以及内、外部相关方的关注等方面的准则。

对于重要环境信息，组织除在设计和实施环境管理地应考虑如何使用外，还应当考虑将它们作为历史数据予以留存的必要。

在识别和评价环境因素的过程中，还应当考虑到从事活动的地点、进行这些分析所需的时间和成本，以及可靠数据的获得。对环境因素的识别不要求做详细的生命周期评价。

对环境因素进行识别和评价的要求，不改变或增加组织的法律责任。确定环境因素的依据：客观地具有或可能具有环境影响的；法律法规及要求有明确规定的；积极的或负面的；相关方有要求的；其他。

（二）识别环境因素的方法

识别环境因素的方法有物料衡算、产品生命周期、问卷调查、专家咨询、现场观察（查看和面谈)、头脑风暴、查阅文件和记录。测量、水平对比—内部、同行业或其他行业比较、纵向对比—组织的现在和过去比较等。这些方法各有利弊,具体使用时可将各种方法组合使用,下面介绍几种常用的环境因素识别方法。

1.专家评议法

由有关环保专家、咨询师、组织的管理者和技术人员组成专家评议小组,评议小组应具有环保经验、项目的环境影响综合知识,ISO14000 标准和环境因素识别知识,并对评议组织的工艺流程十分熟悉,才能对环境因素准确、充分地识别。在进行环境因素识别时,评议小组采用过程分析的方法,在现场分别对过程片段不同的时态、状态和不同的环境因素类型进行评议,集思广益。如果评议小组专业人员选择得当,识别就能做到快捷、准确的结果。

2.问卷评审法(因素识别)

问卷评审是通过事先准备好的一系列问题,通过到现场查看和与人员交谈的方式,来获取环境因素的信息。问卷的设计应本着全面和定性与定量相结合的原则。问卷包括的内容应尽量覆盖组织活动、产品,以及其上、下游相关环境问题中的所有环境因素,一个组织内的不同部门可用同样的设计好的问卷,虽然这样在一定程度上缺乏针对性,但为一个部门设计一份调查卷是不实际的。典型的调查卷中的问题可包括以下内容:①产生哪些大气污染物?污染物浓度及总量是多少?②产生哪些水污染物?污染物浓度及总量是多少?③使用哪些有毒有害化学品?数量是多少?④在产品设计中如何考虑环境问题?⑤有哪些紧急状态?采取了哪些预防措施?⑥水、电、煤、油用量各多少?与同行业和往年比较结果如何?⑦有哪些环保设备?维护状况如何?⑧产生哪些有毒有害固体废弃物?如何处置的?⑨主要噪声源有哪些?⑩是否有居民投诉情况?做没做调查?

以上只是部分调查内容,可根据实际情况制定完整的问卷提纲。

3.现场评审法(观察面谈、书面文件收集及环境因素识别)

现场观察和面谈都是快速直接地识别出现场环境因素最有效的方法。这些环境因素可能是已具有重大环境影响的,或者是具有潜在的重大环境影响的,有些是存在环境风险的。如:①观察到较大规模的废机油流向厂外的痕迹。②询问现场员工,回答"这里不使用有毒物质",但在现场房角处发现存在剧毒物质。③员工不知道组织是否有环境管理制度,而组织确是存在一些环境制度。④发现锅炉房烟囱黑烟。⑤听到厂房传出刺耳的噪声。⑥垃圾堆放场各类废弃物混放,包括金属、油棉布、化学品包装瓶、大量包装箱、生活垃圾等。

现场面谈和观察一方面能获悉组织环境管理的其他现状,如环保意识、培训、信息交流、运行控制等方面的缺陷,另一方面也能发现组织增强竞争力的一些机遇。如果是初始环境评审,评审员还可向现场管理者提出未来体系建立或运行方面的一些有效建议。

一般的组织都存在有一定价值的环境管理信息和各种文件,评审员应认真审查这些文件和资料。需要关注的文件和资料包括:①排污许可证、执照和授权。②废物处理、运输记录、成本信息。③监测和分析记录。④设施操作规程和程序。⑤过去场地使用调查和评审。⑥与执法当局的交流记录。⑦内部和外部的抱怨记录。⑧维修记录、现场规划。⑨有毒、有害化学品安全参数。⑩材料使用和生产过程记录,事故报告。

二、施工环境因素评价及确定

(一)环境影响评价的基本条件

环境影响评价具备判断功能、预测功能、选择功能与导向功能。理想情况下,环境影响评价应满足以下条件:

(1)基本上适应所有可能对环境造成显著影响的项目,并能够对所有可能的显著影响做出识别和评估。

(2)对各种替代方案(包括项目不建设或地区不开发的情况)、管理技术、减缓措施进行比较。

(3)生成清楚的环境影响报告书,以使专家和非专家都能了解可能影响的特征及其重要性。

(4)包括广泛的公众参与和严格的行政审查程序。

(5)及时、清晰的结论,以便为决策提供信息。

(二)环境因素的评价指标体系的建立原则

(1)简明科学性原则:指标体系的设计必须建立在科学的基础上,客观、如实地反映建筑绿色施工各项性能目标的构成,指标繁简适宜、实用,具有可操作性。

(2)整体性原则:构造的指标体系全面、真实地反映绿色建筑在施工过程中资源、能源、环境、管理、人员等方面的基本特征。每一个方面由一组指标构成,各指标之间既相互独立,又相互联系,共同构成一个有机整体。

(3)可比可量原则:指标的统计口径、含义、适用范围在不同施工过程中要相同;保证评价指标具有可比性;可量化原则是要求指标中定量指标可以直接量化,定性指标可以间接赋值量化,易于分析计算。

(4)动态导向性原则:要求指标能够反映我国绿色建筑施工的历史、现状、潜力以及演变趋势,揭示内部发展规律,进而引导可持续发展政策的制定、调整和实施。

(三)环境因素的评价方法

环境因素的评价是采用某一规定的程序方法和评价准则对全部环境因素进行评价,最终确定重要环境因素的过程。常用的环境因素评价方法有是非判断法、专家评议法、多因子评分法、排放量/频率对比法、等标污染负荷法、权重法等。这些方法中前三种属于定性或半定量方法,评价过程并不要求取得每一项环境因素的定量数据;后四种则需要定量的污染物参数,如果没有环境因素的定量数据则评价难以进行,方法的应用将受到一定的限制。因此,评价前必须根据评价方法的应用条件,适用的对象进行选择,或根据不同的环境因素类型采用不同的方法进行组合应用,才能得到满意的评价结果。下面介绍几种常用的环境因素评价方法。

1.是非判断法

是非判断法根据制定的评价准则,进行对比、衡量并确定重要因素。该方法简便、操作容易,但评价人员应熟悉环保专业知识,才能做到判定准确。当符合以下评价准则之一时,即可判为重要环境因素:

(1)违反国家或地方环境法律法规及标准要求的环境因素(如超标排放污染物,水、电消耗指标偏高等)。

(2)国家法规或地方政府明令禁止使用或限制使用或限期替代使用的物质(如氟利昂替代、石棉和多氯联苯、使用淘汰的工艺、设备等)。

(3)属于国家规定的有毒、有害废物(如国家危险废物名录共47类,医疗废物的排放等)。

(4)异常或紧急状态下可能造成严重环境影响(如化学品意外泄漏、火灾、环保设备故障或人为事故的排放)。

(5)环保主管部门或组织的上级机构关注或要求控制的环境因素。

(6)造成国家或地方级保护动物伤害、植物破坏的(如伤害保护动物1只以上,或毁残植物1棵以上)(适用于旅游景区的环境因素评价)。

(7)开发活动造成水土流失而在半年内得到控制恢复的(修路、景区开发、开发区开发等)。应用时可根据组织活动或服务的实际情况、环境因素复杂程度制定具体的评价准则。评价准则应适合实际,具备可操作、可衡量性,保证评价结果客观、可靠。

2.多因子评分法

多因子评分法是对能源、资源、固废、废水、噪声等五个方面异常、紧急状况制定评分标准。制定评分标准时尽量使每一项环境影响量化,并以评价表的方式,依据各因子的重要性参数来计算重要性总值,从而确定重要性指标,根据重要性指标可划分不同等级,得到环境因素控制分级,从而确定重要环境因素。

在环境因素评价的实际应用中,不同的组织对环境因素重要性的评价准则略有差异,因此评价时可根据实际情况补充或修订,对评分标准做出调整,使评价结果客观、合理。

(四)环境因素更新

环境因素更新包括日常更新和定期更新。企业在体系运行过程中,如本部门环境因素发生变化时,应及时填写"环境因素识别、评价表"以便及时更新。当发生以下情况时,应进行环境因素更新:①法律法规发生重大变更或修改时,应进行环境因素更新。②发生重大环境事故后应进行环境因素更新。③项目或产品结构、生产工艺、设备发生变化时,应进行环境因素更新。④发生其他变化需要进行环境因素更新时,应进行环境因素的更新。

(五)施工环境因素的基本分类

环境因素的基本分类包括:①水、气、声、渣等污染物排放或处置。②能源、资源、原材料消耗。③相关方的环境问题及要求。

第四节　绿色施工与环境目标指标、管理方案

一、绿色施工与环境管理方案

绿色施工与环境管理是针对环境因素,特别是重要环境因素的管理行为。

绿色施工的目标指标是围绕环境因素，根据企业的发展需求、法规要求、社会责任等集成化内容确定的。相关措施是为了实现目标指标而制订的实施方案。

（1）绿色施工与环境管理的编制依据：①法律法规及标准、规范要求。②企业环境管理制度。③相关方需求。④施工组织设计及实施方案。⑤其他。

（2）绿色施工与环境管理方案的内容：①环境目标指标。②环境因素识别、评价结果。③环境管理措施。④相关绩效测量方法。⑤资源提供规定。

（3）绿色施工与环境管理方案审批：①按照企业文件批准程序执行。②由授权人负责实施审批。

二、常见的管理方案的措施内容

（一）节材措施

（1）图纸会审时，应审核节材与材料资源利用的相关内容，达到材料损耗率比定额损耗率降低30%。

（2）根据材料计划用量、用料时间，选择合适供应方，确保材料质高价低，按用料时间进场。建立材料用量台账，根据消耗定额，限额领料，做到当日领料当日用完，减少浪费。

（3）根据施工进度、库存情况等合理安排材料的采购、进场时间和批次，减少库存。

（4）现场材料堆放有序。储存环境适宜，措施得当。保管制度健全，责任落实。

（5）材料运输工具适宜，装卸方法得当，防止损坏和遗撒。根据现场平面布置情况就近卸载，避免和减少二次搬运。

（6）采取技术和管理措施提高模板、脚手架等的周转次数。

（7）优化安装工程的预留、预埋、管线路径等方案。

（8）应就地取材，施工现场500 km以内生产的建筑材料用量占建筑材料总重量的70%以上。

（9）减少材料损耗，通过仔细的采购和合理的现场保管，减少材料的搬运次数，减少包装，完善操作工艺，增加摊销材料的周转次数等，降低材料在使用中的消耗，提高材料的使用效率。

（二）结构材料节材措施

（1）推广使用预拌混凝土和商品砂浆。准确计算采购数量、供应频率、施工速度等，在施工过程中动态控制。结构工程使用散装水泥。

（2）推广使用高强钢筋和高性能混凝土，减少资源消耗。

（3）推广钢筋专业化加工和配送。

（4）优化钢筋配料和钢构件下料方案。钢筋及钢结构制作前应对下料单及样品进行复核，无误后方可批量下料。

（5）优化钢结构制作和安装方法。大型钢结构宜采用工厂制作，现场拼装；宜采用分段吊装、整体提升、滑移、顶升等安装方法，减少方案的措施用材量。

（6）采取数字化技术，对大体积混凝土、大跨度结构等专项施工方案进行优化。

（三）围护材料节材措施

（1）门窗、屋面、外墙等围护结构选用耐候性及耐久性良好的材料，施工确保密封性、防水性和保温隔热性。

(2)门窗采用密封性能、保温隔热性能、隔声性能良好的型材和玻璃等材料。

(3)屋面材料、外墙材料具有良好的防水性能和保温隔热性能。

(4)当屋面或墙体等部位采用基层加设保温隔热系统的方式施工时,应选择高效节能、耐久性好的保温隔热材料,以减小保温隔热层的厚度及材料用量。

(5)屋面或墙体等部位的保温隔热系统采用专用的配套材料,以加强各层次之间的黏结或连接强度,确保系统的安全性和耐久性。

(6)根据建筑物的实际特点,优选屋面或外墙的保温隔热材料系统和施工方式,例如,保温板粘贴、保温板干挂、聚氨酯硬泡喷涂、保温浆料涂抹等,以保证保温隔热效果,并减少材料浪费。

(7)加强保温隔热系统与围护结构的节点处理,尽量降低热岛效应。针对建筑物的不同部位保温隔热特点,选用不同的保温隔热材料及系统,以做到经济适用。

(四)装饰装修材料节材措施

(1)贴面类材料在施工前,应进行总体排版策划,减少非整块材的数量。

(2)采用非木质的新材料或人造板材代替木质板材。

(3)防水卷材、壁纸、油漆及各类涂料基层必须符合要求,避免起皮、脱落。各类油漆及胶黏剂应随用随开启,不用时及时封闭。

(4)幕墙及各类预留预埋应与结构施工同步。

(5)木制品及木装饰用料、玻璃等各类板材等宜在工厂采购或定制。

(6)采用自黏类片材,减少现场液态胶黏剂的使用量。

(五)周转材料节材措施

(1)应选用耐用、维护与拆卸方便的周转材料和机具。

(2)优先选用制作、安装、拆除一体化的专业队伍进行模板工程施工。

(3)模板应以节约自然资源为原则,推广使用定型钢模、钢框竹模、竹胶板。

(4)施工前应对模板工程的方案进行优化。多层、高层建筑使用可重复利用的模板体系,模板支撑宜采用工具式支撑。

(5)优化高层建筑的外脚手架方案,采用整体提升、分段悬挑等方案。

(6)推广采用外墙保温板替代混凝土施工模板的技术。

(7)现场办公和生活用房采用周转式活动房。现场围挡应最大限度地利用已有围墙,或采用装配式可重复使用围挡封闭。力争工地临房、临时围挡材料的可重复使用率达到70%。

(六)节水与水资源利用

1.提高用水效率

(1)施工中采用先进的节水施工工艺。

(2)施工现场喷洒路面、绿化浇灌不宜使用市政自来水。现场搅拌用水、养护用水应采取有效的节水措施,严禁无措施浇水养护混凝土。

(3)施工现场供水管网应根据用水量设计布置,管径合理、管路简洁,采取有效措施减少管网和用水器具的漏损。

(4)现场机具、设备、车辆冲洗用水必须设立循环用水装置。施工现场办公区、生活区的生活用水采用节水系统和节水器具,提高节水器具配置比率。项目临时用水应使用节水型产品,安装计量装置,采取针对性的节水措施。

(5)施工现场建立可再利用水的收集处理系统,使水资源得到梯级循环利用。

(6)施工现场分别对生活用水与工程用水确定用水定额指标,并分别计量管理。

(7)大型工程的不同单项工程、不同标段、不同分包生活区,凡具备条件的应分别计量用水量。在签订不同标段分包或劳务合同时,将节水定额指标纳入合同条款,进行计量考核。

(8)对混凝土搅拌站点等用水集中的区域和工艺点进行专项计量考核。施工现场建立雨水、废水或可再利用水的收集利用系统。

2.非传统水源利用

(1)优先采用废水搅拌、废水养护,有条件的地区和工程应收集雨水养护。

(2)处于基坑降水阶段的工地,宜优先采用地下水作为混凝土搅拌用水、养护用水、冲洗用水和部分生活用水。

(3)现场机具、设备、车辆冲洗、喷洒路面、绿化浇灌等用水优先采用非传统水源,尽量不使用市政自来水。

(4)大型施工现场,尤其是雨量充沛地区的大型施工现场建立雨水收集利用系统,充分收集自然降水用于施工和生活中适宜的部位。

(5)力争施工中非传统水源和循环水的再利用量大于30%。

3.用水安全

在非传统水源和现场循环再利用水的使用过程中,应制定有效的水质检测与卫生保障措施,确保避免对人体健康、工程质量以及周围环境产生不良影响。

(七)节能与能源利用

1.节能措施

(1)能源节约教育:施工前对所有工人进行节能教育,树立节约能源的意识,养成良好的习惯。

(2)制定合理施工能耗指标,提高施工能源利用率。

(3)优先使用国家、行业推荐的节能、高效、环保的施工设备和机具,如选用变频技术的节能施工设备等。

(4)施工现场分别设定生产、生活、办公和施工设备的用电控制指标,定期进行计量、核算、对比分析,并有预防与纠正措施。

(5)在施工组织设计中,合理安排施工顺序、工作面,以减少作业区域的机具数量,相邻作业区充分利用共有的机具资源。安排施工工艺时,应优先考虑耗用电能的或其他能耗较少的施工工艺。避免设备额定功率远大于使用功率或超负荷使用设备的现象。

(6)根据当地气候和自然资源条件,充分利用太阳能、地热等可再生能源。

(7)可回收资源利用。使用可再生的或含有可再生成分的产品和材料,这有助于将可回收部分从废弃物中分离出来,同时减少了原始材料的使用,即减少了自然资源的消耗。加大资源和材料的回收利用、循环利用,如在施工现场建立废物回收系统,再回收或重复利用在拆除时得到的材料,这可减少施工中材料的消耗量或通过销售来增加企业的收入,也可降低企业运输或填埋垃圾的费用。

2.机械设备与机具

(1)建立施工机械设备管理制度,开展用电、用油计量,完善设备档案,及时做好维修保养工作,使机械设备保持低耗、高效的状态。

(2)选择功率与负载相匹配的施工机械设备,避免大功率施工机械设备低负载长时间运行。

机电安装可采用节电型机械设备,如逆变式电焊机和能耗低、效率高的手持电动工具等,以利于节电。机械设备宜使用节能型油料添加剂,在可能的情况下,考虑回收利用,节约油量。

(3)合理安排工序,提高各种机械的使用率和满载率,降低各种设备的单位耗能。

(4)在基础施工阶段,优化土方开挖方案,合理选用挖土机及运载车。

3.生产、生活及办公临时设施

(1)利用场地自然条件,合理设计生产、生活及办公临时设施的体形、朝向、间距和窗墙面积比,使其获得良好的日照、通风和采光。南方地区可根据需要在其外墙窗设遮阳设施。

(2)临时设施宜采用节能材料,墙体、屋面使用隔热性能好的材料,减少夏天空调、冬天取暖设备的使用时间及耗能量。

(3)合理配置采暖、空调、风扇数量,规定使用时间,实行分段分时使用,节约用电。

4.施工用电及照明

(1)根据工程需要,统计设备加工的工作量,合理使用国家、行业推荐的节能、高效、环保的施工设备和机具。

(2)临时用电均选用节能电线和节能灯具,临电线路合理设计、布置。

(3)照明设计以满足最低照度为原则,照度不应超过最低照度的20%。

(4)合理安排工期,编制施工进度总计划、月计划、周计划,尽量减少夜间施工。

(5)夜间施工确保施工段的照明,无关区域不开灯。

(6)编制设备保养计划,提高设备完好率、利用率。

(7)电焊机配备空载短路装置,降低功耗,配置率100%。

(8)安装电度表,进行计量并对宿舍用电进行考核。

(9)建立激励和处罚机制,弘扬节约光荣、浪费可耻的风气。

(10)宿舍使用限流装置、分路供电技术手段进行控制。

参考文献

[1]李英军,杨兆鹏,夏道伟.绿色建造施工技术与管理[M].长春:吉林科学技术出版社,2022.
[2]冯江云.绿色建筑施工技术及施工管理研究[M].北京:北京工业大学出版社,2022.
[3]杨承惁,陈浩.绿色建筑施工与管理[M].北京:中国建材工业出版社,2020.
[4]蒋波,张建江,葛立军,等.绿色施工技术与管理[M].北京:中国电力出版社,2022.
[5]董永福,赵利刚,李新建.绿色建筑施工与项目管理[M].长春:吉林科学技术出版社,2022.
[6]郭国齐,许琪,李姗姗.绿色建筑设计施工与管理[M].哈尔滨:哈尔滨地图出版社,2021.
[7]马红云,严益益,张庆忍.绿色建筑施工与质量管理[M].长春:吉林科学技术出版社,2021.
[8]毛同雷,孟庆华,郭宏杰.建筑工程绿色施工技术与安全管理[M].长春:吉林科学技术出版社,2022.
[9]高露,石倩,岳增峰.绿色建筑与节能设计[M].延吉:延边大学出版社,2022.
[10]范渊源,董林林,户晶荣.现代建筑绿色低碳研究[M].长春:吉林科学技术出版社,2022.
[11]蒋滢.绿色建筑设计在高层民用建筑设计的应用探析[J].居舍,2022(2):124-126.
[12]华洁,衣韶辉,王忠良.绿色建筑与绿色施工研究[M].延吉:延边大学出版社,2019.
[13]章峰,卢浩亮.基于绿色视角的建筑施工与成本管理[M].北京:北京工业大学出版社,2019.
[14]宋义仲.绿色施工技术指南与工程应用[M].成都:四川大学出版社,2019.
[15]姜立婷.绿色建筑与节能环保发展推广研究[M].哈尔滨:哈尔滨工业大学出版社,2020.
[16]韩继红.绿色建筑运营期数字化管理创新实践[M].北京:中国建筑工业出版社,2021.
[17]焦春普.环境艺术设计在建筑设计中的表现与应用[J].绿色环保建材,2021(11):56-57.
[18]蔡军.基于绿色建筑理念的建筑设计应用研究[J].住宅与房地产,2021(31):107-108.
[19]张兴莲,雷思.建筑设计中的工艺美术设计应用分析[J].建材发展导向,2021,19(20):43-44.
[20]张军杰,杨锐,王德虎,等.亲生物设计发展历程与建筑应用[J].沈阳建筑大学学报(社会科学版),2021,23(5):456-462.
[21]赵珍凤.浅论绿色建筑设计理念在建筑设计中的具体应用[J].广西城镇建设,2021(9):74-75.
[22]王伟.浅析绿色建筑设计理念在教学建筑设计中的应用[J].中外建筑,2020(11):105-107.
[23]刘臣光.建筑施工安全技术与管理研究[M].北京:新华出版社,2021.
[24]唐斌.建筑城市[M].南京:东南大学出版社,2020.
[25]杨龙龙.建筑设计原理[M].重庆:重庆大学出版社,2019.
[26]于欣波,任丽英.建筑设计与改造[M].北京:冶金工业出版社,2019.
[27]张艳锋.场地与建筑设计[M].北京:中国电力出版社,2019.
[28]陈思杰,易书林.建筑施工技术与建筑设计研究[M].青岛:中国海洋大学出版社,2020.
[29]李艳玲,陈强.建设工程造价管理实务[M].北京:北京理工大学出版社,2018.
[30]方俊.建设工程概预算[M].武汉:武汉理工大学出版社,2018.